Dieter Korp · NSU RO 80

NSU RO 80

DIE GESCHICHTE DES WANKELMOTORS

Dieter Korp

Motor
buch
Verlag

Einbandgestaltung: Sven Rauert
unter Verwendung von Abbildungen aus dem Archiv von Audi NSU.

Bildnachweis Fotos: Afflerbach (1), autopress (1), Behr (3), Beuter (1), Bosch (1), Brockhaus (2), Chevrolet (1), Citroen (1), Chrysler (1), Continental (1), Dr. Fabritius (1), Gewecke (6), Glodschey (1), Goetzewerke (2), Isenberg (1), Klein (3), Lang (2), Mazda (15), Mercedes-Benz (2), Dr. Müßener (1), NSU, Audi NSU, NSU GmbH (94), NSU Ro 80-Club der Schweiz (2), Oestreicher (3), Schäfer (1), Schwab (5), Dr. Seifert (1), Technische Entwicklungsstelle Lindau (5), Verfasser (32), VW (1), Wormland (2).
Zeichnungen: Breustedt (1), NSU, Audi NSU (36).

ISBN 978-3-613-04648-1

Ein Unternehmen der Paul Pietsch-Verlage GmbH & Co. KG

1. Auflage 2024 (unveränderter Nachdruck der 1. Auflage von 1993)

Sie finden uns im Internet unter
www.motorbuch-verlag.de

Satz: Alber Fotosatz GmbH, 74385 Pleidelsheim.
Reproduktionen: DIE REPRO, 71732 Tamm.
Druck: Conzella, 85609 Aschheim-Dornach
Printed in Germany

Inhalt

Vorwort

Geschichte eines Einmaligen

Die Voraussetzungen für eine erfolgreiche Laufbahn waren günstig wie selten bei einem anderen Auto. Den NSU Ro 80 drückten keine Zwänge durch ein Vorgänger-Modell. Für Funktion, Sicherheit und Gestaltung musste nicht gespart werden. Dem Motor mit der Logik der kreisenden Kolben schien die Zukunft zu gehören. Lizenzeinnahmen in Millionenhöhe winkten.

Dennoch – nach einem vielversprechenden Start mußte das wohlgelungene Auto einen Karriereknick hinnehmen. Zu neuartig war der neuartige Motor, das Firmendach änderte sich, die flüssige Energie wurde feste Bewußtseinsgröße und eine noch größere Zahl von Personen, Firmen, Verträge und Ansichten als in der Industrie ohnehin schon üblich, spielten Schicksal.

Die wechselvolle Lebensgeschichte des NSU Ro 80 gehört zu den bemerkenswertesten Kapiteln in der Chronik der Automobile. Sie verdient es, festgehalten zu werden. In der Distanz zu jener Zeit schien es jetzt auch möglich, bisher wenig bekannte Zusammenhänge zu erkennen.

Da die Laufbahn des NSU Ro 80 eng mit jener des NSU-Wankel-Motors verknüpft ist, ergänzt diese Chronik das Buch "Protokoll einer Erfindung – Der Wankelmotor", das 1975 abschloß. Doch wird hier auch ein Gesamtüberblick gegeben, womit die noch fehlende Geschichte der deutschen Wankel-Epoche jetzt vollständig vorliegt: Von den ersten Versuchsmotoren, die letztlich zur Gallionsfigur NSU Ro 80 des Lizenzgebers führten, bis zum NSU Ro 80 auch als Versuchsträger für den Nachfolgemotor KKM 871 und bis zur langsamen Einschläferung der Rotations-Idee durch VW/Audi.

Erstaunlich – doch nicht unerwartet –, wie groß, interessiert und aktiv nach wie vor der Kreis um den Kreiskolben ist. Als gute Unterstützung und Motivation für dieses Buch erwiesen sich neben vielen Testwagen auch vier Ro 80, die mich lange Wegstrecken begleiteten.

In keiner Aufzeichnung des Kreiskolben-Geschehens kann der bestimmende Einfluss von Mazda fehlen, so auch hier nicht, zumal in die Buch-Vorbereitungen der Sieg des Wankel- Rennsport-Mazda im Juni 1991 beim 24 Stunden-Langstreckenrennen von Le Mans fiel. Logischerweise konnten die prominenten Unterlegenen und Ausgefallenen nur Hubkolben-Autos sein. Auch das war geeignet zur Meinungsbildung, ebenso wie das Erscheinen des wasserstoff-betriebenen Rotary-Mazdas HR-X, womit der Wankelnmotor offensichtlich in eine neue Laufbahn eintritt.

Dieter Korp

Dank

Den Freunden des NSU Ro 80 und der Kreiskolben-Technik sei für ihre Mithilfe Dank abgestattet. Ebenso nützlich machten sich die Abgeklärten und des Kreiskolbenmotors entschlossene Gegenspieler.

Besonderer Dank dem Schweizer Ro 80-Club, seinem Präsidenten und Technik-Spezialisten Oscar Weiss und seinem Stellvertreter und Kreiskolben-Historiker Hans-Peter Lang, so auch für die Hinweise zur Werterhaltung des Ro 80. Mithilfe erfuhr ich ebenso von Kreiskolbentechnik-Kenner Dr. Michael Fabritius und Walter Uhl vom „NSU Spider Club Deutschland", vom „Ro 80-Kreis Südliches Westfalen", so mit Dr. Gerhard Müßener und Werner Stüwe, von Roland Werner vom NSU Ro 80-Club, sowie von Wilhelm Wormland von der Ro 80-Wankel IG.

Nicht vergessen sei die Unterstützung durch die heutige NSU GmbH und ihrem Geschäftsführer Peter Lutz, besonderer Dank dabei Dorothea Reinhard, die gewissenhaft die NSU-Vergangenheit verwaltet.

Viele Blicke zurück trugen zu diesem Buch bei, so von den Angehörigen von NSU aus der Wankel-Aufbruchszeit: Karl Beutter, Klaus-Peter Schnell, Claus Luthe, Richard van Basshuysen, Herbert Brockhaus, Peter Gewecke, Dr. Jürgen Caspari, Philipp Schmidt, Prof. Georg Jungbluth, Dr. Hans Georg Wenderoth, Heinz Oestreicher, Georg Zorn, Klaus Dörr, Johannes Reitz. Dankenswert die Mithilfe von Beate Zartmann und Arthur Westrup von "autopress".

Mazda Motors Deutschland – Michael Dithmer – und Mazda Japan gebührt Dank, das Unternehmen und seine Kreiskolben-Aktivitäten kennenzulernen. Wertvoll die Hinweise von Dankwart Eiermann, Wankel R & D Lindau; von Dr. Andreas Knie; Otto Kraic, TES Lindau; Ebenso hilfreich und kreiskolben-engagiert Rainer Klein mit seinen vielen Wankel-Exponaten, Wolfgang Schäfer, Jürgen Witzelmaier oder G.-P. Ferring. Auch den vielen hier nicht genannten Helfern sei herzlicher Dank versichert.

1 – Intuition

Vom Wasserrad zum Feuerrad

Die Wege von NSU und Felix Wankel

Ursächlich ist es wohl der gut in uns erhaltene Nomadentrieb, der die Automobil-Industrie beschäftigt. Die Auto-Verfertiger offerieren daher auch stetig neue modische und technische Triebunterstützer, um lebendig zu halten, was lebendig sein will.

Neue Impulse für des Menschen innere Motorik versprach Felix Wankels Rotationskolben-Idee. Sie ermöglichte ein neues Auto-Konzept, so mit kompakterem Triebwerk und mit dessen größerer Laufruhe einen länger anhaltenden Fahrgenuß. Alle Vorzüge erkennbar zu machen, war die ebenso wichtige wie anspruchsvolle Aufgabe des NSU Ro 80.

Seine Linien fegten denn auch alle bis dahin geltenden Styling-Erkenntnisse hinweg. Und sein neuartiger Motor enthüllte in geradezu frivoler Weise, wie unsagbar antiquiert ihm gegenüber das von der Dampfmaschine übernommene Kurbel- und Hammerwerk des Hubkolbenmotors ist. Freilich, dieser neuartige Treibsatz – genannt Kreiskolbenmotor – war und ist für viele Betrachter ein schwer identifizierbares Objekt.

Seine Funktion zu erklären, bereitet Probleme. Er besitzt, so ein blumiger Vergleich, einen Mantel mit Wespentaille. Auch das hilft nicht jedem Neugierigen weiter. Selbst wer einen der beiden ovalförmigen Mäntel – auch Scheiben genannt – mit ihrem achtförmigen Innenprofil betrachtet, versteht nicht unbedingt mehr. Daß sich in diesen Profil ein dreieckförmiger Kolben quarzgenau einpassen läßt, erstaunt immer wieder. Oft bleibt daher diese Frage nicht aus: „Und das soll funktionieren?"

Ungläubiges Erstaunen ist auch die Reaktion, als NSU damals – 1959 – die Öffentlichkeit erstmals mit Felix Wankels Erfindung überrascht. Aus der ersten Skepsis wird Neugier, dann Enthusiasmus und dieser schützt bekanntlich nicht vor großen Erwartungen. Daß daran alle unsere Aktivitäten hängen, führt der Wankelmotor in idealer Weise vor.

NSU gibt sich dem Glauben an einen großen finanziellen Abstauber hin. Aber auf den Radarschirmen der Auto- und Zulieferindustrie blinken – als man sich vom ersten Schock erholt – bald auch die Signale schwerer Bedrohung schon geleisteter Investitionen. Der rotierende Kolben wird zu einem zusehends argwöhnisch betrachteter System-Veränderer. Er kann zwar, mechanisch gesehen, die Trägheit der Massen überwinden,

Unternehmungsgeist. Tradition bei NSU heißt Neugestaltung und so erwirbt man Bekanntheit und Ruhm. Hier parkt H.P. Müller (links) den von G.A. Baumm entworfenen »Fliegenden Liegestuhl« neben dem NSU Delphin mit Wilhelm Herz 1956 nach erfolgreicher Weltrekordjagd in den USA. Fruchtbares Neuland lockt auch mit Wankels Ideen.

nicht aber dauerhaft die Massen in menschlicher Hinsicht.

Doch NSU pflegt den Optimismus unentwegt weiter und die an den Kreisverkehr eines Kolbens geknüpften Hoffnungen führen zur weltweiten Lizenzvergabe der NSU-Wankel-Schutzrechte und zu einem der bedeutendsten deutschen Lizenzgeschäfte nach dem Zweiten Weltkrieg. Es läßt sich durchaus mit der Lizenzierung des von AEG-Telefunken entwickelten Farbfernsehsystems PAL vergleichen.

Der Panoramablick auf eine gesegnete Zukunft ist es auch, der in einem kleinen Werk die großen Kräfte freisetzt, um einen so gelungenen, ja provokativen Gesamtentwurf wie den NSU Ro 80 entstehen zu lassen. Er ist die mobil gewordene Herausforderung, zu überlegen, ob der umkehrlos rotierende Kolben nicht auch die besseren Autos schaffe.

Ist es nicht auch das rotierende Rad, das Mobilität schenkte und nach vielen Stationen auch zum Automobil führte? Mit dem Rad setzte sich ja auch die Rotation – die totpunktfreie und harmonischste aller Bewegungen – folgerichtig fort: zu Antriebswellen, Achsantrieb,

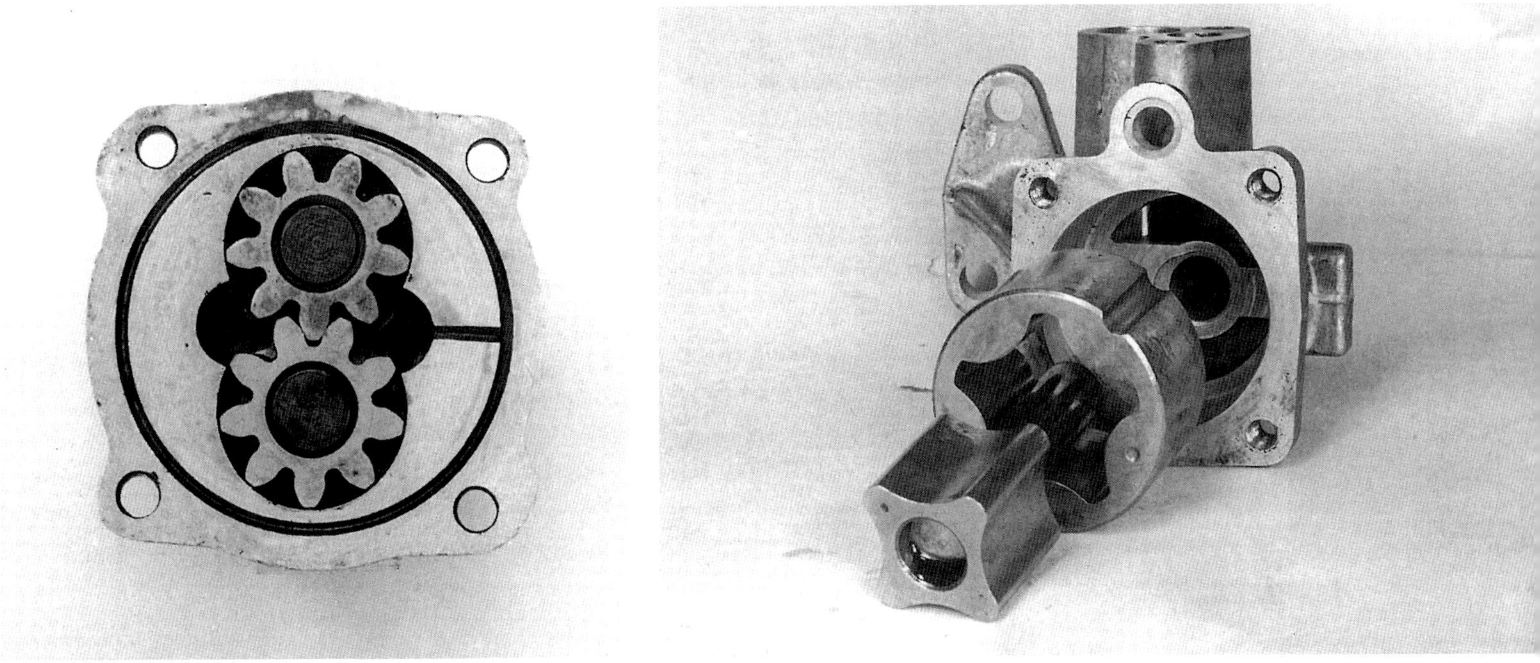

Rotationskolbenmaschinen, wenn auch fremdangetrieben, finden sich schon immer im Auto. Rechts die Eaton-Ölpumpe: Läufer rotieren umeinander, Prinzip des ersten Motors von Wankel. Links die übliche Zahnrad-Ölpumpe, ebenfalls mit größenveränderlichen Kammern, Grundform eines von Wankel 1978 neu vorgeschlagenen Motors.

Differential, Schaltgetriebe, Kupplung, Schwungscheibe.

Doch dann ist Schluß mit der Harmonie. Offensichtlich kann sie der Mensch nicht unbegrenzt ertragen. Wahr ist aber auch, daß es bis dahin an technischem Kunstsinn fehlte, um auch in der Leistungsklasse des Automobils – wie im Flugzeug die Verbrennungsturbine – Vortrieb aus der Rotation zu gewinnen. Und so begegnen wir nach der Schwungsscheibe wieder der uralten Spinnrad-Kurbel und befinden uns auch mitten in der Steinzeit der Kraftgewinnung durch die selige Maschinenteile der Gründerväter: Kurbelwelle, schwingende Pleuelstangen, auf- und abstampfende Kolben, hämmernde Ventile und einiges an Masse mehr.

Diese Umständler wurden geduldet, weil sich ein nachdenklicher Nikolaus Otto einstmals nur auf den Gasmotor und den Viertaktprozeß konzentrierte. Und so etablierten sich denn Hubkolben und Kurbelwelle auch für Benzin- und Dieselmotoren.

Aber im System der auf- und abgeschleuderten Kolben wirken ja schon lange auch Rotierer wie Zahnrad-Ölpumpe mit ihren wandernden Kammern, Wasserpumpe, Anlasser, Lichtmaschine oder Turbo-Lader, ganz zu schweigen von Elektromotoren, die zunehmend interessanter werden.

Im NSU Ro 80 setzen sich Rotation und damit Laufkultur bis in den Motor hinein fort. Es ist unmöglich, so befinden seine geistigen Väter, daß sich die Logik und Homogenität dieses Bewegungssystems nicht durchsetzen wird. Doch vor der Logik steht die Physik. Sie fühlt sich, wie noch zu schildern ist, etwas übergangen.

So wird denn der Ro 80 zum zentralen Punkt großer Hoffnungen und heißer Herzen ebenso wie das Objekt kühler und kritischer Prognosen. Er lockert im anhaltenden Schneetreiben der Meinungen die Emotionen. Sein in kein Schema einzuordnender Motor macht in gleicher Weise euphorisch wie er zynische Bemerkungen provoziert. Seine Antriebsquelle ist im Kern zu andersartig, der klassischen Wissenschaft zu wenig zugänglich, ist ein Widerspruch in sich selbst – ein Motor, der einfacher ist und doch schwerer verstehbar.

So bleibt die Existenz des Ro 80 für die einen ein Rätsel und für die anderen, die ihn und seine Absicht begreifen, die notwendige Erfüllung der Ansprüche an mobile Ästhetik und die Zurückweisung unnötiger Größe und Masse des Herkömmlichen.

NSU ließ schon immer rotieren

Autos, die zur Legende werden, sind oft schon Glied eines illustren Modell-Stammbaums. So wird es ihnen leicht gemacht, aus dem Heer der Geschichts- und Gesichtslosen herauszuragen. Der NSU Ro 80 muß sich als Auto seine Einmaligkeit selber schaffen.

Wer einen Hang zur Symbolik spürt, findet NSU schon mit einer frühen Vorbestimmung für die Kraft aus der Rotation.

Der noch schmale Strom der Donau im oberschwäbischen Riedlingen – dort gründet man 1873 die Firma – sorgt für die einfachste und kontinuierlichste Form des Gewinns von Energie: Durch das rotierende Wasserrad. Mit seiner Hilfe werden die Werkzeugmaschinen der damaligen Strickmaschinenbauer angetrieben.

Das Jungunternehmen zieht um nach Neckarsulm. Dort läßt das in den Neckar fließende Flüsschen Sulm gleichfalls ein Wasserrad und Maschinenräder drehen. Ahnungsvoll steigt man um auf die ursprünglichste Form der Rotation – auf das Rad, und sattelt 1886 das Fahrrad.

Ab 1901 schwingt man sich zum Auto auf. Man hat eine belgische Lizenz genommen, um gleich eine Luxus-Karosse zu bieten. Doch ist man gezwungen, sich auf kleinere und diesmal eigene Autos zurückzuschrumpfen. Aber man muß groß sein, um kleine Autos zu bauen und so kommen und gehen die Krisen. Es ist vieles vorgezeichnet in der Chronik von NSU. Die wechselvolle Geschichte zeigt auch die Marken- und Namens-Chronik in Kapitel 17.

1928 zwingt die Not dazu, die Auto-Produktion an Fiat abzugeben. Man setzt verstärkt wieder auf das Zweirad, zumal auf das Kraftrad. Die Einspurer wurden immer gepflegt und waren – ein NSU-Markenzeichen – stets ihrer Zeit voraus. 1955 kann man sich größte Zweiradfabrik der Welt nennen. Erfolge durch ausgefeilte Technik in Rennen und mit Weltrekorden lassen die Marke glänzen.

Bald aber braucht man ausgefeilte Technik, um die nötige Finanzierung wiederum für vierrädrige Mobile zu schaffen. Denn ein verregneter Sommer treibt die Zweirad-Fahrer schutzsuchend unter die Autobahnbrücken und NSU erneut in Probleme.

1958 schickt man nach langer Vierrad-Abstinenz den NSU Prinz auf die Straße, einen Pummel, der dem hoheitlichen Namen kaum entspricht. Doch 1959 hebt der edlere Sportprinz das Ansehen und ab 1961 eine verfeinerte Prinzengarde. Aber im Geschäft mit Fliegengewichten ist die Rendite schmal. Der Erzfeind heißt Volkswagen, auch Käfer genannt. Rücksichtslos preiswert krabbelt er jeglicher mobiler Miniatur über den Weg, in gleicher Absicht auch die Kleinen von Fiat und Renault. Das Volkswagen-Unternehmen wird nicht das letzte Mal Schicksal spielen.

In den Vorstandssessel von NSU hatte sich 1951 Dr. von Heydekampf eingepaßt, ein Mann des unkonventionellen Handelns, doch mit immer rechtem Sinn für den Ernst der Lage. Und so fragt er sich denn auch bald nach dem Start der Prinzen, wie man auch im Auto-Geschäft an Profil und Profit gewinnt. Er versucht es schon mal mit den Generalvertretung für Alfa Romeo (1958) und man verkündet selbstbewußt: „Alfa Romeo – NSU steht dahinter“. Es folgt die Vertretung für Simca (1960), ebenfalls nicht von Dauer.

NSU ist flexibel und so hält man auch andere Eisen im Feuer. Für den Motorroller NSU Lambretta wird ein stufenloses (hydrostatisches) Getriebe entwickelt. Etwa 300 Exemplare gelangen in den Verkauf. Als Antrieb für den Motorroller versucht man auch die exzentrische Schubstangen-Ventilsteuerung des Motorrad NSU Max. Das heißeste Eisen anzufassen, steht NSU freilich noch bevor. Es wird die Bekanntheit der Marke, wie gewünscht, erheblich vergrößern.

Felix Wankel (1902-1988) entdeckt 1954 funktionsfähige, rotierende Kolben. Hier 1960 beim »Verkündungsvortrag« auf der VDI-Veranstaltung im Kongress-Saal des Deutschen Museums. Wankel wird viel geehrt: Bundesverdienstkreuz, Dr.Ing. h.c., Professor.

Dr.Ing. Walter Froede, 1960, Forschungsleiter bei NSU, nimmt Wankels Idee auf, veranlasst die Führung von Wankels drehendem zum kreisenden Kolben und übernimmt mit Neigung zu Experiment und Versuch die Vorbereitung zum Ro 80-Motor.

Rotation nach Felix Wankel

Die Beziehung zwischen Mensch und Auto, so weiß man, läuft im Gehirn nicht nur über die rationale Spur. Verfolgt man den Weg des NSU Ro 80 und seiner rotierenden Kolben zurück und trifft auf deren Erfinder Felix Wankel, so begegnet man auch einem Menschen, der eher mit Gefühl für Technik vorgeht als nach der Weisheit der Lehrbücher. Sein Tagebuch identifiziert ihn gelegentlich als „Maschinenträumer". Dessen ungeachtet kann er seine Träume hartnäckig verfolgen.

Als Freund eher der Tiere als der Menschen ist Wankel schon früh im Tierschutz engagiert. Ein Artenschutzgesetz für Hubkolbenmotoren freilich kennt er nicht. Sein relevantes Urteil: „Da wird eine arme Granate hin und her geschossen."

Seine Verehrung gilt dem totpunktfreien Lauf einer Turbine. Er ist es, der eine Laterne in die tiefe, nie recht erhellte Dunkelheit der turbinen-ähnlichen Rotationskolbenmaschinen trägt. Er entdeckt, daß deren ineinander, miteinander oder umeinander rotierende Teile einen taktenden Arbeitsablauf zulassen können.

Er baut Versuchsmotoren, richtet sich Versuchswerkstätten ein. Nach Heidelberg folgt Lahr in Baden, dem Ort der Geburt (1902). In Lindau am Bodensee – Wankel sucht auch nach neuartigen Wasserfahrzeugen – wird er Herr über ein großes vom Staat finanziertes Forschungsinstitut (1936 – 1945). Aber die schönere, die rotierende Kolbenbewegung verweigert sich dem selbsternannten Motor-Reformator. Immerhin macht er aus „hämmernden" Ventilen auftragsgemäß rotierende Teile, nämlich Drehschieber für Flugmotoren.

Durchaus als Glück empfindet es der gern sich kleinsten Teilen hingebende Wankel mit dem Unglück zu leben, daß rotierende Teile schwer abzudichten sind. So erfindet er denn auch den neuen Beruf des Abdichtungs-Spezialisten. Und er ist es auch, der nachträglich nachweist, warum die schon längst verwendeten Kolbenringe für Gasdichtigkeit sorgen: Der Gasdruck hinter dem Ring, richtig geleitet, drückt diesen an die Gegenfläche.

Durch einen Zufall – so läßt sich Schicksal auch nennen – hört man bei NSU von Wankels Arbeiten. Die Bekanntschaft wird 1951 gemacht. NSU, noch von der Zweirad-Welle getragen, doch immer auf der Suche nach neuem Kapital, auch in Form unkonventioneller Technik, plant Spektakuläres: Die Ventile in den Motoren durch Drehschieber zu ersetzen. Sie lassen mit höheren Drehzahlen auch größere Leistungen zu.

Da sich Wankel die Auto-Hersteller für seine Rotationspläne verweigern, schließt er, wenn auch nicht mit größtem Vergnügen, 1951 einen Berater-Vertrag mit der Zweirad-NSU ab. Er soll dabei helfen, für das Motorrad NSU Max (1952-1956) statt der Ventile eine Drehschieber-Gassteuerung zu erarbeiten, insbesondere, diese abzudichten.

Wankel ist gedanklich viel weiter. Seine Höhen sind die Tiefen eines Urwalds, in dem nicht Drehschieber, sondern unentdeckte Rotationskolben-Systeme gedeihen – ohne Ventile.

Wankel wartet auf seine Stunde. Dr. Walter Froede, NSU-Forschungsleiter, übernimmt den Kontakt. Wankel gelingt es denn auch, NSU davon zu überzeugen, daß nicht die Ventile, sondern gleich die Kolben rotieren sollten. Der Forscher vom Bodensee kann freilich ein gutes Argument liefern:

„Die geradlinige Bewegung eines Hubkolbens ist ja doch nichts anderes als ein zusammengedrückter Kreis. Man muss ihn eben wieder öffnen, damit der Kolben endlich drehen kann."

Die Entdeckung

Am 13. April 1954 glitzert es hinter den dicken Brillengläsern von Felix Wankel. Ablauf-Diagramme lassen die Möglichkeit ahnen, einen Kolben viertaktend rundlaufen zu lassen. Und das natürlich ohne Gas-Steuerteile wie Ventile, Walzen oder Scheiben und ohne Trennung in Verdichter- und Motorteil wie bei vielen vorhergehenden Entwürfen. Wankel definiert den Verbennungsmotor neu.

„DKM 54" – das ist Wankels Name für diesen „Drehkolbenmotor". Genauer definiert er ihn als „Si 2:3", was nach seiner systematisch vorgenommenen Einordnung

Drehkolbenmotor DKM 54 (1957). Frischgas wird durch die hohle Löuferwelle angesaugt, zwischen Innen- und Außenläufer verarbeitet, in einen Ringraum und von dort nach außen geleitet. Kammergröße 125 cm³, Läuferbreite 40 mm. 29 PS bei 17 000/min. Drei Motoren werden gebaut: Sie kommen zu Wankel, zu NSU und ins Deutsche Museum München.

Der Drehkolben des DKM 54 sitzt zentrisch auf der Welle. Unterscheidung: »Drehen« des Kolbens innerhalb eines drehenden Außenläufers um einen gemeinsamen Mittelpunkt. Später »Kreisen« mit kleinem Exzenter innerhalb des feststehenden »Außenläufers«. Oberbegriff: »Rotieren«. In der Kolbenmulde sitzt eine von drei mitdrehenden Zündkerzen.

Karl Beutter hört am 1.2.1957 bei der Vorbereitung des Prüflaufs als erster Mensch den Klang des DKM 54: »Bevor Felix Wankel wußte, ob seine Idee funktioniert«. Hier, später, beim Messen einer Kreiskolben-Trochoide.

heißt: „Rotationskolbenmaschine mit Schlupfeingriff, innenachsig, dreibogiger Läufer in zweibogiger Hüllfigur".

Dieses System ist die überhaupt erste Station auf dem Weg zum Antrieb des NSU Ro 80. Es ist ein Entwurf, der das Einmaleins landläufiger Verbrennungsmotoren kaum deutlicher in Frage stellen kann. NSU und Wankel machen sich daran, ein Stück Technik-Geschichte neu zu schreiben.

Niemand ahnt, was man da angepackt hat. Wankels System erscheint so einfach, daß man glaubt, es als Firma allein realisieren und auch allein Lizenzen vergeben zu können. Und es paßt wie maßgeschneidert, um

»Versuche über dem Feuerloch«. So nennt Felix Wankel einen seiner grundlegenden Versuche zur notwendigen Dichtteile-Entwicklung. Auf einer Öffnung im Zylinderkopf eines NSU-Motorrad-Einzylinders dreht eine Platte mit Dichtteilen (1959).

Ein weiterer Versuch, den Hubkolbenmotor abzulösen: Die Verbrennungsturbine, so von namhaften Firmen wie Renault, Rover oder Chrysler entwickelt. Von letzterer, hier in einer kleinen käuflichen Serie, der Turbinen-Wagen Dodge Turbo Dart (1963). Der Versuch scheitert: Zu teuer, zu durstig, nicht praktikabel.

NSU mit größerem Ansehen auch zu dringend benötigtem neuen Kapital zu helfen.

NSU-Chef Dr. von Heydekampf läßt die Forscher gewähren. So folgt dem bei der Firmengründung genutzten Wasserrad nun ein Feuerrad. Die Rotation bleibt im Haus.

Aber NSU sieht im DKM 54 nur die Bestätigung, daß ein Viertakt-Prozeß auch mit rotierenden Kolben möglich ist. Der neuartige Motor baut zwar sensationell klein, erscheint aber für das Auto zu kompliziert.

Karl Beutter, Zeuge jener ersten Stunden, erinnert sich: „Für den DKM 54 waren 640 Schrauben nötig.“ Er gehört zu jenem Mechaniker-Stamm, dessen schwäbischer Sinn für feine Mechanik die beste Vorbedingung für das neue Motor-System mit den kleinen Dichtteilen liefert. Beutter ist es auch, der später die für die Abdichtung wirksamere dreiteilige Scheitelleiste ersinnt, die sogenannte Spider-Teilung.

Erst mit stillgelegtem Außenläufer sieht sich NSU in der richtigen Einflugschneise (1957). Damit für ein Viertaktverfahren weiterhin Kammern variabler Größe entstehen, muß der Mittelpunkt des Innenläufers nun in der zweibogigen Kontur ("Trochoide") kreisen. Dazu zwingt ihn einmal ein kleiner Exzenter auf der leistungsabgebenden Welle und zum anderen eine Innenverzahnung im Kolben, die sich auf einer festen Außenverzahnung abwälzt.

Wankel – ein Mensch der Vielseitigkeit, Emotionen eingeschlossen – gegerät angesichts der „kinematischen Umkehrung“ seiner Drehkolbenmaschine in Zorn. Er sieht seine „reinrassige“, turbinenhaft hochdrehfähige Rotation verloren. „NSU hat meinem Rennpferd“, klagt er, „die Nüstern zugebunden!“

Mit den höher möglichen Drehzahlen des Drehkolben-Systems könnte – so sieht er die Zukunft – die bei Rotationskolbenmotoren komplizierte Gas- und Ölabdichtung entbehrlich werden.

Erfinder und Verwerter driften auseinander. Wankel wird immer seine Skepsis gegenüber der Industrie deutlich machen, nicht zum Vorteil der weiteren Ausgestaltung der Idee. In der Chronik des NSU Ro 80 wird es nicht der letzte kräftige Wellenschlag sein.

2 – Inspiration

Nicht im Traum an diesen Traum gedacht

Form vollendet

Der Schweiß für den Wiederaufbaus eines Staates ist geflossen, die Kraft der Menschen in der Bundesrepublik wächst, gemeint ist die Kaufkraft. Mit ihr wachsen die Wünsche und mit ihnen auch die Autos. Doch deren Technik ist Anfang der 60er noch von dürftigem Zuschnitt.

Die Wolfsburger Heckmaschinen rasseln ab 1961 auch in den größeren Resonanzkörpern VW 1500/1600. Opel ruht sich noch auf der hinteren Starrachse aus. Mit der „Linie der Vernunft" des Ford 17 M (1960-1964) wagen die Kölner schon etwas mehr, doch sie lieben es hinten noch starr. Mercedes-Benz pendelt sich noch auf heftige hintere Spur- und Sturz-Veränderung ein. Aus Ingolstadt blubbert der DKW bis 1965 im Vorkriegs-Zweitakt auf die Straße. BMW läßt in bajuwarischem Ehrgeiz noch bis 1963 die Bilanzen von schweren V-8-Limousinen erschüttern. Doch zieht in jenem Jahr mit der „Neuen Klasse" BMW 1500/1800 – neue Motoren, Schräglenker-Hinterachse – technische Morgenröte auf.

Fortschritt liegt in der Luft. Da spielt NSU mit dem Ergebnis von Wankels „Langstreckendenken" gern den Hecht im technischen Karpfenteich. Aus der Vorstands-Etage schallt es denn auch nach unten: „Es wird kein neues Auto mehr ohne Wankelmotor geben!"

Dennoch, auch in Neckarsulm wollen die Götter vor dem Erfolg Schweiß fließen sehen. Das neuartige Kind, das die Firmenkonten polstern soll, gibt sich als schwer erziehbar.

Aber die Erzieher bleiben zuversichtlich. Sie denken schon früh daran, den Wunderknaben zum Kern eines gleichfalls die Normen sprengenden Auto-Modells zu machen. Es soll den Glauben an eine künftige Motor-Generation untermauern, namentlich für Lizenznehmer, die bereits in für sie schwierige Verträge einwilligten oder für Firmen, die solche Verträge noch überlegen. Und dieser Wagen, so befindet man weiter, könne NSU endlich aus dem Loch des Kleinwagen-Images helfen.

Natürlich erwartet auch die Öffentlichkeit mit der von NSU gespeisten Zuversicht die neue Quelle der Kraft in einem besonderen Wagen. Auch Felix Wankel, getragen von einer Welle des Ruhms, fordert ein großes und repräsentatives Automobil als Bannerträger der Idee,

Für den projektierten Typ 80 bewegen Claus Luthe auch andere Entwürfe. 1963 hat sich als tragende Idee die Skizze rechts unten herauskristallisiert. Weichere Übergänge werden bevorzugt.

sozusagen einen „Mercedes" von NSU, wies ihm doch Daimler-Benz bei seinem Rotationskolben-Werben schroff die Tür.

Auch die Mitgliedschaft des NSU-Vorstandes – einer nun weltweit bekannten Firma – tragen den Wunsch nach einem angemessenen Gefährt aus dem eigenen Stall keineswegs heimlich im Herzen. Chef Dr. von Heydekampf fährt einen Jaguar, Technik-Spitze Frankenberger einen Lancia.

Für erste Gedankenspiele glaubt der obere Zirkel von NSU am 18.August 1961 einen für die neue Zukunft würdigen Ort gefunden zu haben. Es ist das „Wald- und Schlosshotel" Friedrichsruhe, ein ansehnliches Refugium für überanstrengten Firmengeist, passend gelegen zwischen Golfplatz und altem Baumbestand, etwa 30 km östlich von Neckarsulm. Aus den Stunden des Grübelns geht ein Mittelklasse-Modell hervor als logischer Anschluß an das Kleinwagen-Programm.

Nach jenem Tag wird ein Arbeitsausschuß gebildet. Ihm gehören an der Projektleiter Ewald Praxl, seit 1961 Nachfolger von Albert Roder, Forschungsleiter Dr. Froede; Produktionsleiter Sussner und Konstruktionschef Strobel. Das Konzentrat jener Sitzung:

Größe etwa wie das damalige Mittelklasse-Modell Ford 12 M. Kofferraumgröße mindestens wie bei diesem. Sportliche Note. Zwei Türen. Zweischeibenmotor vorn. Hinterrad-Antrieb. Getriebe und Differential verblockt. Hydraulisches Getriebe. Scheibenbremsen vorn, evtl. auch hinten. Allseitige Luftfederung. Zweitürig, evtl. Schiebetüren.

Aus dieser Projekt-Beschreibung klingt schon eine kräftige Dosis Unternehmungsgeist. Aber nach vielfältiger historischer Erfahrung muß man klein und hungrig sein, um großen Mut zu beweisen.

Entwicklungsnummer Typ 80

Aus den Stichworten jenes Protokolls läßt sich der Ro 80 noch nicht erkennen. Aber seine Namensgebung kann schon auf dieses erste Konzept zurückgeführt werden. In der laufenden Numerierung der NSU-Projekte, die an sich mit der Nummer 40 weiter laufen würden, macht man mit dem geplanten Wankel-Modell zur deutlichen Abgrenzung einen Sprung zur Entwicklungsnummer 80. Niemand denkt daran, daß sie einmal für den Modellnamen verwendet wird.

Die Zahl 80 taucht einige Male in einem freilich noch sehr grob gestrickten Lastenheft auf. Aber die Besatzung der NSU-Presse-Abteilung erkennt darin schon die großen Werte. So kursiert später die Geschichte, wie sehr die Zahl 8 bei dem projektierten Wagen dominiert. Das Gewicht des Wagens sollte 800 kg betragen, die Motorleistung 80 PS, der Verbrauch 8 Liter/100 km und der Preis rund 8 000 DM – damals nicht unrealistisch. Denn man geht ja noch von einem Mittelklasse-Modell aus.

Die Bedeutung der Zahl 8 läßt sich noch weiter treiben. Die Personalstärke für die Entwicklung des Wagens, der einmal Ro 80 heißen wird, läßt sich mit höchstens 80 Mann beziffern – eine Zahl, die heute im entferntesten nicht mehr ausreichen würde. Und die 8 lässt sich in der Form der Trochoide erkennen: Ein eingesatteltes Oval, eine Art „Achterbahn".

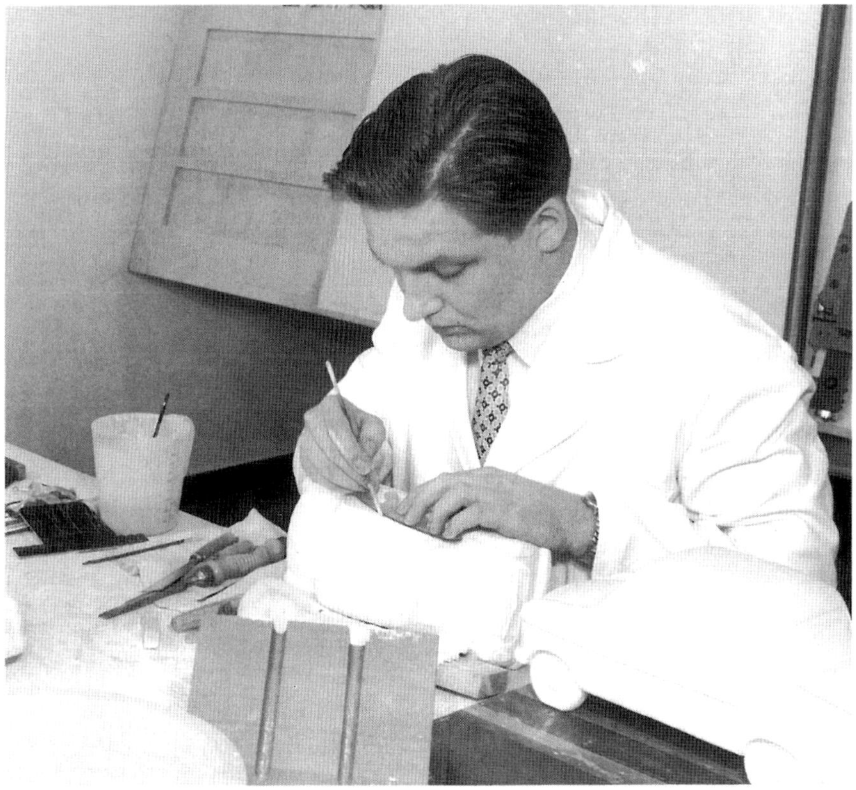

Eine große Aufgabe wartet auf Claus Luthe, Leiter der kleinen Design-Abteilung bei NSU, hier 1959 für veredelte Linien des NSU Prinz 4 an der Arbeit. Vier Jahre später modelliert er den Typ 80.

Der öffentlichen Jubel-Atmosphäre über die bevorstehende Ablösung der Dampfmaschinen-Mechanik entnimmt man bei NSU gern, daß Höheres als ein Mittelklasse-Wagen von der Firma erwartet wird. Zwar ist die Kraft des Unternehmens durch die Umstellung auf vierrädrige Fahrzeuge und die Entwicklung des Kreiskolbenmotors personell und finanziell bis an die Grenzen ausgereizt. Doch bei NSU ist man ja flexibel und so entschließt man sich im Bewußtsein eines gewissen Risikos, doch sehr im Glauben an eine rosarote Zukunft, zu einem größeren Wagen.

Der NSU-Vorstandschef, immer umgeben von einer Wolke der Zuversicht, begeistert sich selbst an dem neuen Projekt. Den Beteiligten klingen seine Worte im Ohr: „Jetzt könnt Ihr Euer Traum-Auto bauen!"

Als eigentliche Geburtsstunde des Ro 80 läßt sich der 5. April 1963 sehen. Zu einer wegweisenden Besprechung finden sich zusammen Praxl – er wird vom Vorstand beauftragt, die Entwicklung des Typ 80 zu leiten –, ferner Strobel als Konstruktionschef, Philipp Schmidt für die Fahrwerks- und Josef Erlewein für die Karosserie-Konstruktion. Otto Erlewein – nicht verwandt mit Josef – übernimmt die Innenausstattung und Claus Luthe als Leiter des Karosserie-Design die Formgestaltung.

1963 arbeitet NSU schon am Typ 56, dem späteren Spider und projektiert wird ein dritter Kreiskolben-Wagen: Zusammen mit Citroën, aus der die Gemeinschaftsgründung Comotor entsteht (1967). Die Komponenten des Wagens sind teils von NSU, teils von Citroën zu fertigen, der Vertrieb soll gemeinsam erfolgen. Der Serienanlauf ist für 1966 geplant. Und da geistert schon ein echter NSU-Mittelklassewagen durch die Planung. Er soll einmal Ro 70 heißen. Man hat sich viel vorgenommen. Aber der Himmel hängt ja voller Geigen. Und da möchte man nicht länger eine Fahrradfabrik sein und trennt sich 1963 von dieser Produktion.

NSU hat eine einfache und, wie man im Haus meint, bescheidene Rechnung aufgemacht: Selbst wenn nur 10% der Auto-Weltproduktion mit Kreiskolbenmotoren Lizenz NSU-Wankel bestückt wären, würden selbst nach Auszahlungen für die Wankel GmbH – sie ist mit hartnäckig ausgehandelten 40% dabei – jährlich dreistellige Millionen-Beträge in die Kasse rauschen. Auch dieser Annahme verdankt der NSU Ro 80 seine Existenz und die splendide Konzeption.

Form-Sache

Claus Luthe beginnt nach jener Besprechung im April 1963 das Projekt, jedoch ohne jede Termin-Vorgabe. Auch ihm hat sich längst jene damals bei NSU herrschende Atmosphäre des Aufbruchs in große Zeiten übertragen. Ein Stapel an Entwürfen für einen großen NSU ist schon vorhanden.

So kann er mit ersten auftragsgemäßen Skizzen schon verschiedene, dann beibehaltene Gestaltungs-Elemente hervortreten lassen. Ein echtes Lastenheft existiert indessen noch nicht, Eckdaten sind nicht gegeben. Denn trotz

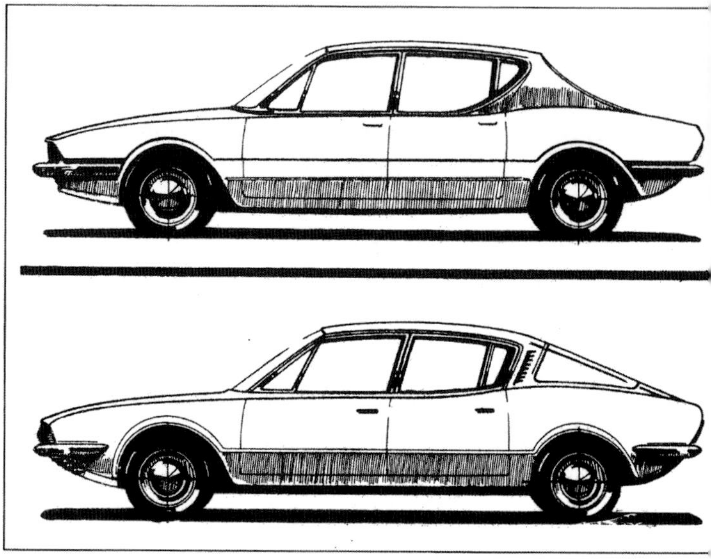

»Sportliche Limousine mit Kreiskolbenmotor« – so lautet der Auftrag des NSU-Vorstands für die Formfindung des projektierten Typ 80. Man denkt zunächst an »aufsehenerregende« Prototypen. Hier erste Skizzen, die bald wieder verworfen werden.

aller Zukunftshoffnungen muß sich die Firma um das Tagesgeschäft kümmern, dessen Erträge Sorgen machen. Alles, was Luthe hat, ist die neue, freilich spärliche Vorgabe „etwas größer als der Ford 17 M" und des obersten Dienstherrns ebenso denkwürdigen wie industrieüblichen Worte: „Nun lassen Sie sich mal was einfallen." Für den Designer liegt hier eine einmalige Ausgangsposition vor, ja, man kann von einer Traum-Aufgabe sprechen. Kein Vorgänger-Modell hindert kreative Gedanken, kein Teil muß wieder verwendet werden. Allerdings existiert der so ganz andersartige Motor noch nicht als fertige Konstruktion, geschweige denn in seinen genauen Abmessungen. Nur eines weiß man – er ist kleiner und niedriger als es der Norm entspricht.

Damals – 1963 – ist Luthe 30 Jahre alt. Er hat ein Handwerk als Karosserieschlosser gelernt und die Ergänzung auf der Fachschule für Karosserie- und Fahrzeugbau Kaiserslautern gefunden. Zwei Jahre ist er bei Fiat im nahen Heilbronn, um 1956 als Designer bei NSU zu beginnen. Zu seinen ersten Arbeiten gehört es, dem pummeligen Prinz zu einer harmonischen ausgewogenen Gestalt zu verhelfen (Prinz 4, 1961). Was Luthe denn auch für seine neue Aufgabe leitet, ist sein ausgeprägtes Gefühl für Harmonie in der Zuordnung von Formen und Linien.

Eine glückliche Fügung für die Gestaltung des neuen Autos ist es, daß Entwicklungsleiter Praxl – unter Technik-Vorstand Frankenberger – und Luthe sich in ihren Vorstellungen ergänzen können.

Oft besucht Praxl das keineswegs großzügig ausgestattete, sogenannte „Stilbüro TC 6", das in einer unscheinbaren Steinbaracke untergebracht ist. Hier ist das Wirkungsfeld kreativer Arbeit von Luthe und seinen wenigen Leuten.

Praxl – Diplom-Ingenieur pur – ist die Nahtstelle zwischen Technik und Gestaltung. Er weiß, daß in der Abteilung TX, der Vorentwicklung, inzwischen die Erkenntnis eines im Verbrauch keineswegs maßvollen Kreiskolbenmotors herangereift ist. So entsteht die für den neuen Wagen wichtigste Vorgabe: Die Form muß so strömungsgünstig wie möglich sein, um den Verbrauch in akzeptablen Grenzen zu halten. Praxl drängt zu einer entsprechenden Gestaltung.

Den geringsten Lufwiderstand hat bekanntlich die Nähnadel. Damit soll gesagt sein, daß man mit einem Personenwagen immer aerodynamische Zugeständnisse eingehen muß. So gehört es zur wichtigsten Arbeit für den Typ 80, einen guten Kompromiß zwischen den Ansprüchen der Insassen, guter Aerodynamik und zukunftsweisender Linienführung zu finden. Hier ist von Luthe in der Tat Pionierarbeit gefragt, denn Fragen der Aerodynamik gehören in jenen Jahren gewiß nicht zu den Hauptsorgen der Hersteller und Designer.

Da kann es nur als Glücksfall für das Werden des Typ 80 bezeichnet werden, daß sich auch Luthe als Designer die Normen der Aerodynamik erarbeitet hat und sich ganz ohne künstlerischen Widerstand den Widerständen der fließenden Luft widmet.

„Aerodynamisch günstig“ bedeutet damals noch „Stromlinienform", das heißt, die Akzente liegen auf geringstem Luftwiderstand mit möglichst störungsfrei abfließender Luft, auch wenn das keineswegs auf die damaligen Auto-Modelle zutrifft. Man weiß aber auch, daß ein aerodynamisch günstiger Fahrzeugkörper zu Instabiltät neigt. So ging man über die damaligen Konzepte hinaus einen erheblichen Schritt weiter: Auch die Auftriebskräfte galt es zu verringern, um die Bodenhaftung zu erhöhen. Denn in seiner Grundform läßt sich jedes Auto wegen des flachen Unterbodens mit dem Auftrieb erzeugenden Tragflächenprofil eines Flugzeugs vergleichen.

Das Problem des Auftriebs zeigte sich damals mit schneller werdenden Autos und wurde auch optisch auffällig. So wurden die großen Mercedes- Limousinen bei rascher Fahrt noch größer, nämlich höher, was der Fahrstabilität und dem Verbrauch keineswegs zuträglich war. Konsequenzen zog man freilich erst nach dem Erscheinen des Ro 80. Mit ihm wurde erstmals die auftriebsvermindernde Keilform verwirklicht, die denn auch bald in das Bewußtsein anderer Hersteller einsickerte.

Abtrieb als neue Konstruktionsgröße sieht man nach Erscheinen des Ro 80 erstmals in der Formel 1: Rennwagen mit negativ angestelltem Heckflügel (1968, Lotus Typ 49 B).

In diesem Zusammenhang sei auch der beim Ro 80 nur selten erwähnte „Hängebauch“ genannt. Der niedrige Motor macht nicht nur oben eine nach vorn abflachende Haube möglich, sondern wegen seiner Kürze auch unten eine nach vorn oben führende „Zuspitzung". Auch zum hochgesetzten Heck führt von unten eine nach oben ansteigende Kontur. So ließ sich nach Messungen mit dem 1:1-Modell des Typ 80 auch eine Art Venturi-Effekt erwarten:

Strömt die Luft durch die Verengung einer Düse, erhöht sie ihre Geschwindigkeit und es entsteht Unterdruck, der ein Fahrzeug gewissermaßen an die Straße saugt. Zwar blieb der „Hängebauch“ dem realen Ro 80 erhalten, doch war die untere Kontur nicht mehr so optimal. Dennoch ist nicht ausgeschlosssen, daß das Unterboden-Profil zum Abtrieb und zu dem sehr stabilen Fahrverhalten des Ro 80 beiträgt (Kapitel 8).

Mit der Bezeichnung „ground effect“ wird dieser Unterdruck bei Formel- Rennwagen durch ein entsprechendes (negatives) Tragflächenprofil der Wagen-Unterseite ausgenutzt; erstmals 1978 beim Formel 1-Lotus Typ 78 und sogleich vielfach kopiert.

Das „Gewächshaus"

Doch zurück zur Formwerdung des Typ 80. Zu den ersten, leider nicht mehr vorhandenen Zeichnungen gehört das Dach mit allen Pfosten (im Fach-Jargon „green house", Gewächshaus, genannt), so, wie es später fast genau verwirklicht wird:

Eine kühn wirkende, große und sphärische gewölbte Frontscheibe, mit 54° stärker geneigt als üblich. Und eine ebenso großflächige Heckscheibe, womit sich unter des Designers Hand auch die Fläche der Seitenverglasung streckt. Luthe hat sich zum Ziel gesetzt, die Scheiben der hinteren Türen aus ästhetischen Gründen nicht, wie meistens, zu teilen, sondern voll versenkbar zu machen. Daher schließt sich noch ein drittes Seitenfenster an. Diese reich bemessene seitliche Fenster-Fläche weitet denn auch die Distanz zwischen den Achsen.

Im Basis-Entwurf hat Luthe schon die dank des niedrigen Kreisläufers nach vorn abfallende Silhouette geschaffen, das erste Element der Keilform – zunächst vielfach skeptisch betrachtet, später oft kopiert. Der Vorderwagen ist anfangs noch tiefer heruntergezogen und muß wieder nach oben korrigiert werden. Der in Aussicht genommene Motor wird etwas höher als angenommen.

Schließlich wird durch ein hochgelegtes Heck – aerodynamisch ebenfalls günstig und ein neues stilistisches Element – die Keilform vollständig. Luthe: „Schulisches Grundwissen nach den aerodynamischen Erkenntnissen von Professor Kamm." Gemeint ist der Altvater aerodynamischer Erkenntnisse, Professor Kamm, Technische Hochschule Stuttgart.

Modell-Charakter

Obwohl noch keinerlei Termine für den Typ 80 gegeben sind und die Designer – streng genommen – für die Schublade arbeiten, wird schon am 6. Mai 1963 mit einem 1:5-Plastilin-Modell begonnen. Am 2. August 1963 nehmen es die Vorstandsmitglieder in Augenschein, jedoch ohne den auf Reisen befindlichen Dr. von Heydekampf.

Luthe später im Rückblick auf die Vorstellung des 1:5-Modells: „Ich erinnere mich noch genau. Es gab zwar keine Aha-Effekte, aber auch für mich – gottseidank – keine negativen Äußerungen. Man konnte so richtig mit dem Modell nichts anfangen und ganz ernst nahm man das gesamte Projekt ja sowieso noch nicht. Ich versprach auch zu mildern, doch mit der Zeit gewöhnte man sich an den Entwurf."

Mit dem 2. August 1963 legt Praxl diesen Aktenvermerk vor:

„Die Aufgabe, ein extrem leichtes Fahrzeug für hohe Geschwindigkeiten zu bauen, zwingt dazu, die Karosse nach den Gesetzen der Aerodynamik zu gestalten... Nach folgenden Gesichtspunkten wurde entworfen:

1. Erhöhung der Radlasten durch Neigung der oberen Fläche, insbesondere der Motorhaube." Da spricht Praxl die Keilform des Typ 80 an, die auch hohe Fahrstabilität sichert. Weiterhin notiert Praxl:
2. Durch das gegenüber der Frontpartie überhöhte Heck soll der Druckmittelpunkt bei Seitenwind nach hinten verlegt werden. Außerdem wird dadurch der c_w-Wert günstiger.
3. Eine Verbesserung des Fahrverhaltens bei Luftstörkräften soll außerdem durch Verkleinerung des Strömungswiderstandes der Frontpartie bei seitlichem Umblasen erreicht werden. Elliptischer Querschnitt. Keine störende Stoßstange. Glatte Fahrzeugfrontpartie mit abgerundeten Ecken."

Diese werden jedoch später weniger abgerundet, was sich als vorteilhafter für Optik und Fertigung erweist. Die Stoßstangen kommen allerdings nicht in Fortfall, passen sich aber den Abschluß-Linien des Wagens auch seitlich an.

Der letzte Druck durch die Unternehmensleitung zur Entwicklung des neuen Wagens ist damals – 1963 – also noch nicht vorhanden. Man hat ganz andere Sorgen, nämlich den schwierigen Reifeprozess des Motor- Neulings und die Finanzen des Unternehmens durch die zu geringen Erträge der kleinen Wagen.

Nach der Besichtigung des 1:5-Modells erfolgen

Puppen im gleichen Maßstab (1:5) helfen, die Proportionen einzuschätzen. Die hinteren Türen sind noch ohne senkrechten Abschluss, der Radstand wird noch gestreckt. Vorhanden schon die weit umrundenden Stoßstangen.

Schon beim 1:5-Modell werden Sicken auf Motor- und Kofferraum-Deckel vorgesehen, durch Sicken auf dem Dach noch organisch miteinander verbunden. Erkennbar ist die typische seitliche Auswölbung des Wagens.

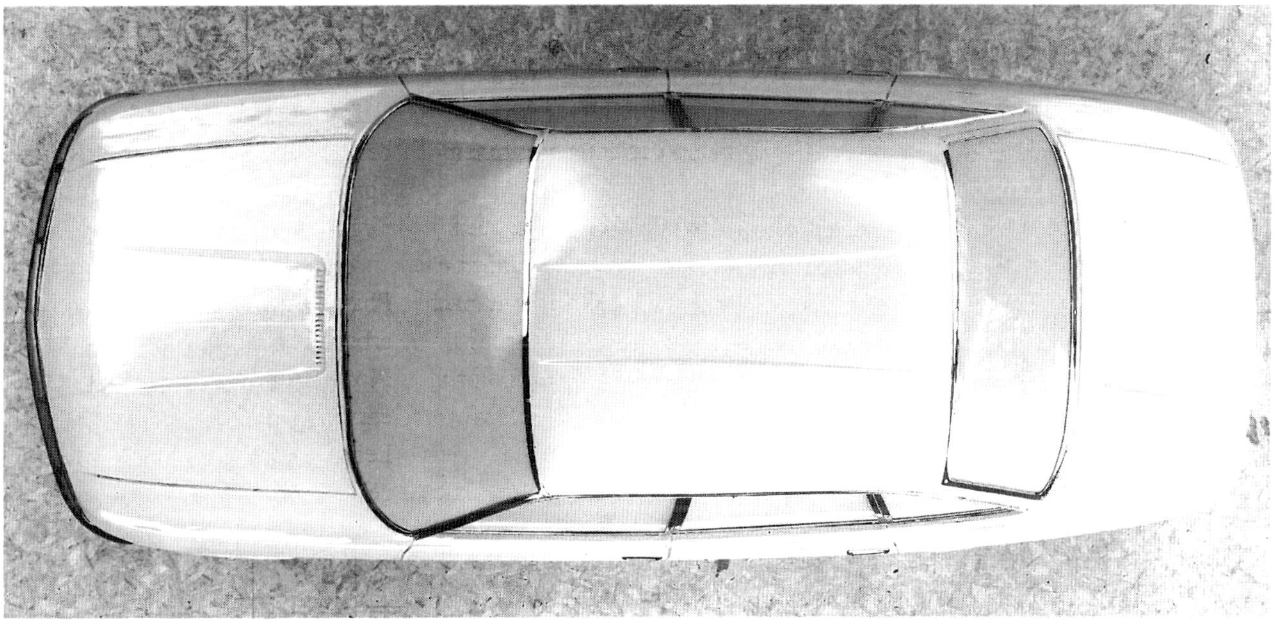

Der projektierte Typ 80 tritt als Modell im Maßstab 1:5 zum ersten Mal aus der Ebene des Zeichenpapiers heraus (Mai 1963). Vier Jahre vor Serienbeginn hat Claus Luthe bereits die prinzipielle Form geprägt.

einige Änderungen: Die Neigung der Motorhaube wird doch wieder etwas größer, das Heck in der Draufsicht weniger gerundet und die Türen oben breiter. Die Dachpartie steht aber schon mit allen Fenstern und ihrer Neigung seit dem 20. Mai 1963 fest. Nicht akzeptiert wird vorn und hinten das unter Glas gesetzte Kennzeichen-Schild. Es findet sich seltsamerweise bei Citroën – die Firmen arbeiten zusammen – im Modell SM (mit Maserati-Motor) wieder.

Nach einer weiteren Vorstellung des Modells am 5. August 1963 – auch Dr. von Heydekampf ist anwesend – schreibt dieser in einer Notiz:

„Das Modell des Typs 80, das ich heute eingehend mit den Herren Praxl und Strobel besichtigt und studiert habe, verdient meiner Meinung nach die Note „ausgezeichnet". Wir sollten auf dieser Basis unverzüglich weiterarbeiten und zwar mit KKM-Motor. Es wäre falsch, wenn man jetzt schon als Kompromiß irgendwelche Vier- oder Sechs-Zylinder-Varianten mit hineinkonstruieren würde."

Obwohl der Hausherr von NSU den Wert der neuen Kolben-Bewegung hoch einschätzt („Eine Jahrhundert-Erfindung"), geht aus dieser Notiz auch hervor, daß nach dem damaligen Entwicklungsstand die Motorisierungsfrage nicht endgültig gelöst ist. Ein Kreiskolbenmotor in der nötigen stärkeren Zweischeiben-Version ist noch nicht verfügbar.

Noch immer sind ja keine bindenden Termine gesetzt, zumal sich intern angesichts der prekären Finanzlage Zweifel regen, ob der Typ 80 überhaupt zu realisieren ist.

Form in Holz

Am 23. August 1963 übergibt man vier Fotos des 1:5-Modells zur Eintragung in das Geschmacksmuster-Register dem Amtsgericht Heilbronn.

Am 16. September 1963, erinnert sich Luthe an Hand seiner Aufzeichnungen, beginnt er mit seinen Mitarbeitern – zeitweise nur sechs – mit den Vorbereitungen für das 1:1-Styling-Modell.

Um schneller zu guten und bewertbaren Ergebnissen zu kommen, entscheidet er sich für ein Modell, das nicht nur das Exterieur, sondern auch das Interieur zeigen kann. Aus diesem Grund wird ein mit Stahl armiertes Holzgrundgestell hergestellt, ergänzt durch Achsen mit rollenden Rädern. Auf diesem Gestell werden die einzelnen Partien aufgesetzt, so vordere und hintere Seitenteile, Hauben, Dach und zu öffnende Türen, alles ebenfalls aus armiertem Holz.

Vom genehmigten 1:5-Modell und den dazu entstandenen Enwürfen im gleichen Maßstab wird der 1:1-„Schmierplan" begonnen. Mit Fett und Öl hat er jedoch nichts zu tun. Auf ihn überträgt man sämtliche vorhandenen Schnitt-, Form- und Trenn-Linien in natürlichem Maßstab, ausgearbeitet, ausgestraakt und ergänzt. Aus diesem Plan entnehmen die Modelleure alle maßlich notwendigen Unterlagen für das Modell natürlicher Größe.

Das gesamte „green house" – mit allen Scheiben und den dazugehörigen Dachpfosten – wird nach Übertragen von den 1:5-Unterlagen in den „Schmierplan" nicht mehr geändert.

Am 16. Oktober 1963 ist dieser Plan in der ersten Phase mit den zeichnerischen Entwurfs- und Straakarbeiten abgeschlossen. Mit dem Aufbau des 1:1-Modells kann begonnen werden. Auch die „Sitzkiste" entsteht, ein wahrlich nüchternes Gerät, mit dem aber der Lebensraum der künftigen Insassen geprüft und festgelegt werden kann.

Leibhaftig 1:1

Es ist dies eine ebenso entscheidende wie spannende Phase im Entstehen eines Automobils auf dem Weg bis zur endgültigen Formfindung. Immer wieder werden die Flächen und Formlinien am entstehenden Modell dreidimensional betrachtet, überprüft, am Modell und im „Schmierplan" notfalls korrigiert und wieder auf das Modell übertragen. Dieser Prozess wird so lange fortgesetzt, bis der Designer seine Vorstellungen an diesem Modell natürlicher Größe akzeptieren kann.

Nach diesem schöpferischen Akt wird nicht nur

1:1-Modell, März 1964. Typ 80 vor der »Außenhautabnahme«. Wie aus dem Laden, hochglanzpoliert, aber ein Körper aus Holz. Noch hat Luthe nicht vergessen, daß er den Dachaufbau in Chromstahl wie eine Flugzeugkanzel plante. Aber es wäre kein tragendes Teil und zu teuer geworden.

Zustimmung, sondern auch Kritik erwartet, hängen doch von diesem Modell alle abschließenden Konstruktionsarbeiten für die Karosserie mit allen Ein- und Anbauteilen ab und natürlich die kostspieligen Werkzeuge und Vorrichtungen für die Serienproduktion.

Am 4. März 1964 – um Zeit zu sparen noch vor der Vorstands- und Aufsichtsrat-Präsentation – setzt schon die Phase des „Serien-Alu-Plans“ ein: Auf lackiertem Alu-Blech tragen Luthe und seine Leute alle für die Schablonen erforderlichen Schnitte, Formlinien und Trennungen auf, die Urformen für die schon früh in Auftrag zu gebenden Werkzeuge zur späteren Serienfertigung der Karosserie.

Danach werden auch die ersten Zeichnungen von den Einzelteilen für die Serienherstellung angefertigt. Bei notwendigen Änderungen am „Alu- Plan“ sind ebenfalls Schablonen und Zeichnungen zu korrigieren.

Am 24. März 1964 findet die erste, allerdings nur die „Außenhaut"- beziehungsweise „Exterieur"-Vorstellung statt. Was man auf Manager-Ebene betrachtet und begutachtet, sieht einem fertigen Wagen täuschend ähnlich. Aber dieses „Auto“ hat eingesetzte Plexiglas-

1:1-Modell, Mai 1964. Neu lackiert, jetzt mit Innenausstattung. Die Sicken im Dach müssen wegen des vorgesehenen Schiebedaches entfallen. Die Sicken in den Flanken setzen sich im Scheinwerferglas und im Grill fort. Der Wagen wird um 40 mm breiter. Noch trägt der Wagen das Wankel-Emblem vorn oben.

Tage. Die Messungen ergeben den für damalige Zeiten sehr günstigen Wert von $c_W = 0{,}350$. Noch fehlen aber Anbauteile wie Scheibenwischer oder Außenspiegel.

Ab 27. September 1965 wird die letzte Außenhaut-Änderung vorgenommen: Man verbreitert die Form noch um 40 mm – für größeren Innenraum, aber auch weil dieses Auto, das so vieles repräsentieren soll, noch etwas zu schmalbrüstig wirkt. Dieser relativ winzige Betrag läßt den Wagen wesentlich breiter erscheinen. Es verbessert die Gesamtoptik erheblich. Damit bringt der Typ 80 erneut einige Kilo mehr auf die Waage.

Form in Formeln

Die Karosserie-Konstruktion unter der Leitung von Josef Erlewein hat schon längst ihr Werk begonnen. Denn die Termine drängen jetzt, zumal jene für die Bestellung der Presswerkzeuge. Allerdings können computer-gestützte Berechnungen damals noch nicht helfen. Bestimmte Probleme der Festigkeit der Karosserie, auch in Verbindung mit dem Fahrwerk – an dem ebenfalls schon gearbeitet wird -, werden nach draußen vergeben. So beschäftigen sich das „Labor für Betriebsfestigkeit“ (LBF) in Darmstadt von Prof. Svensson und sein Mitarbeiter Keim mit den nötigen Berechnungen.

NSU zur Beschreibung der selbsttragenden Karosserie: „Sie kombiniert die Konstruktionsmerkmale des Flugzeug- und des modernen Brückenbaus.“ Im Interesse der nötigen Verwindungssteifheit für Fahrverhalten und Lebensdauer verlangt das freilich auch der lange Radstand. Aber gerade dieser ist eines der wesentlichen und vieles positiv beeinflussenden Elemente des heranwachsenden Typ 80. Die lange Liste der Vorteile sei in Kapitel 5 wiedergegeben.

Die Stärke der Bleche für Außenteile – auch für Motorraum- und Gepäckraum-Deckel – beträgt 0,88 mm und jene für innen verarbeitete Blechteile 0,77 mm. Vielleicht hätte man angesichts des vibrationsfrei laufenden Motors einiges an der Festigkeit dienendem Blechgewicht sparen können. Doch man wollte auf der sicheren Seite liegen.

Daß trotz des weiten Achsabstandes die Steifigkeit der Zelle noch Reserven hat, beweisen später Ro 80-Be-

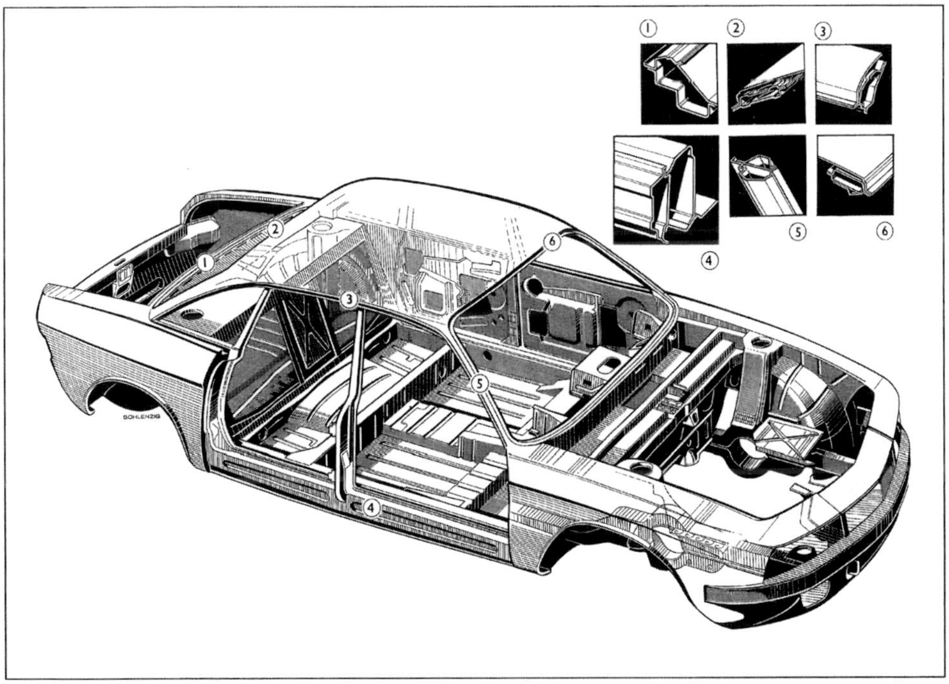

Langer Radstand verlangt nach solider Konstruktion. So besitzt die Bodengruppe im Mittelteil beiderseits breit dimensionierte Profil-Doppelkastenholme, gut auch bei Seitenaufprall. Der Innenraum wird durch kastenförmige Quertraversen verstärkt (Sitzträger), ist überspannt als »Überrollbügel« von starkwandigen Hohlprofilbögen (3 bis 5 in Längsrichtung, 2 und 6 in Querrichtung). Starke Längsträger nehmen den Antriebsblock auf. Vorn und hinten energie-verarbeitende Knautschzonen. Vorn übernimmt ein Stoßbügel-Kastenprofil die erste Energie und leitet sie in die erste Verformungsstufe der Längsholme vor den Radkästen weiter.

Frontaufbau: Vorn unten der kräftige Querträger, der die Stoßstange aufnimmt, verbunden mit den vorderen Längsholmen. Die niedrige Frontpartie – dank Kreiskolbenmotor – läßt die Fachleute staunen.

Innenausbau: Der vordere Fußraum entsteht. In der Mitte die Aussparung für das Getriebe. Die Öffnung für die Lenksäule ist auch für Rechtslenker vorgesehen. Links und rechts die Doppelkastenholme.

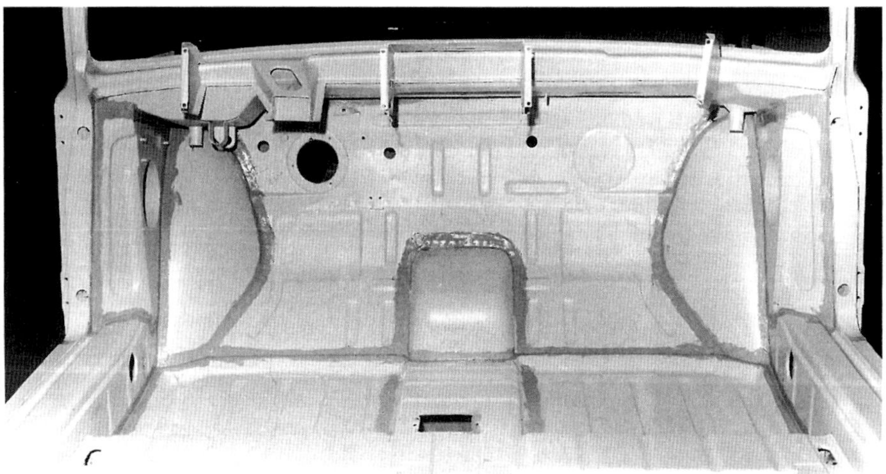

Rohbau: Im Karosserie-Versuch werden erstmals die Blechteile zur Roh-Karosserie zusammengeschweißt. Zu erkennen der Längsholm (Schweller) und im Innern die mittler Quertraverse, beides besonders stabile Teile.

sitzer, die für ein Cabriolet den Dachaufbau abtrennen. Die Türen lassen sich noch einwandfrei öffnen und schließen – bei anderen Limousinen durchweg nicht möglich.

Zurück noch einmal zu Formgestalter Claus Luthe. Er möchte noch ändern. So erscheinen ihm die Radausschnitte zu groß und die Sicke darüber diesen zu nahe. Er bittet noch um Zeit für die Änderungen. Aber Praxl sieht sich gegenüber Technik-Vorstand Frankenberger in der Pflicht und erklärt den Entwurf als abgeschlossen. Luthe: „Das Auto wurde mir zu früh aus den Händen genommen."

Auch bei der Serien-Vorbereitung brennen die Termine. Mit einigen Ausnahmen – so die Kopierschleifmaschine vom Motor des Spider – läßt sich nicht auf vorhandene Einrichtungen zurückgreifen. Sämtliche Bereiche des Unternehmens, von der Fertigungsplanung bis zur Qualitätskontrolle, vom Vertrieb bis zum Kundendienst sind mit neuartigen Problemen konfrontiert, die Zulieferer eingeschlossen.

Das Herz für den Ro 80

Der Motor entsteht

Die äußere Gestalt des Typ 80 liegt im Prinzip schon Mitte 1963 mit dem 1:5-Modell fest. Doch es ist noch eine Hülle ohne Motor. Er entsteht erst ab Mitte 1964 mit dem ersten nutzbaren Zweischeibenmotor KKM 506/509.

Wie die Bildfolge zeigt, ist es ein zunächst hoffnungsvoller, dann immer mühsamer werdender, pionierhafter Marsch zum Serienmotor KKM 612. Auch nach Serienbeginn heißt es, unermüdlich die sich bietenden Möglichkeiten der kreisenden Kolben zu erarbeiten. In wenigen Jahren durchschreitet NSU eine Spanne, für die der Hubkolbenmotor mehr als ein halbes Jahrhundert Entwicklungszeit beanspruchte.

Allerdings – NSU will im Hinblick auf lockendes und dringend benötigtes Geld mit keinem anderen Unternehmen zu Gunsten der Motor-Entwicklung kooperieren. Nur über eine teure Lizenz gedenkt man es anderen Firmen zu gestatten – gesichert durch die erlangten Patente – mitzuentwickeln und zu produzieren. Das erweist sich später als nicht die beste Strategie, wenn auch aus damaliger Sicht verständlich. Zum einen ist die Firma für die bevorstehende Aufgabe zu klein und zum andern mußte man bereits einer unvorteilhaften Quote aus Lizenzeinnahmen zustimmen:

Wankel hat mit Partner Hutzenlaub 1957 die Wankel GmbH gegründet und mit dessen Hilfe 40 % an Lizenzeinnahmen und mit einer weiteren Staffel auch Anteile an firmeneigenen Motoren durchgesetzt.

NSU und die nun überall mithandelnde Wankel GmbH müssen sich aber an die uralte Weisheit halten, daß man Geld haben muß, um Geld zu verdienen. Sie geben 1958 gegen einen Scheck von 2 Millionen Dollar – damals immerhin 8,4 Millionen DM – eine Lizenz an Curtiss-Wright in den USA. Doch dieses erste Glück trügt. Die cleveren Amerikaner holen sich das Geld wieder in Raten zurück.

Auch Curtiss-Wright hat Atembeschwerden. Man hat als Hersteller von Kolbenflugmotoren den Zug in das Düsen-Zeitalter verpaßt. Die Firma erweist sich keineswegs als Hilfe, erzwingt noch die Rechte eines Unterlizenzgebers für USA, Kanada und Mexiko und später 10 % aller anderen Lizenzzahlungen. Nachteilig auch: Curtiss-Wright ist kein Automobil-Hersteller und ohne Vorbild-Funktion.

Kreiskolben – Hoffnung bedrängter Firmen

NSU und Curtiss-Wright sind nicht die einzigen Unternehmen, die hoffen, mit Wankels Idee die Bilanzen vergolden zu können. Auch Toyo Kogyo im fernen Japan – nach seiner Auto-Marke 1984 in Mazda umbenannt – sucht den Aufschwung. Man stellt ab 1960 erstmals Personenwagen her und sie sollen mit kreisenden Kolben bekannt und überlegen werden. Dr. Eugen Diesel, Sohn eines berühmten Vaters und Kenner Japans, vermittelt den Kontakt mit dem in Hiroshima ansässigen Unternehmen. Mit der NSU-Wankel-Lizenz in der Tasche (1961) erhält die japanische Firma den nötigen Kredit von der Hausbank.

Ein anderer fortschrittsbewußter, doch angestrengt nach oben strebender Mitentwickler wird 1967 Citroën (Lizenz über die mit NSU gegründete Comotor).

Nach dem Gang an die Öffentlichkeit 1959/1960, zumal mit dem „Verkündungs-Kongreß" vom Januar 1960 (München, Veranstalter VDI), schallt ein gewaltiges Echo aus dem Pressewald. Die NSU-Aktienkurse setzen zu einen atemberaubenden Höhenflug an. Da gibt es denn auch prominente Gewinner, so die Dresdner Bank, die bis dahin 51 % des NSU-Aktienkapitals hält. Nun steigen viele neue Aktien-Käufer ein.

Wegbereiter für den Ro 80: NSU Spider (1964–1967), hier mit Hardtop. Heckantrieb traditionell und erfolgreich im Sport eingesetzt. Kurios entstanden: Lizenznehmer Toyo Kogyo (Mazda) verlangt den Nachweis eines straßentauglichen Wagens und NSU modifiziert dafür den Sportprinz.

NSU ruft mit Felix Wankels funktionsfähig rotierenden Kolben eine Revolution aus: »Kleinere und leichtere Motoren machen bessere Autos möglich!« Ein KKM 125 auf dem Beifahrersitz. NSU hat sich viel vorgenommen. Werkfoto 1960.

Auch in den USA grassiert das Wankel-Fieber und Curtiss-Wright vergisst fast ganz den deutschen Ursprung. Der Motor heißt hier RCE (Rotary Combustion Engine) und von den vielen Versuchsexemplaren überläßt man NSU kein Stück, obwohl man in Neckarsulm mehr als 100 000 DM dafür bietet. Nichts will man jenseits des Atlantiks von dem fetten Knochen preisgeben.

1960/61 sind für das angestammte Geschäft zwar magere Jahre für NSU, dennoch atmet man im NSU-Vorstand auf. Mit der Kapitalspritze von Curtiss-Wright können die dringend erforderlichen Entwicklungs-Einrichtungen beschafft werden, zumal zusätzliche Motorprüfstände. Auch das finanzielle Zubrot von weiteren Lizenznehmern wird nur allzu gern entgegengenommen.

In der Goldgräberstimmung jener Jahre gibt sich NSU noch ganz unbeschwert in seinen Informationen, so auch in der Kostenfrage: „...berechtigen die Baukosten des neuen Motors, ausgedrückt durch den Kilogramm-Preis, zu einem ungetrübten Optimismus."

Hohe Erwartungen sind ja auch geweckt und man ist unter Erfolgsdruck geraten. Aber die Pioniere von Neckarsulm spüren, daß der Weg in die Öffentlichkeit zu früh erfolgt ist. Alles, was sich bisher in Hubkolbenmotoren nach Ottos heiliger Kuh vollzog, hat nun auf kleinerem Raum zu funktionieren. Verbrennung, Wärmeableitung und Abdichtung müssen sich in den Dimensionen der Feinmechanik abspielen.

NSU-Forschungsleiter Dr.Froede behält seinen Humor. Mit Blick auf die vielen Versuchsmotoren fragt er im Kreise der Mitarbeiter: „Wer hat denn nun den größten Schrotthaufen?"

Skeptische Stimmen werden lauter, ermuntert auch durch Motorteile-Zulieferer, die um ihre Reservate fürchten. Ein Lieferant wird mit Sicht auf NSU prophetisch: „Eines Tages rennen die gegen die Wand."

NSU will sicher gehen und den Aufstand gegen offensichtlich überholte Motor-Technik umfassend machen. Auch Hersteller von Stationär- und Einbaumotoren möchte man für eine Lizenznahme gewinnen und weitet die Entwicklungsbasis aus.

Dieses Vorgehen macht man freilich später der Firma zum Vorwurf, bedeutet sie doch Zeitverzug für einen serienmäßigen Fahrzeug-Kreiskolbenmotor, Zeit, die später dem Ro 80-Motor fehlt. Nur ein solcher Motor könne die Stückzahlen bringen, die man zur Abdeckung von Entwicklungskosten und zur Kapitalbildung braucht wie ein Fisch sein Wasser.

Doch nach diesem Forschungsfahrplan wird entwickelt: Lastpunktmotoren, Lastlinienmotoren und Lastfeldmotoren. Diese Marschroute läßt sich auch mit einem jeweils besser gesicherten Entwicklungsstand rechtfertigen. So gehören zu der ersten Kategorie jene Einbau- und Industrie-Motoren, die nur mit einer bestimmten Last oder Drehzahl laufen. Für die zweite

Gruppe untersucht man die nur wenig geregelten Triebwerke für Boote oder Flugzeuge.

Zu dem Entwicklungs- und Konstruktionsteam gehören Dürr, Paschke, Hoeppner, Seufer, Eisenhardt, Reitz und Lechler. Die Konstruktionsleitung für den Motor Typ KKM 612 ab 1964 und für weitere Motoren liegt bei dem von Klöckner-Humboldt-Deutz kommenden, späteren Professor Georg Jungbluth der Technischen Universität Karlsruhe. Auch deren Institute werden herangezogen.

Umfangs- und Seiteneinlaß oder Luft- und Wasserkühlung werden durchgeprüft. Viel Zeit vergeht, bis eine interne Kontroverse um wälz- oder gleitgelagerte Motoren zu Gunsten der letzteren entschieden wird.

Bald kann ebenso stolz wie firmenfremd ein Kreiskolben-Rasenmäher vorgeführt werden. Der NSU-Pressedienst klärt 1961 gern auf: „...zur Pflege auch der Werksgrünanlagen, die sich in diesem Jahr zu englischer Qualität entwickeln."

Aber die neuartige Rasenschere verkommt in Kellerfeuchte. Zwar versucht sich auch der erste deutsche Lizenznehmer Fichtel & Sachs damit und nimmt sie in sein Angebot. Aber die bittere Erkenntnis läßt nicht auf sich warten, daß der Zweitakter für Kleinmotoren unschlagbar in seinen niedrigen Kosten ist.

Was NSU der breitgestreut entwickelnden Firma Curtiss-Wright vorwirft ("Warenhausprogramm"), trifft wohl auch auf das eigene Vorgehen zu, dies auch in der Hoffnung auf Rüstungsgeschäfte.

Ironie: Drehzahlen zu hoch

Das große Talent des Kreiskolbenmotors zu hohen Drehzahlen – er ist darin dem Hubkolbenmotor weit überlegen – ist gleichzeitig seine schwache Stelle. Der erste Prüfling rotiert mit über 12000/min. Aber das ist ironischerweise durchaus nicht willkommen. Da zählt die Erfahrung des mit hohen Drehzahlen drastisch ansteigenden Ölverbrauchs – ein viele Jahre anhaltendes Problem. Auch möchte oder muß man sich an dem Drehzahl-Niveau konventioneller Nebenantriebe anpassen. Ein weiterer Grund, auf die möglichen Spitzendrehzahlen kreisender Kolben zu verzichten:

Die Gleitgeschwindigkeiten der Dichtleisten werden mit Spitzenwerten von 20-27 m/sec wesentlich höher als bei Kolbenringen konventioneller Motoren (10-17 m/sec) und damit auch der Verschleiß. Auch die Reibungsverluste durch die höhere Zahl der Dichtteile steigen mit höheren Drehzahlen stark an.

Zukunft auf der Waage: NSU triumphiert 1961 mit diesem Bild eines KKM 125: »Nur 11 kg Masse für 29 PS!« Das günstige Leistungsgewicht eines Kreiskolbenmotors motiviert dann auch bald zu Plänen für ein neuartiges Auto.

Der erste serienmäßige Motor der Welt mit rotierenden Kolben treibt dieses neuartige Wasserski-Schleppgerät an. NSU lässt es über die Vermarktungsfirma Ski-Craft, Hamburg, vermarkten. Rund 3000 Motoren werden 1962-1966 hergestellt. Felix Wankel ist verärgert, wirft NSU Verzettelung vor auf dem Weg zu einem großen Auto mit seiner Motor-Idee.

Wirkung, Verschleiß und Material der Dichtleisten werden denn auch zum zentralen Problem, das selbst Erkenntnisse über die ungünstig erscheinende Brennraumform damals in den Schatten stellt. Das Dichtleisten- Problem, dem bald jenes des zu hohen Ölverbrauchs folgt, macht alle Termine zunichte und verzögert später auch das Erscheinen des Ro 80.

Ab 1959 werden Versuchsmotoren als „Lastfeldmotoren" in Straßenfahrzeuge eingebaut. Aber mit der Freude des Forschers untersucht man einen KKM 150 auch für den Antrieb im NSU Roller „Prima" (1961).

Ab 1962 wächst das erste serienmäßige Kreiskolben-Auto heran, der NSU Spider, sozusagen die Vorhut für einen größeren Wagen und, wie NSU einräumt, „ein Versuchsfahrzeug in der Hand des Kunden".

Durch den mysteriösen Riffelungsverschleiß auf der Trochoide wird der Spider erst ab 1964 verkaufsfähig. Sie ist voll im Würgegriff der Coriolis-Kräfte (wechselnde, auch nach innen gerichtete Fliehkräfte). Die waschbrett-artige Erscheinung dieser „Rattermarken" scheint die ganze Entwicklung zu gefährden und damit auch den in Vorbereitung befindlichen Motor für den Typ 80.

Abhilfe bringt eine unter höchstem Druck gepreßte Hartkohle. Aber die Kohle-Leisten können bröseln oder brechen. Später wird die Kohle antimon-gesintert und bei Toyo Kogyo alu-imprägniert. Die Leisten laufen auf einer hartverchromten Trochoide.

Dennoch, der Glaube an den kreisenden Kolben bleibt ungebrochen. So geht denn auch eine NSU-Notiz , die den ersten Auftritt des Spider zur Auto-Ausstellung Frankfurt 1963 begleitet, an die Presse:

„Eines Tages wird die einfachere Bauweise des Kreiskolbenmotors sicher dazu führen, daß die Kraftfahrzeuge billiger werden."

Hohe Verantwortung wird da dem „NSU-Wankel-

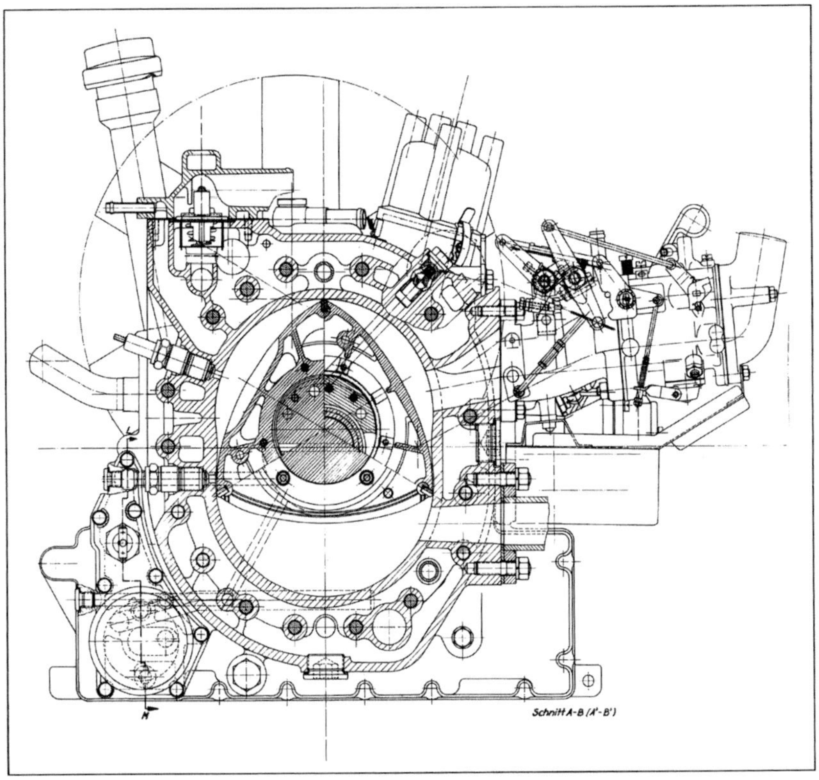

Quergeschnitten. Der Ro 80-Motor 1967 (Zweikerzenmotor), gesehen in Fahrtrichtung. Rechts der anfangs verwendete Flachstrom-Register-Vergaser Solex 18/32 HHD. Drosselklappe nahe am Umfangseinlass, um rückpulsierendes Gas zu vermeiden. Links unten Ölfilter, links oben der später verlegte Thermostat.

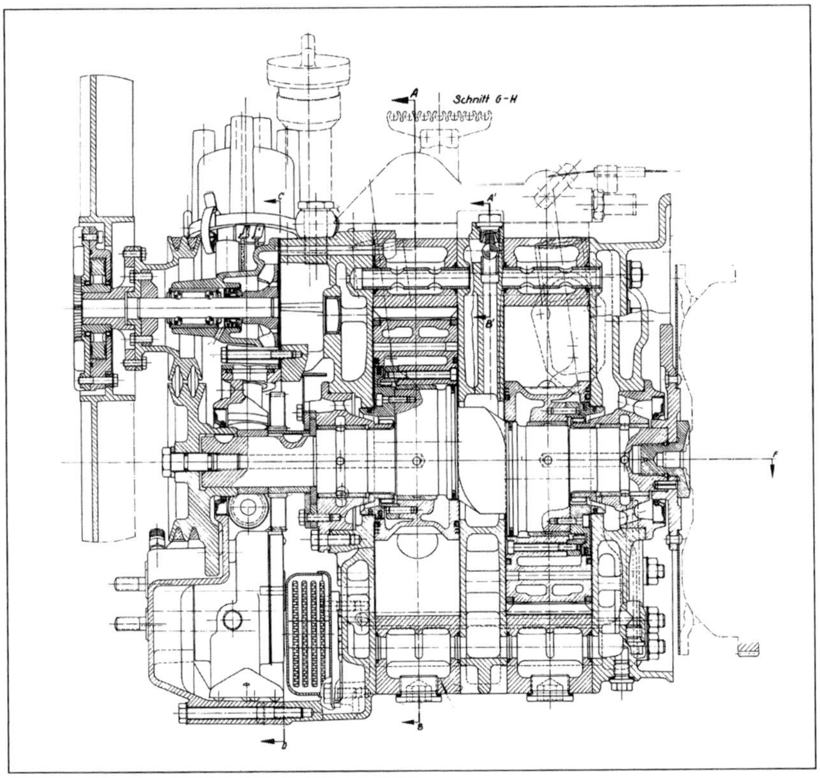

Längsgeschnitten. Zentral liegend die Exzenterwelle, auf deren breiten Exzentern – 14 mm außermittig angeordnet – die gleitgelagerten Kolben. Die Welle rotiert in zwei Hauptlagern (Gleitlager). Der »Lagerflansch« im vorderen Seitenteil enthält ein Axial-Lager (Kugellager), sowie das außenverzahnte »Ritzel«, das in das »Hohlrad« des Kolbens eingreift. Links unten Ölsumpf mit Ölkühler.

Motor" zugewiesen, wie das neue Mitglied der Motoren-Gesellschaft offiziell genannt sein will.

Aber der Spider ist für NSU angesichts einer nur kleinen Stückzahl ein teurer Wegbereiter. Für den Käufer kostet er zwar damals beachtliche 8.500 DM. Dennoch muß NSU später erklären: „Es war nicht daran gedacht, mit dem Spider Geld zu verdienen."

Das ungefähre Konzept des projektierten großen Wagens liegt vor. So wird man sich einig, daß ein Feuer von mindestens 100 PS anzufachen ist. Damit kommt nur ein Zweiläufer- oder - wie meistens genannt – ein Zweischeibenmotor in Betracht. Er bietet auch die höhere Laufkultur und wurde in einer einzigen Studie schon 1961 untersucht. Man hat ja auch auf dieser Leistungsstufe mit 6-Zylinder-Autos zu konkurrieren.

Da mit der inneren Geometrie des 50 PS-Spider-Motors die bis dahin besten Erfahrungen vorliegen, liegt es nahe, den größeren Motor nur um eine zweite Scheibe zu ergänzen. Außerdem läßt sich des Spiders Trochoiden-Schleifmaschine verwenden.

Die in Aussicht genommenen 100 PS erweisen sich bald als zu wenig. Angesichts der angestrebten Fahrleistungen, des gewachsenen Fahrzeuggewichtes und des notwendigen hydraulischen Drehmomentwandlers (Kapitel 4) muß man sich auf 105, 110 und 115 PS steigern.

Als Basis für die Größen- und Leistungsvergleiche mit Hubkolbenmotoren zieht man nach vielem akademischen Schweiß für eine Scheibe das zweifache, somit für den Ro 80-Motor das vierfache Kammer-Volumen heran. Mit dem Kammer-Größe von 497,5 cm^3 hat der Motor demnach ein „Arbeitsvolumen" von 1,99 Liter. Das entspricht einer Liter-Leistung von 57,8 PS/Liter, womit man oberhalb damals vergleichbarer Hubkolbenmotoren liegt. Für einen Kreiskolbenmotor am Anfang seiner Karriere gewiß nicht risikofrei. Mit den Mazda-Modellen begann man vorsichtiger.

Rundgang durch den Motor

Für die bis zur letzten Schraube ganz neue Quelle der Kraft werden sechs Teile sandwichartig zusammengefügt, wobei fünf für die Bildung der Arbeitsräume

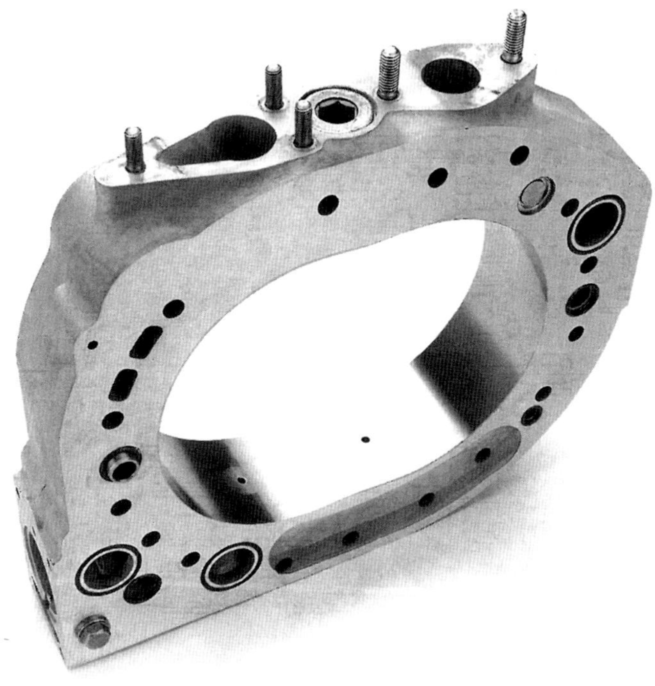

Eine von zwei Scheiben des Ro 80-Motors, der »Zylinder« des Kreiskolbenmotors, auch Mantel genannt (Alu-Guss). Oben links der Umfangseinlass mit Verengung für die 1. Vergaserstufe (1967). Oben rechts der Auslass, in der Mitte eine Verschlussbohrung. In der Flanke Öffnungen für den radial erfolgenden Kühlwasserstrom.

gebraucht werden: Hinteres Seitenteil (Abtriebsseite), Mantel, Zwischenteil, der zweite Mantel und ein Seitenteil. Obwohl letzteres vorn am Motor sitzt, nennt man es auch „Endseitenteil". Es nimmt mit einem Zahnradsatz und Nebenwelle auch den Antrieb für die Nebenaggregate auf. Ganz vorn das sechste Teil, der „Aggregate-Träger". Dieser und das Endseitenteil bilden unten den Ölsumpf.

Alle Teile sind völlig plan und brauchen keine gesonderte Dichtung. Lediglich die Wasser-Durchläufe bekommen elastische O-Ringe.

Auf der Innenseite eines Mantels liegt die Laufbahn des kreisenden Kolbens, die einer mathematisch erzeugten Kurve folgt, die sogenannte Trochoide, die Abkürzung der genauen Bezeichnung Epitrochoide (Zeichnung in Kapitel 17).

Die Teile werden anfangs durch 16 Zuganker (15 beim Einkerzen-Motor) zusammengehalten. Weil sie wegen ihrer Länge anfangs reißen, fixiert man sie im Zwischenteil durch eine Riffelung, was die kritische schwingende Länge vorteilhaft verkürzt.

Sind die Mäntel zur besseren Wärme-Ableitung in Leichtmetall gegossen, bestehen Seitenteile und Zwischenteil aus Grauguß. NSU war der Ansicht, daß man deren höheres Gewicht zur besseren Traktion der angetriebenen Vorderräder braucht. Dazu ist das vordere Seitenteil auch breiter bemessen. Der Aggregate-Träger besteht aus Alu-Guß.

Versuchsweise werden auch Seitenteile und Mittelteil aus Alu-Guß gefertigt. Aber es ist nicht nur teurer, sondern auch thermisch nicht beherrschbar. Auch experimentiert man mit dem kostengünstigeren Grauguß für die Mäntel – ebenfalls ungeeignet, da die Wärme nicht ausreichend abgeführt wird.

Noch nicht beim Spider-Motor, aber jetzt links auf den Leichtmetall- Mänteln ist der geistige Ursprung des Motors eingegossen. „NSU" und „Wankel" sind hier zu lesen, zusammen mit einem kreisförmigen Symbol. Auch die Mazda-Lizenzmotoren tragen dieses Herkunftszeichen.

Mit einem innenverzahnten „Hohlrad" im Kolben, das sich über ein außenverzahntes festes Zahnrad ("Ritzel") abwälzt, wird die kreisende Kolbenbewegung erzwungen; aber die Verbrennungskraft wird vom Kolben über den Exzenter der Exzenterwelle und nicht über diese Steuerverzahnung auf die Exzenterwelle übertragen. Dennoch entstehen später Brüche in der Verzahnung, etwa durch plötzliche Drehbeschleunigung.

Die Exzenter, bzw. die auf ihnen sitzenden beiden Kolben, sind um 180° gegeneinander versetzt. Auf eine halbe Umdrehung der Exzenterwelle erfolgt je eine Zündung. Da sich die einzelnen Takte über 270° der Wellen-Drehung erstrecken, überschneiden sich die Arbeitstakte, was zu dem ruhigen Lauf des Zweischeibenmotors erheblich beiträgt.

Während der Entwicklung des KKM 612 für den Typ 80 wird aus diesem eine Einscheiben-Version abgeleitet, die es unter der Bezeichnung KKM 613 erlaubt, Erfahrungen wechselseitig zu übertragen, namentlich der Abdichtungsteile. Dieser Motor wird im Comotor-Rahmen auch Citroën überlassen.

Service-Center

Großes konstruktive Geschick gehört dazu, bei dem kleiner bauenden Wankelmotor auch die Hilfsaggregate und ihre Antriebe unterzubringen. Es geschieht mit dem schon erwähnten Aggregate-Träger.

Gegenüber dem vorhergehenden Zweischeibenmotor KKM 506/509 werden Zündverteiler, Benzin-und Öldosierpumpe auf die rechte Motorseite verlegt. Der auf dem Motor sitzende Ölkühler wandert wegen der Gefahr des Undichtwerdens – Öl könnte in die Mäntel sickern – nach unten in den Ölsumpf. Es macht den Motor noch niedriger. Nicht akzeptabel ist natürlich ein zuvor aufgesattelter kombinierter Anlasser-Generator (Anlassen durch Keilriemen, ein Bundeswehr-Auftrag).

Die neue Position für den Anlasser war nicht einfach zu finden. Man will das Schwungrad nicht größer machen, das ja beim Kreiskolbenmotor kleiner sein kann. Als der hydraulische Drehmomentwandler nötig wird (Kapitel 4), bringt man den Anlasser über dem Achsantrieb unter. Das Anlasser-Ritzel greift in den

Vorderes Seitenteil, Aggregate-Träger abgenommen. Öl-Wasser-Wärmetauscher im Ölsumpf. Darüber Flansch für vorderes Hauptlager der Exzenterwelle. Zahnradsatz für die Nebenwelle. Von dieser angetrieben: Kraftstoff- und Vakuumpumpe (Exzenter und Pleuel), Zündverteiler und Öldosierpumpe (Schraubenräder), Ölpumpe (Zahnradsatz unten). Ganz oben Filter für Ölsumpf-Entlüftung und Sitz der Wasserpumpe.

Zahnkranz außen am Wandler-Gehäuse ein.

In Ergänzung der Illustrationen, sei der verschlungene Weg der Nebenantriebe näher erklärt.

Im vorderen Seitenteil treibt ein auf der Exzenterwelle sitzendes Zahnrad ein neben ihm liegendes größeres und mit diesem eine Nebenwelle an. Auf dieser ist links und rechts des angetriebenen Zahnrads je ein kleiner Exzenter zu finden, der über je ein zierliches Pleuel die Membran der Kraftstoffpumpe (vorn) und die der Vakuumpumpe in Bewegung setzt. Letztere liefert den Unterdruck – er ist bei Umfangseinlass im Saugrohr zu schwach – für Bremskraft-Unterstützung und automatische Kupplungsbetätigung.

Neben dem vorderen Pleuel sitzt auf der Nebenwelle ein Schraubenrad. Es kämmt oben mit einem Schraubenrad der verlängerten Zündverteiler- Welle. Und unten mit einem kleinen Schraubenrad auf der Welle der Öldosierpumpe.

Damit nicht genug. Das Zahnrad auf der Nebenwelle gehört noch zu einem Zahnradsatz unten für den Antrieb der Ölpumpe: Doppelt in einem Gehäuse, ein Zahnradpaar für den Motor, eines für den Wandler. Auf der verlängerten Exzenterwelle ist schließlich noch ein Ausgleichsgewicht und eine doppelte Riemenscheibe angeordnet: Der Doppelriemen treibt oben die Wasserpumpe, links am Motor die Lichtmaschine und unter dieser die Pumpe für das Hydrauliköl der Lenkhilfe an.

Ab 1971 kommt vorn auf der Exzenterwelle noch ein drittes Riemenrad hinzu: Für den Antrieb der oben auf dem Motor thronenden Luftpumpe für die Nachverbrennung unverbrannter Kohlenwasserstoffe in einem Reaktor.

Ein- und Auslasspforte

Die wichtige Frage zu Beginn der Konstruktion: Umfangs-oder Seiteneinlaß? Es ist eine der vielen Zwickmühlen beim Wankelmotor. Beim Einlaß durch das Seitenteil ist die Überschneidung durch Frisch- und Abgas geringer und der Kraftstoff-Verbrauch im Prinzip maßvoller. Umfangseinlaß ergibt jedoch die bessere Füllung (höherer Mitteldruck) und Leistung, allerdings bei höheren Drehzahlen, aber nicht so gutes Teillast-Verhalten.

Die Orientierung nach Leistung und damit zum Umfangseinlaß erfolgt beinahe zwangsläufig: Das Gewicht des parallel zum Motor im Werden befindlichen Wagens strebt nach oben. Gewachsen sind auch die Ansprüche an die Fahrleistungen.

Ein- und Auslaßventile sind nicht vorhanden, sodaß Ein- und Auslaß bei diesem Motor nie geschlossen sind. Es sind zwei 2 Öffnungen in der Trochoide, die erstere mit 30 mm Durchmesser. Die zweite – mit 25 mm Eingangsdurchmesser – erweitert sich konisch, um die Gasgewschwindigkeit und damit die ungehemmte Entfaltung des starken Abgas-Geräusches schon etwas zu verringern. Die Kolbenkante überfährt die Öffnungen und steuert statt der Ventile den Gaswechsel, doch mit der Konsequenz von Gas-Überschneidungen.

Gleitet die Kolbenkante über die Öffnungen, stellt sich, wie erwähnt, Verbindung zu zwei benachbarten Kammern her. Altgas kann ins Frischgas und letzteres zum Altgas blasen. Trotz der später erst nahe an den Einlaß verlegten und geschlossener Drosselklappe kommt es später mit den ersten Prototypen des neuen Wagens bei Schiebebetrieb zu „Schieberuckeln": Schon nach wenigen Motor-Umdrehungen bildet sich in Abständen zündfähiges Gemisch, wodurch unregelmäßige Zündungen erfolgen. Wie man diesem Zugeständnis an den Umfangseinlaß begegnet: Kapitel 4.

Moderne Dichtung

Beim Kreiskolbenmotor wird die gleiche Leistung aus kleinerem umbautem Raum gewonnen. Dafür sind erhebliche Konzessionen einzugehen. Die große Heraus-

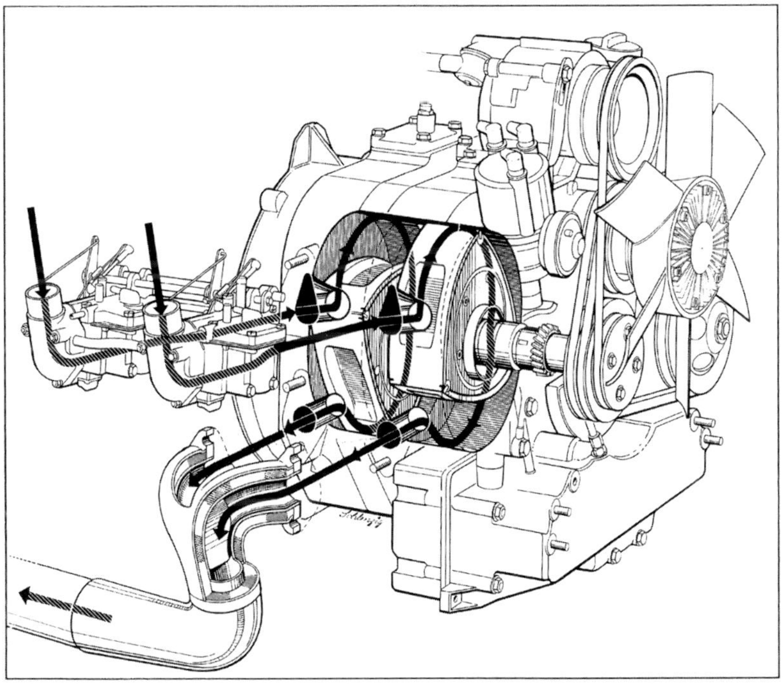

Auf kurzen, geraden Wegen und nicht durch Ventile gehemmt, tritt das Frischgas am Umfang der Scheibe (Mantel) mit hohem Liefergrad ein. Es wandert entlang der Trochoide. Dabei läuft der Viertakt ab: Motor mit verschiebender Verbrennung (Motor ab Ende 71 mit Nachverbrennung).

Schema der in die Kolben-Ecken eingelegten dreiteiligen Dichtleisten (bei Serienbeginn 1967). Durch die kammförmigen Nuten wird Gas unter die Dichtleisten-Teile geführt, um diese an ihre Gegenfläche zu drücken. Rechts: Bei Verschleiß des Mittelstücks wandert dieses nach oben. Unter den Dichtteilen die Andrückfeder. Großer Kaltverschleiß zwingt zu neuen Lösungen.

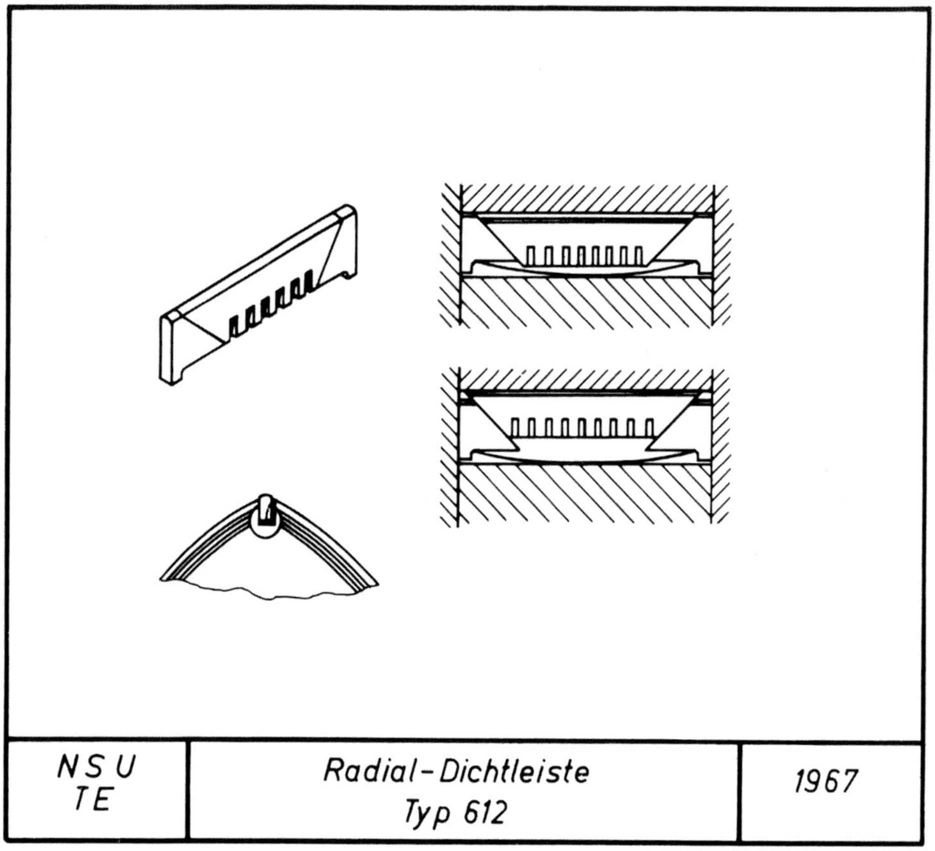

Prinzip und Kompaktheit des Kreiskolbenmotors fordern ihr Opfer in Form einer aufwendigen Gas- und Ölabdichtung für den Kolben. Er trägt beim Ro 80-Motor 22 Dichtteile und 23 Unterlegfedern (Stand Ende 1969).

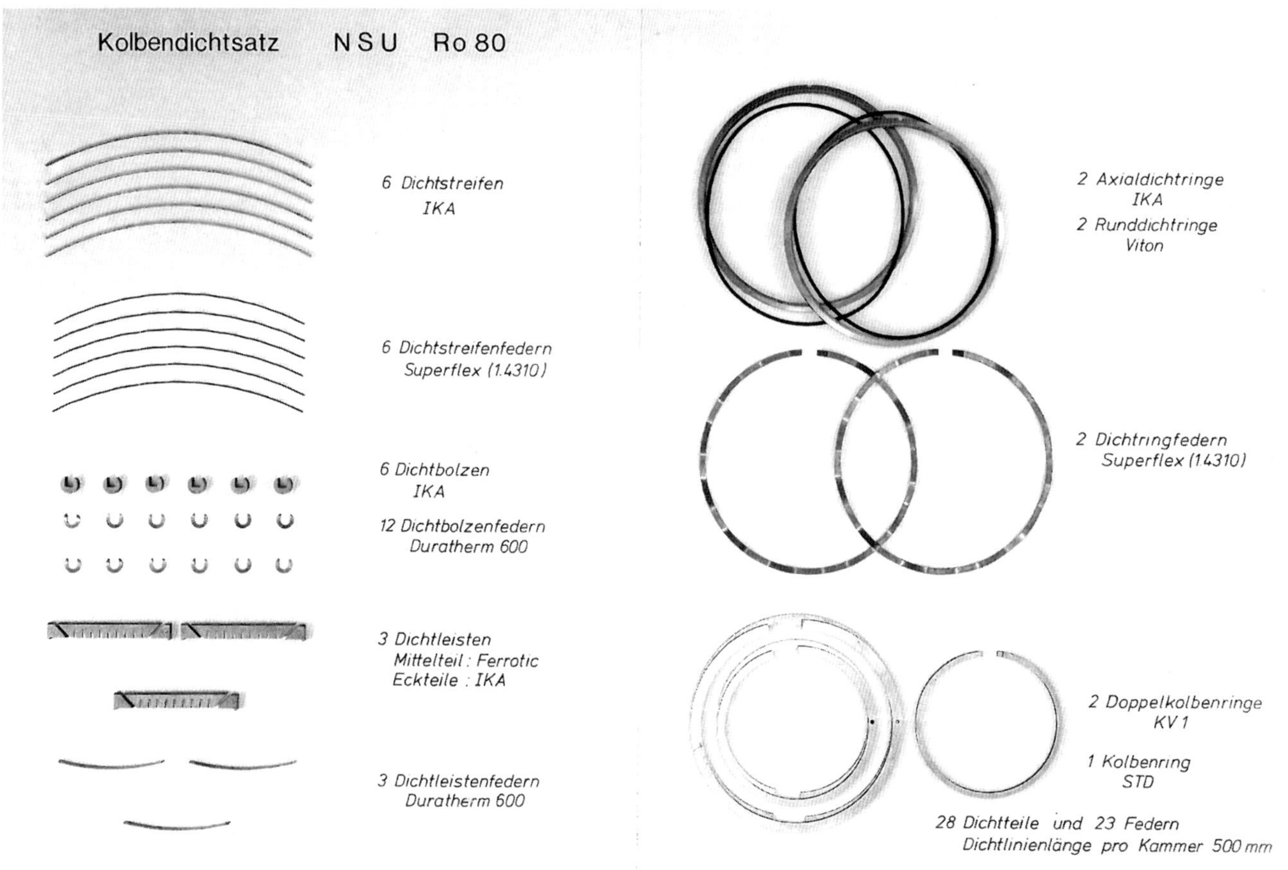

forderung dabei ist die Notwendigkeit, den Brennraum dreidimensional abdichten zu müssen. Hinzu kommt, daß an den drei Kolbenkanten die benachbarten Brennräume nur mit einer einzigen Dichtleiste – Scheitel- oder Radialleiste – gegeneinander abgedichtet werden können.

Diese kleinen Teile können nur mit einer „Liniendichtung“ auf ihrer allerdings abgerundeten Kuppe gegen Frisch- und Brenngas abdichten. Je nach Kolbenstellung ändert die Leiste ihren Winkel gegenüber der Trochoide und damit auch ihre Berührungslinie. Dazu gibt man der Leiste etwas Spiel in ihrer Nut. Könnte dieses wichtige Dichtelement nicht kippen, wäre die Funktion des Motors in Frage gestellt.

Die „Dichtgrenzen“ gegen Gas und Öl sind etwa vier mal so lang wie beim Hubkolbenmotor und weisen die mehrfache Zahl an Stoßspalten auf. Der Kreiskolbenmotor ist daher gegen mangelnde Funktion seiner Dichtteile besonders sensibel.

An ihren Längsseiten wird die kreisende Kammer durch seitlich am Kolben eingelegte bogenförmige Streifen axial gegen Gas abgedichtet.

Passende Reibungspartner gesucht

Immer deutlicher wird erkennbar, daß die auf kleinerem Raum erzeugte Leistung auch in Bezug auf die Oberflächengüte vieler Teile ihren Tribut fordert. Das geht in die Kosten.

Nach mehrjähriger Versuchszeit wird nach diesem Schema die Innenseite des Alu-Mantels (Kolbenlaufbahn, Trochoide) beschichtet: Auf eine Schicht reinen Nickels wird Nickel mit eingelagerten Siliziumdarbid-Partikeln aufgetragen.

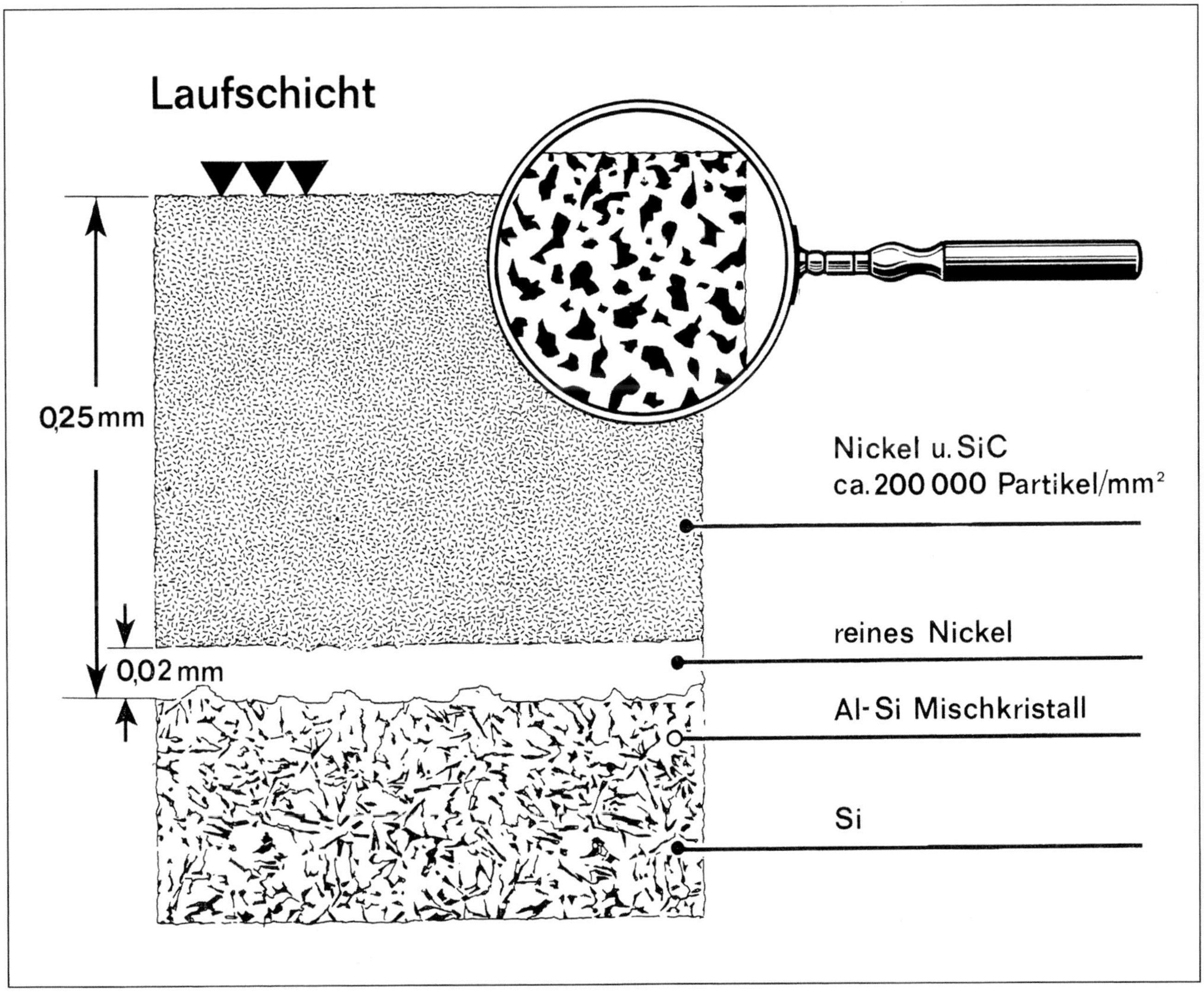

Stufen zum Motor des NSU Ro 80

Vom absoluten Nullpunkt in Konstruktion und Erfahrung des neuartigen Kreiskolbenmotors (1957) bis zum Serienmotor des Ro 80 (1967) dauerte es nur 10 Jahre. Auch wenn er erst in den Folgejahren zu seiner Reife mit großer Zuverlässigkeit und Lebensdauer fand, so läßt sich doch von einer außergewöhnlichen Leistung des NSU-Entwicklungsteams sprechen. Konventionelle Motoren brauchen heute mit größerem Aufwand und Computer-Hilfen mindestens die halbe Zeit für ihre Entwicklung.

KKM 125 (1958). Zur praktischen Nutzung des Drehkolbenmotors (DKM 54) wird Außenläufer feststehendes Gehäuse: »Kinematische Umkehrung« zum Kreiskolbenmotor. Innenläufer (jetzt Kreiskolben) muß nun mit kleinem Exzenter kreisen. 21–30 PS, 8000–14 000/min, mit Hubkolbenmotor vergleichbarer Größe: 2 x Kammerinhalt 129 cm^3, Kolbenbreite 40 mm, fünf Motoren mit Seiten-, dann Umfangseinlass. Probelauf: 7. Juli 1958.

KKM 250 (1959). Zur Lizenznahme anderen Firmen überlassen, hier auf dem Prüfstand der Goetzewerke zur Dichtteile-Erprobung. 30–40 PS, 6000–8000/min, Kolbenbreiten 52 und 70 mm, Kammergrößen 177–340 cm^3. Verbesserte innere Geometrie. Erster Versuch als Fahrzeugmotor im NSU Prinz III.

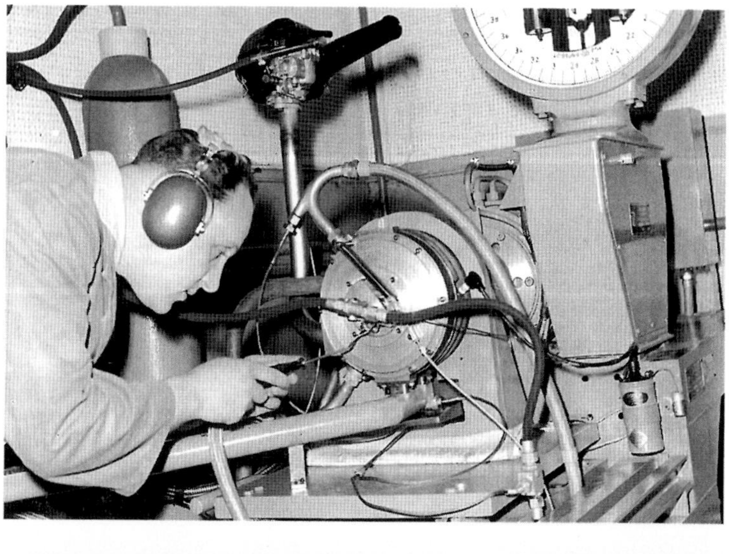

KKM 400 (1960). Erster für ein Auto konstruierter Kreiskolbenmotor. Fünf Ausführungen, eine mit Zündkerze seitlich. Getriebe von VW, Kühlanlage von Ford. 49 PS bei 6000/min. Kammergröße 386 cm^3. Kolbenbreite 59 mm. Exzenterwelle noch wälzgelagert. Erprobung im NSU Prinz III und Motorboot.

KKM 2x300 (1961). Erste Studie eines Zweischeibenmotors für mehr Leistung und Laufruhe. 60 PS bei 6000/min. Kammergröße 295 cm³, Kolbenbreite 45 mm. Weiter Suche nach günstigster innerer Geometrie, deren Daten schwer miteinander in Einklang zu bringen sind. Ein- und Zweikerzen-Betrieb.

KKM 500x1 (1961). Größerer Einscheibenmotor auf dem Weg zu einem serienmäßigen Fahrzeugmotor, 60 PS bei 6000/min. Kammergröße 491 cm³, Kolbenbreite 59 mm. Innere Geometrie noch unbefriedigend. Weiter Untersuchung verschiedener Kolbenmulden. Versuchsträger NSU Sportprinz und NSU Prinz 4.

KKM 150 (1962). Untersucht im Motorroller NSU Prima, verwendet als Antrieb für serienmäßiges Wasserski-Schleppgerät. 18,5 PS bei 6000/min, Kammergröße 150 cm³, Kolbenbreite 41 mm. Im Bild oben der Motor. Durchtrieb zum Flansch für die Propellerwelle.

KKM 502 (1963). Erster serienmäßiger Fahrzeugmotor, eingebaut im NSU Spider. Der »halbe« Ro 80-Motor. 50 PS bei 6000/min, 71 Nm bei 2500/min, Kammergröße 497,5 cm³, Kolbenbreite 67 mm. Vorbeugend noch schwer gebaut. Erst 1964 verkaufsfähig, Dichtleiste/Trochoide: Hartkohle/Chrom, später IKA (Gusseisen)/Elnisil.

KKM 506/509 (1964). Motor für »Typ 80«, Ölkühler noch oben. Seitenteile und Mittelteil versuchsweise aus Leichtmetall. 110 PS bei 6000/min. Geometrie vom Spider-Motor. Dichtleiste/Trochoide: Hartkohle/Chrom. Vorgestellt auf der IAA Frankfurt 1965. Vorgeführt auch im Geländewagen Auto Union Munga.

KKM 512 (1966). Ölkühler jetzt vorn unten in Ölwanne. Zündverteiler, Benzin- und Öldosierpumpe nach rechts verlegt. Drosselklappe noch im Einzelvergaser, später doppelt und direkt am Umfangseinlass. Dichtleiste/Trochoide: Anfangs noch Hartkohle/Chrom. Noch kein Drehmomentwandler, Einzelzündung. 110 PS bei 6000/min.

NSU Ro 80-Motor, KKM 512 (1967). Mit Drehmomentwandler (links vom nach oben verlegten Anlasser). Leistung auf 115 PS bei 5500/min erhöht (Verdichtung angehoben, weniger Kolbenkühlung). Kammergröße 497,5 cm^3, max. Drehmoment gegenüber Spider-Motor bei höherer Drehzahl: 159 Nm (16,2 mkg) bei 4500/min. Innere Geometrie wie bei Spider. Doppelzündung. Kompakter Antriebsblock mit Innenbord-Bremsen.

NSU Ro 80-Motor, KKM 612 (1967). Rechte Seite, ohne Wandler. In den beiden Mänteln Umfangseinlass (1. Vergaserstufe oben, 2. Stufe unten). Vorn oben am Aggregate-Träger: Zündverteiler, noch mechanischer Drehzahlmesser-Antrieb, darunter Benzin-, Öldosier- und Vakuumpumpe. Oben auf Motor noch »Hundeknochen« mit Thermosat und Heizungsventil (1969 geändert).

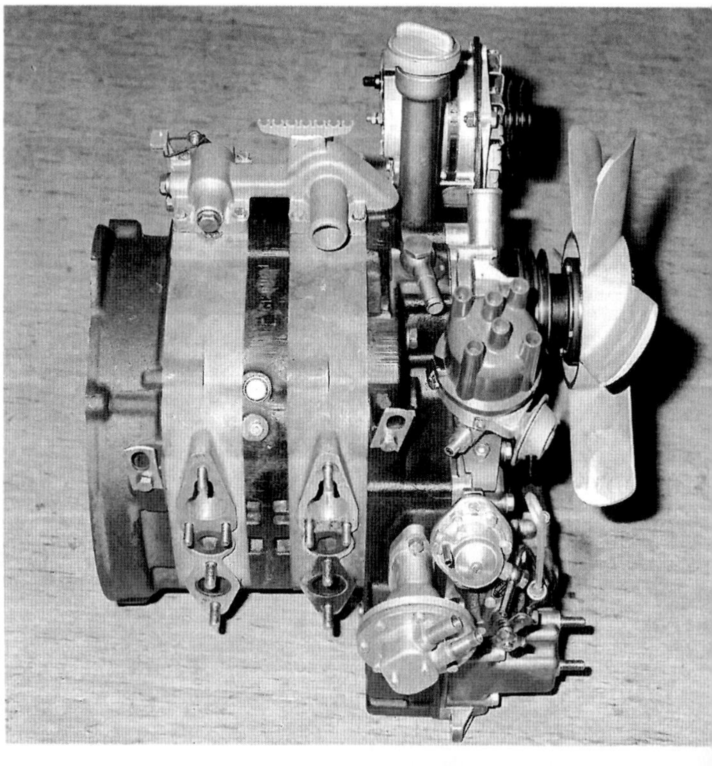

Das Problem: Sowohl die Dichtleiste wie der Reibungspartner Trochoide müssen zur Verschleiß-Minimierung hart genug sein. Je härter aber der eine, umso rascher verschleißt der andere. Das erfordert zeitraubende Abstimmungsversuche.

Da die Reibungspartner Chrom-Lauffläche und Hartkohle-Leisten auf Dauer nicht akzeptabel sind, erinnert man sich der Oberflächenbehandlung bei hochbelasteten Hubkolbenmotoren, so bei Porsche. Dabei wird die Trochoiden-Lauffläche zunächst chemisch aufgerauht, vorvernickelt und dann Nickel mit eingebettetem Silizium-Carbid-Partikel galvanisch aufgebracht. Es ist ein Hartstoff (Keramik), der mit grobem Korn auch für Schleifscheiben verwendet wird.

Unter dem Namen „Nikasil" (Fa. Mahle) wird diese Beschichtung auch von Daimler-Benz für die ersten Lizenzmotoren verwendet. Dann wendet NSU ein Verfahren namens „Elnisil" an, die Zusammenziehung von „elektrolytisch, Nickel und Silizium". Eine Dosis Sacharin – wie beim Galvanisieren – verbessert die Qualität.

So wird die Trochoide zunächst kopiergedreht, beschichtet – ca. 0,25 mm – und auf einer Kopier-Innenschleifmaschine geschliffen. Vorteilhaft bei dieser „harten" Partnerschaft: Die Reibungsverluste verringern sich, günstig für Leistung und Verbrauch.

Diese Schicht ist so hart, daß es problematisch ist, das geeignete Material (Kolbenring-Guß) für die drei Teile der Scheitelleiste zu finden. Auch nach Serienanlauf müssen Leisten-Werkstoff und Glieder-Teilung mehrfach geändert werden (Kapitel 7). Lizenznehmer Curtiss-Wright bringt es auf rund 400 untersuchte Material-Paarungen.

Flächendeckend

Auf Kostensenkung wird beim Spider-Motor weniger geachtet und so werden die seitlichen Anlaufflächen der Kolben jeweils an den beiden Seitenteilen und am Zwischenteil teuer mit Molybdän angespritzt und geschliffen. Das will man sich beim KKM 612 für den Typ 80 ersparen und man wendet eine einfache Induktionshärtung der Grauguß-Teile an.

Aber kurz vor Serienanlauf zeigt sich bei bei Dauerprüfläufen bedenklicher Verschleiß und man entschließt sich zum Anspritzen mit Molybdän.

1970 wendet NSU ein Härteverfahren namens „Teniferieren" (Degussa) an. Auch andere Methoden werden untersucht, so von der Firma Klöckner Ionon: Gasnitrieren, Badnitrieren, Beschichten mit Wolframkarbid oder Härten im Elektronenstrahl. Erfolg bringt ein

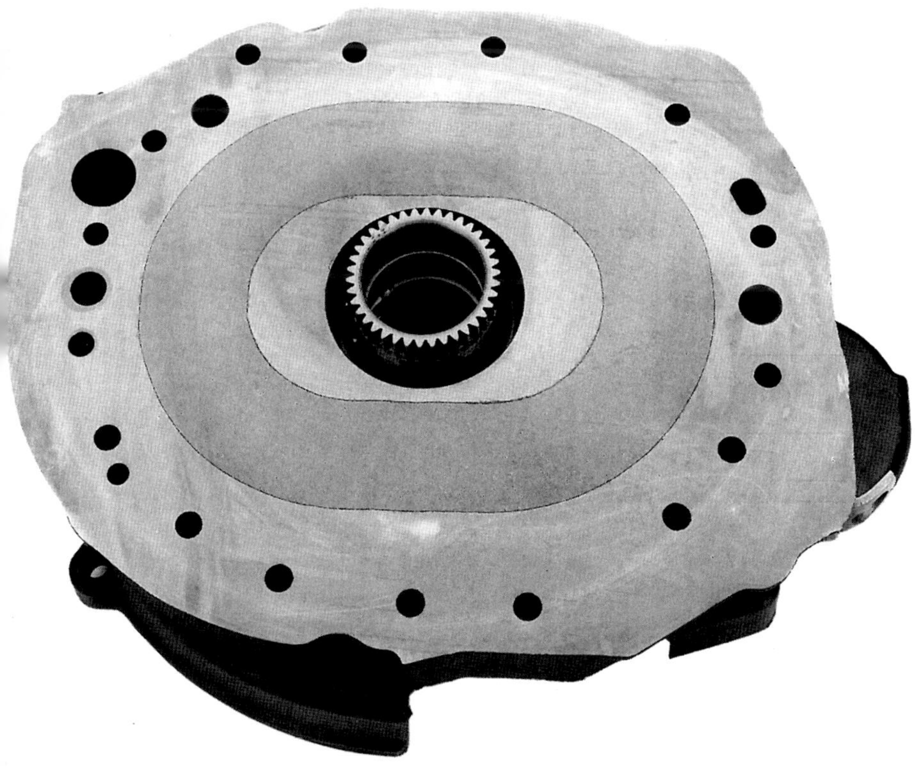

Aschenbahn: So nennt man diese zu Anfang der Serie auf Seitenteile und Zwischenteil mit Molybdän aufgespritzte Fläche, die Anlaufbahn der seitlichen Dichtteile des Kreiskolbens. Später werden die Teile plasmanitriert. In der Mitte, mit dem Flansch für ein Hauptlager verbunden, das Ritzel, über das sich das innenverzahnte Hohlrad des Kolbens abwälzt.

„Ionitrieren“ genanntes Plasma-Nitrieren: Nur die Anlauffläche wird behandelt, der Rest abgedeckt. Stickstoff-Ionen wandern aus NH, Ammoniak, in 15 Stunden bei 540° auf das Metall). Die Schichtdicke beträgt 0,25 mm. Für den Ro 80- Motor ist nichts zu anspruchsvoll: Das Verfahren ist auch für das Härten von Waffen- und Geschützläufen bekannt. So kann Molybdän zu den Akten gelegt werden. Auch der Spider-Motor profitiert davon. Die Anlaufspuren der seitlichen Gas-Dichtstreifen hinterlassen im jeweilgen Seitenteil Spuren, die man "Sichelschnitt“ nennt. Dr. Froede, kreativ, wie gesagt, auch in blumigen Vergleichen, tauft sie „Bockwurst”. Ganz außen auf dem Seitenteilen hinterlassen auch die Dichtbolzen ihre Spuren.

Öl im Kreisverkehr

Das Motoröl zeigt sich beim Ro 80-Motor äußerst vielseitig: Es schmiert nicht nur Exzenterwellenlager, Kolbenlager und Hilfsantriebe. Auch für die Funktion des hydraulischen Drehmomentwandlers wird es gebraucht und schließlich auch zur Innenkühlung der Kolben herangezogen, anders können diese die Verbrennungswärme nicht ableiten. Aber auch Hubkolben werden zusätzlich durch Spritzöl gekühlt. Das Öl im Kreiskolben übt anfangs eine gewisse bremsende Wirkung aus. Dr. Froede: „Cocktail-Effekt.”

Viel Gehirnschmalz war nötig, um das in den Kolben gedrückte kühlende Öl wieder herauszutransportieren. Da gibt es in der Anfangszeit der Entwicklung einen „Ölbagger“ oder beim Spider eine „Ölförderscheibe”. Aber die Physik hilft ebenfalls: In einer bestimmten Kolbenstellung ist die Massenkraft nach „innen”, zum Exzenter gerichtet und sie spült die Ölteilchen zum Ausgang.

Beim KKM 612 kann dem Hohlrad die Rolle des Ausputzers zugewiesen werden. Auf seiner Rückseite besitzt es radial ausgerichtete Nuten, wobei die Stege zwischen den Nuten mit den Abschottungen im Kolben „zusammenarbeiten”. Die Abfuhr des Öles erfolgt zwischen den Zähnen des Hohlrades, wobei es gleichzeitig geschmiert wird.

Abdichtung auch gegen Öl

Es bedarf bei dem mit dem Exzenter kreisenden Kolben eines komplizierten Systems, um das aus dem Kolbenlager in den Kolben gedrückte Öl gegenüber den Seitenteilen abzudichten. Zu Anfang der Entwicklung wird direkt zwischen den Kolbenseiten und den Seiten-

Ölförderung: Für den Ro 80-Motor und den hydraulischen Drehmomentwandler ist gemeinsamer Ölkreislauf vorgesehen. Das Öl wird auch durch die kreisenden Kolben gedrückt, um deren Wärme abzubauen. Es bedeuten: 1 = Ölpumpe Motor, 1a = Ölpumpe Wandler, 1b = Überdruckventil für Wandler-Ölkreislauf, 1c = Minus-Ölstand für Wandler-Kreislauf, 1d = Minus-Ölstand für Motor-Ölkreislauf, 2 = Öldosierpumpe, 3 = Mech. Kraftstoffpumpe, 4 = Öldruckschalter, 5 = Drehmomentwandler, 6 = Überdruckventil für Motor-Ölkreislauf, 7 = Ölkühler.

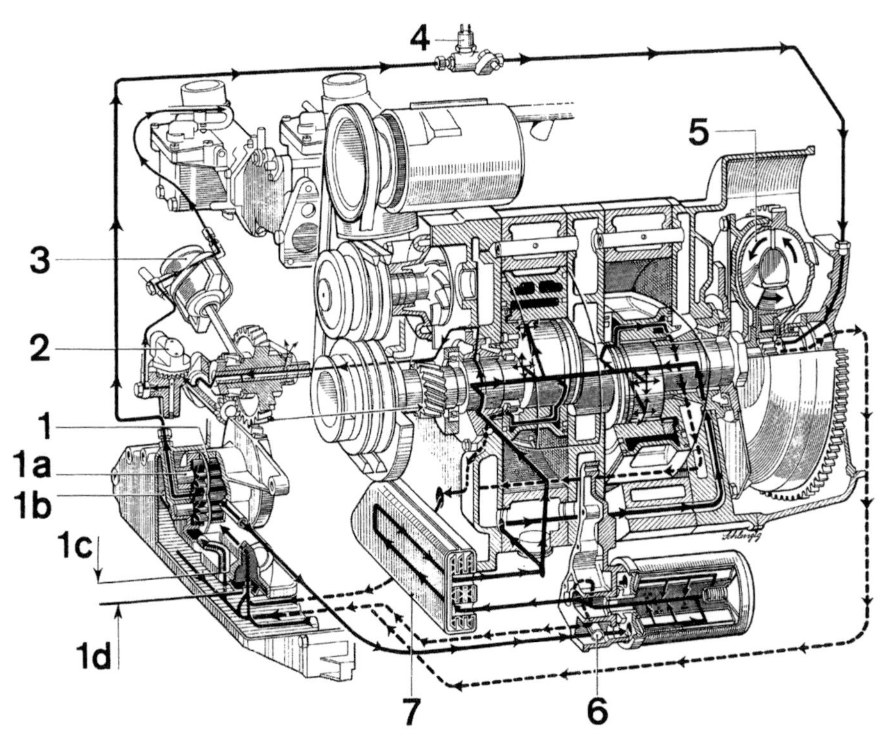

wänden gegen Öl abgedichtet. Aber das reicht bei höheren Drehzahlen nicht aus. So wird später zwischen Kolben und Exzenterwelle ein Teil gesetzt – die „Schleuderscheibe" - auf dem Dichtteile angeordnet werden. Und so funktioniert es beim KKM 612:

Wie die Schnittzeichnung zeigt, werden Kolbenringe zur Abdichtung in radialer Richtung verwendet: Ein Ring gegen den Innendurchmesser im jeweiligen Seitenteil und zwei Kolbenringe gegen den Innendurchmesser im Kolben. Diese Kolbenringe liegen in der Nut der am Exzenter verschraubten „Schleuderscheibe", dem schon erwähnten Teil zwischen Exzenterwelle einerseits und Kolben und Seitenteil andererseits. Die doppelten Ringe werden mit um 180° versetztem Stoß eingelegt (mit Fixierstift). Das reduziert Ölverluste, namentlich wenn die Kolbenringe bei hohen Drehzahlen – über 7500/min – unter der Fliehkraftwirkung einfallen, also von der Dichtfläche, der Nutflanke, abheben.

Auf der anderen, dem Zwischenteil zugewandten Seite der Kolben,dichtet je ein einzelner Kolbenring zwischen Exzenterwelle und Kolben-Innendurchmesser ab, also ebenfalls in radialer Richtung.

Ihre Wirkung erzielen die Kolbenringe durch den Druck von Leckgas, das seitlich am Kolben trotz seiner Gas-Dichtstreifen durchdrückt. Um einen bestimmten Druck zu halten, ist im Zwischenteil eine „Zwischendichtungs-Raum" und ein Entlüftungskanal mit einem Kugel-Ventil vorgesehen. Mit dem eingestellten Druck (ca. 0,2 bar) werden die Kolbenringe an ihre Dichtflächen angepreßt. Öl kann nicht in die Brennkammern eintreten. Über das Ventil ausströmendes Gas wird durch eine Motor-Entlüftung über den Vergaser wieder dem Motor zugeleitet.

Querbohrungen in Kolben und Exzenter lassen den Zwischendichtungs-Druck auch auf die andere Seite hinüber. Damit wird kein einseitiger axialer Druck auf Kolben bezw. Exzenterwelle ausgeübt. Andererseits wird durch das Druckhalte-Ventil verhindert, daß die Ringe zu stark an die Nutseitenwände gedrückt werden und zu schnell verschleißen.

Ebenso wie die Abdichtung gegen Gas hat auch die gegen Öl eine lange und leidensreiche Geschichte im kleinen NSU-Forscher-Team. Auch hier waren die hohen möglichen Drehzahlen nicht willkommen. Die Ölabdichtungs-Kolbenringe fielen ein, der Zwischendichtungsdruck verlor sich, ein Luftspalt entstand und der Ölverbrauch wurde indiskutabel hoch.

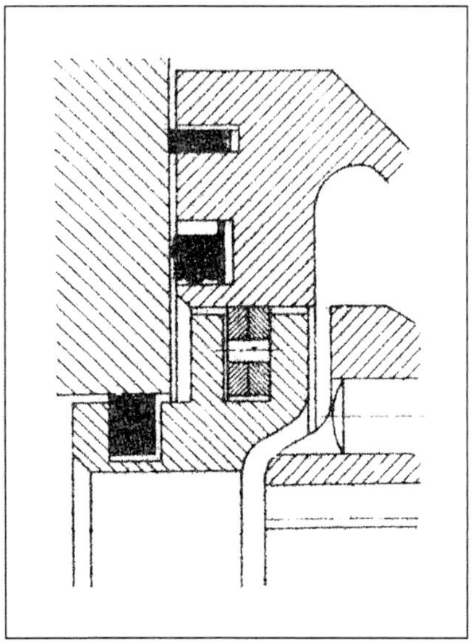

Kunst der Dichtung im Ro 80-Motor. Geschnitten links ein Seitenteil, rechts ein Teil des Kolbens. Oben zwischen Seitenteil und Kolben Dichtstreifen gegen Gas. Darunter Standdichtung gegen Öl, ein Kratzring mit eingelegtem O-Ring (später C-Ring). Darunter links zur radialen Abdichtung ein Kolbenring. Rechts darüber ein Doppel-Kolbenring. Alle 3 Kolbenringe sitzen in der »Schleuderscheibe«, die am Exzenter verschraubt ist und in den Kolben ragt.

Die saubere Trennung von Gas und Öl läßt die Ölfüllung insgesamt sauberer als beim Hubkolbenmotor bleiben. Deswegen kann auch beim Ölwechsel eine Restmenge (Wandler) zurückbleiben.

Noch'ne Dichtung, die Standdichtung

Für Öldichtheit am Kolben muß auch bei stehendem Motor gesorgt werden, weil dann der nötige Gasdruck fehlt. Blaues Qualmen nach dem Start durch in die Brennkammer eingesickertes und verbrennendes Öl wären die Folge. Um das auszuschließen, wird beiderseits in den Kolben, unterhalb der bogenförmigen Gas-Dichtstreifen, ein kreisrunder „Kratzring" eingelegt. Er dichtet „axial" gegen die Seitenwände ab. Unterstützt wird er durch einen eingelegten elastischen Ring. Eine Wellfeder drückt diesen und den Kratzring gegen die Seitenwand. Diese Dichtteile werden während der Serie verschiedentlich geändert.

Die Standdichtung muß nicht mehr mit höheren Drehzahlen wirken, da sie Leckgas für die Funktion der Kolbenring-Ölabdichtung durchzulassen hat.

Dr. Froede nennt diese auch von den Lizenznehmern übernommenen Kratzringe „Scheibenbremsen". Dennoch funktionieren sie nach dem Anlauf der Serienfertigung des Ro 80 nicht recht. Dr.Froede wieder lakonisch: „Morgenbläue".

Motorzukunft am seidenen Faden

Was als lästige Notwendigkeit erkannt wird, rettet die Existenz des Motors überhaupt. Der normale Ölkreislauf kann nicht zur Schmierung der über die Trochoide gleitenden Scheitelleisten herangezogen werden. Es muß durch separat zugeführtes Öl erfolgen ("verlorenes Öl").

Zu Hilfe kommt Bosch. Man hat Erfahrung mit kleinsten Mengen, so mit Geld, aber auch mit flüssigen Medien bei Einspritzpumpen. Schon früh wird daher eine spezielle, kunstreich erdachte Öldosierpumpe geschaffen. Sie ist allerdings verschiedentlich zu ändern.

Der schon erwähnte Schraubenrad-Antrieb an der Nebenwelle im vorderen Seitenteil dreht in der Dosierpumpe eine Welle und diese über einen kleinen Schneckentrieb eine kleine Taumelscheibe. Diese drückt das dem Ölsumpf entnommene Öl in die Kraftstoff-Zuführung der Benzinpumpe. Die Dosierung erfolgt über ein mit der Vergaser-Drosselklappe verbundenes Gestänge. Dabei drückt ein in der Höhe verschiebbarer Stift in der Dosierpumpe gegen die Taumelscheibe und ändert deren Höhen-Einstelllung: Je mehr die Drossel geöffnet ist, umso mehr Öl wird zudosiert.

Der zugemischte Öl-Anteil ist niedrig. Das Verhältnis beträgt im Schnitt beim Ro 80-Motor ca. 1:120 je nach Motorlast. Daher ist in bestimmten Abständen Öl nachzufüllen.

Die so aufgebrachte und hauchdünne Ölschicht erweist sich als „Retter des Motors". Sie erschwert den Wärmeübergang, also einen thermodynamisch nicht mehr vertretbaren Wärmeverlust, während Verdichtung und Verbrennung. Ohne diesen Ölfilm – so kurios es klingt – wäre Wankels Idee nicht realisierbar gewesen.

Laut späterer Werksempfehlung könnte sich durch das laufende Ölnachfüllen ein Ölwechsel erübrigen oder nur noch alle 20 000 km vorgenommen werden. Das Öl kommt, wie erwähnt, weniger mit Brenngas in Berührung als beim Hubkolbenmotor. Und es sind nicht so diffizile Schmierstellen wie an Nocken und Stößeln zu versorgen.

Wird aber der Wagen wenig gefahren, so wissen Ro 80-Kenner, ist es möglich – namentlich bei vollem Tank –, daß über Öldosier- und Benzinpumpe und Vergaser Ölverdünnung auftreten kann. Auch durch schlechte Standdichtung und verschlissene Kolbenringe der Öldichtung gelangt Benzin ins Öl. Wird nach längerer Standzeit den Ölpeilstab gezogen, läßt sich ein gewisser Benzingeruch wahrnehmen. Ein Ölwechsel alle 10 000 km ist also doch empfehlenswert.

Schwergewichtler Kolben

Wankels Variante eines Verbrennungsmotors ist kompakter, daher ist die Wärme darin stärker konzentriert. So kann auch der Kolben – auch Läufer oder Rotor genannt – nicht wie ein Hubkolben aus Leichtmetall, sondern muß aus Grauguß bestehen. Und er muß mehr beladen werden.

Um das Gewicht des schon in Zellenbauweise hergestellten Kolbens zu reduzieren, werden schon bei den ersten Versuchsmotoren KKM 125 und KKM 400 Leichtmetallkolben untersucht. Die Firma Karl Schmidt, Neckarsulm ("Kolben-Schmidt") hat dafür umfangreiche Entwicklungsarbeit geleistet. Als problematisch erweist sich, daß die Nuten der Scheitelleisten ausschlagen und daß sich der Kolbenkörper verzieht oder mit Erwärmung in die Breite „wächst" und seitlich festgeht. Schwierig ist auch die stabile Verbindung mit dem Hohlrad.

Auch für das Anbringen des Hohlrades waren langwierige Versuche nötig. Es wurde eingegossen, eingeschrumpft oder eingepreßt, schließlich verschraubt. Aber es mußte ja praktisch jedes Teil dieses andersartigen Motors von Grund auf neu entwickelt werden. Mazda verwendet schwingungsdämpfende, längsgespaltene

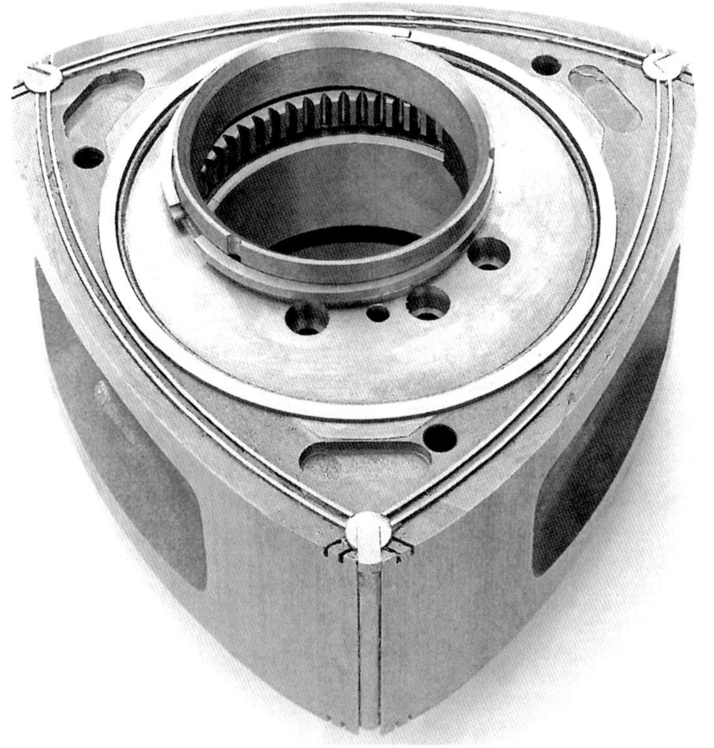

Ro 80-Kreiskolben (1967) noch mit doppelten seitlichen Dichtstreifen. Innerhalb diesen der runde »Ölkratzring". Vorn die dreiteilige Dichtleiste im Dichtbolzen mündend. Im Kolben zur Ölabdichtung die »Schleuderscheibe«. Durch diese erkennbar das verzahnte »Hohlrad«, das sich über das feste »Ritzel« im Seitenteil abwälzt. Mit allen Teilen – darunter 50 Dichtteile nebst Andrückfedern – wiegt der Kolben stattliche 4,2 kg.

Wuchtgruppe des Ro 80-Motors (1967). Von rechts die Doppel-Keilriemenscheibe mit Ausgleichsgewicht, die beiden kreisenden Kolben, Mitnehmerscheibe für Wandlergehäuse, dieses mit Anlasser-Zahnkranz, und Trennkupplung mit Tellerfeder. Die Kolben werden zum Auswuchten mit der erforderlichen Ölkühlmenge befüllt.

„Spannstifte“ für die Verbindung Hohlrad/Kolben.

In jeder der drei Kolbenflanken ist eine Mulde eingegossen. Sie verbindet bei der höchsten Verdichtung („oberer Totpunkt") die nun getrennten Teile des Brennraumes. Mit ihrem Volumen läßt sich die Höhe des Verdichtungsverhältnisses variieren und sie kann den Ablauf der Verbrennung beeinflussen. Sie wird in vielen Varianten untersucht.

Da entstehen ein nach der Muldenform genannte „Schuhlöffel-Kolben“ oder der so getaufte "Schwalbenschwanz-Kolben", der den Verbrauch etwas zu reduzieren scheint. Aber es ist zu wenig Zeit, es genauer zu untersuchen. Und so bleibt man bei der einfachen rechteckig symmetrischen Mulde.

Anfangs werden die Kolben nicht bearbeitet. Aber es ergeben sich Unterschiede im Kammer-Volumen bis zu 3 cm^3 und damit unregelmäßiger Leerlauf.

Geräusch-Kulisse

Die gleitende Kolbenkante legt die Öffnungen plötzlich und schneller frei als die oszilierenden Ventile des Hubkolben-Vetters. Auch wird der Strom von Frisch- und Altgas nicht durch Ventile und Ventilführungen gebremst und verteilt sich auch nicht auf 4 oder 6 Zylinder. Lautstarke Gaswechsel-Kundgebungen wären die Folge, würden sie nicht durch aufwendige Maßnahmen gedämpft.

Beim Blick unter die Motorhaube fällt denn auch zuerst der große kombinierte Luftfilter und Ansauggeräuschdämpfer auf.

Die Reduzierung des Auspuffgeräusches beginnt schon in der Trochoide, bzw. im Mantel: Die Auslaßöffnung erweitert sich, wie erwähnt, düsenförmig von ca. 25 auf ca. 30 mm Durchmesser. Da kann sich das Gas schon etwas entspannen und beruhigen. Die Auspuffkrümmer sind starkwandig und bestehen aus hochwarmfestem Stahl: Das Abgas des Kreiskolbenmotors ist auch heißer und mit der großen Wandstärke läßt sich die Abstrahlung von Körperschall verringern.

Viel Arbeit zur Beruhigung der entfesselten Energie ist weiterhin im Auspufftrakt zu leisten. Da der Motor empfindlich auf den Abgasgegendruck reagiert, muß bei Feinabstimmung und Geräuschdämpfung sorgfältig vorgegangen werden.

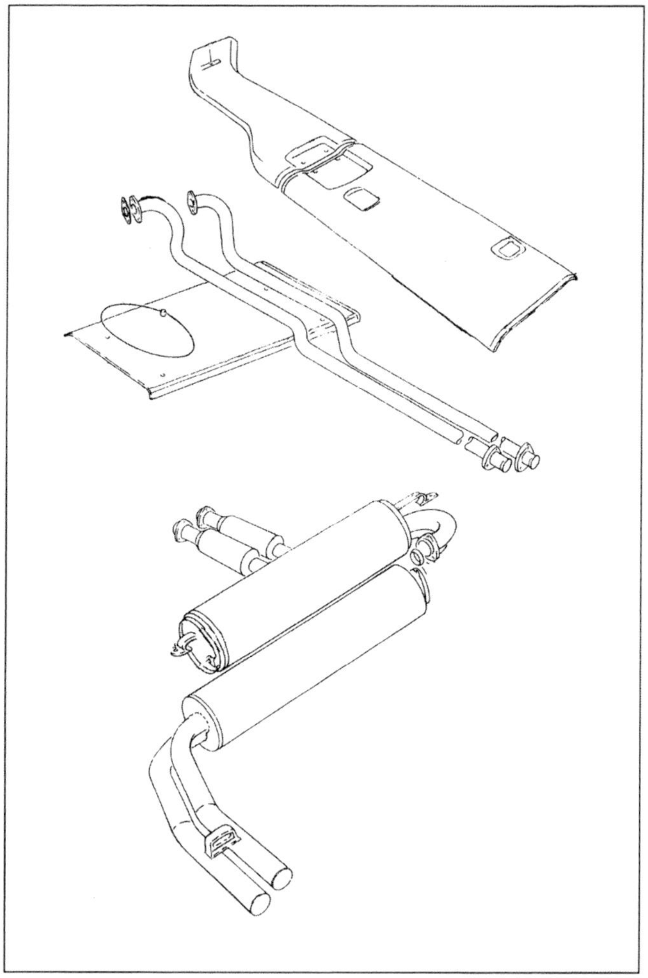

Auspuffanlage 1. Version (1967-8/1971). Erforderlich ist stärkere Geräuschdämpfung als bei Hubkolbenmotoren. Getrennte Rohre (»Zweirohr-Anlage«) großer Wandstärke aus Spezialstahl zu je einem Vorschalldämpfer. Es folgen gemeinsamer Haupt- und Endschalldämpfer. Motor reagiert empfindlich auf Abgas-Gegendruck.

Im Interesse optimaler Leistungsentfaltung - höchster Mitteldruck – erhielt der Ro 80 zu Serienbeginn eine Zweirohr-Anlage. Das aufwendige System reduziert das Geräusch auf erträgliche akustische Verhältnisse. Infernalisch laut klingt das Auspuffgeräusch bei ungedämpften Rennmotoren.

Kühlung auf verschlungenen Wegen

Wasser- und Ölleitungen sind weitgehend in den Gehäuse-Teilen eingegossen, um freie Leitungen zu vermeiden. Die Kompaktheit des Motors will es, daß die Wege des kühlenden Wassers kompliziert sind. Man braucht Geduld, um ihm nachzuspüren.

Das von der Wasserpumpe vom Kühler (Querstromkühler) angesaugte Wasser wird vorn über den Aggregate-Deckel und das Seitenteil in den Ölkühler gefördert. Er liegt im Ölsumpf, ist mit dem Seitenteil verschraubt und durch elastische Ringe abgedichtet. Vom erfolgten Öl-Wasser-Wärmetausch fließt das kühlende Nass in das Seitenteil und in einen Verteilerkanal – er wird von der Wasserpumpe direkt erreicht –, der über der oberen Zündkerze (sie bleibt beim Einkerzen-Motor) in Längsrichtung durch das Motor-Gehäuse bis zum hinteren Mantel führt. Aus dem Verteilerkanal gelangt das Wasser in die beiden Mäntel und fließt jeweils abwärts an den Kerzensitzen entlang und damit über den „heißen Bogen". Er entsteht – anfangs Mantel-Verformungen verursachend –, weil in den hier sich bildenden Kammern nur verbrannt und zwischendurch kein kühlendes Frischgas eingebracht wird.

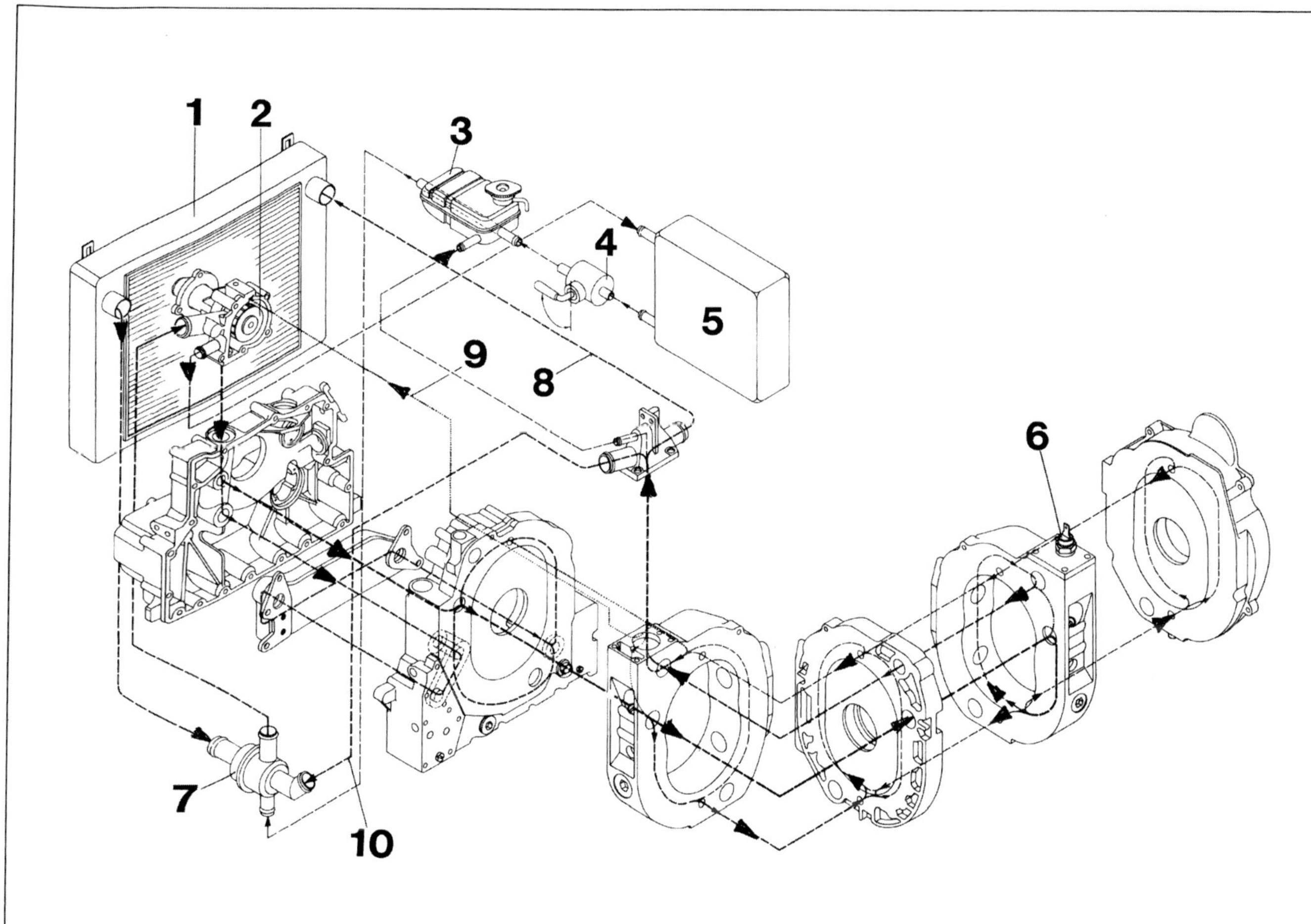

Kühlwasser-Kreislauf mit geänderter Thermostat-Lage ab 1970. Es bedeuten: 1 – Wasserkühler, 2 – Wasserpumpe, 3 – Ausgleichsbehälter, 4 – Heizungsschalter, 5 – Heizung (Wärmetauscher), 6 – Temperatur-Geber, 7 – Thermostat, jetzt im Schlauch, statt oben auf vorderem Mantel, 8 – Rücklauf, 9 – Entlüftung, 10 – Rücklauf bei geschlossenem Thermostat.

Kreisverkehr. Prototyp 1967. Zur Reifen-Erprobung im Contidrom bei Hannover. Die Steilkurve erlaubt fliehkraftfreie Schnellfahrt. Da Radaufhängung und Federung leicht ansprechen, ist es nicht leicht, die Reifen mit optimalem Rundlauf zu finden. Nach langwierigen Versuchen entscheidet man sich für die Stahlgürtelreifen Michelin XAS 175 HR 14 als Erstausrüstung.

Triebwerksblocks zum Wagenkörper. Ein Auto ist ja auch ein „Drei-Massen-System", bestehend aus den ungefederten Radmassen, der Karosserie und dem Triebwerksblock. Dessen Eigenbewegungen stören die Fahrzeugfederung.

Es ist der Leiter der Akustik-Abteilung, Dr. Sassor, dessen Untersuchungen schließlich zu der Abstützung durch die beidseits im Schwerpunkt des Triebwerksblocks angeordneten Schwingungsdämpfer führen. Das Gummi-Material der Motorlagerung bietet ja auch keine Eigendämpfung. Der Triebwerksblock ist vorn auf einer vor dem Motor angeordneten Traverse und hinten am Getriebe mit je zwei Ringlager-Gummi-Elementen gelagert.

Ankündigung einer Veränderung. Der NSU Ro 80 stellt sich frontal gegen alles Althergebrachte in Antriebstechnik und Form. NSU wagt mehr als nur einen großen Wagen. Premiere für eine staunende Öffentlichkeit auf der Auto-Ausstellung in Frankfurt, September 1967.

Herausforderung der Dampfmaschine. Deren Prinzip der Verschwendung von Masse und Bewegung läßt die Idee rotierender Kolben und den NSU Ro 80 entstehen. Der Motor ist nicht viel größer als der Luftfilter darüber. Serienbeginn 1967 mit Doppelzündung. Erkenntnis: Je höher die Leistungskonzentration auf kleinen Raum, umso schwieriger die Entwicklung.

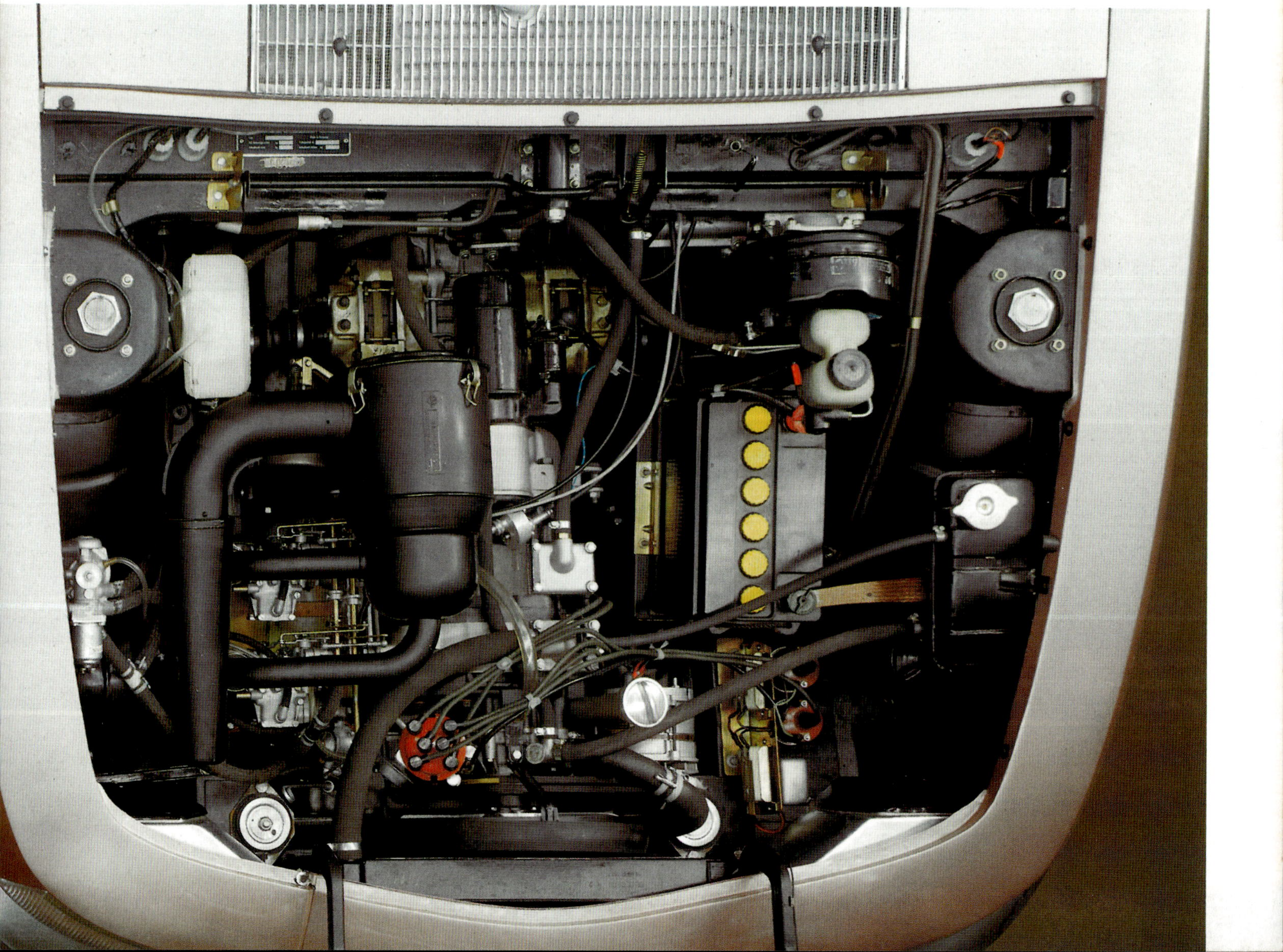

Zugang zu einem besonderen Ereignis. Der NSU Ro 80 ist Höhepunkt des Neuheitenjahres 1967. Er nimmt Auszeichnungen entgegen, spontan schließt man Freundschaften mit ihm. Aber der kühne Wandel zu neuen Normen außen und innen wird auch vielschichtig diskutiert. Tankklappe links für Rechtsverkehr.

Der Innenraum bleibt dem Zeitgeschmack zugänglich: Anspruchsvoll und solide, dem Preis und Wert des Wagens gemäß. Liegesitzbeschläge serienmäßig. Darunter der stabile Längsholm entsprechend des langen Radstandes, gut bei Seitenaufprall.

Die Epoche der großen Augen. Noch herrscht der offene Blick, noch wirken die Augen nicht unter schweren Lidern verschlafen. Der Kenner identifiziert den »Ur-Ro 80«.

Organisch aus dem »Ro 80-Knick« wachsen die kräftigen Heckscheibensäulen heraus. Unter der sehr schräg gestellten Heckscheibe Innenluft-Absaugung, oben in der Säule Austritt der Luft.

Die Vorherrschaft des unkonventionell hochgesetzten Hecks wird mit klarer Geometrie beantwortet. Großzügige Geste von NSU: Stoßstangen aus nichtrostendem Edelstahl. Ro 80 der ersten Serienjahre.

Niedriger Wagenvorbau durch raumsparende, tiefliegende Antriebseinheit. Fortfall der Kardanwelle. Dank großem Radstand sitzen die Insassen im günstigen Federungsbereich zwischen den Achsen. Kolbenlauf ohne Umkehr erspart ermüdendes Vibrato.

Nicht nur mit der Abkehr von der Dampfmaschinen-Kurbelmechanik schreibt sich NSU in das Geschichtsbuch der Technik ein. Man wagt auch neue Auffassung bis dahin gängiger Design-Elemente, so neben dem nach hinten ansteigenden Karosseriekörper die hoch ins Dach gezogene Frontscheibe. Konzessionen mit der damals waltenden Liebe zu Glanzteilen. Ro 80, Baujahr 68.

Angesichts des mutigen Äußeren gibt man dem Innenraum eine Note des eher Gewohnten, die Option Lederpolsterung (naturfarben oder schwarz) befriedigt höheren Anspruch, wird aber von VW ab Modelljahr 73 gestrichen, gute Sichtverhältnisse, namentlich durch die hohe Frontscheibe. Dachhimmel glatt und aus Kunststoff, leicht zu reinigen.

Anflug von Luxus. Armaturenbrett in Kirschbaum-Look durch eine auf Alu-Blech geklebte Folie, passend zur Option der naturfarbenen »Echtleder-Polsterung«. Man entscheidet sich aus Kostengründen für gediegenes Kunstlederschwarz. Aufprallschutz durch eine umlaufende Polsterkante. Das in die Lenkradnabe geprägte NSU-Wankel-Symbol fällt später weg.

Gepäckaufbewahrung voluminös durch das höher gesetzte Heck der Keilform. Die Familie genießt diesen Stauraum, weniger das Hotelpersonal. Doppelauspuff bis Baujahr März 1972.

Die Geburtsstunde der nach hinten ansteigenden Linie – bei Belastung des Wagens wäre sie deutlicher – läßt sich auf die Erfindung des raumsparenden Kreiskolbenmotors zurückrechnen. Wie hier betrachte man Autos auch von oben. Der Ro 80 ist der Gefahr entgangen – wie weitere Bilder zeigen -, in der Draufsicht das übliche kantige Rechteck zu werden.

Schnell unterwegs für die Erprobung neuer Motor-Komponenten während der ersten Serienjahre. Die Termine für die Entwicklung eines völlig neuen Motor-Systems haben sich als knapp erwiesen.

Raststätte bei Neapel. Motor-Dauererprobung bei südlichen Temperaturen (1969). Auch ein K 70 unterzieht sich dem internen Langstrekken-Test. Bald wird er VW K 70 heißen. VW brauchte ihn und NSU.

Diskreter Transport. Verladung im Möbelwagen nach Versuchsfahrt und waidwundem Motor in Richtung Heimat. Der Ro 80 nennt sich noch Typ 80 und ist mit modischen Heckflossen getarnt (1966).

Stunde der Wahrheit

Die Prototypen erweitern ihren Aktionsradius. Ein weißes Feld auf der Motoren-Landkarte ist noch das Verhalten der Kühlung unter extremen Verhältnissen. Wie diese beschaffen sind?

Peter Gewecke, Erprobungsleiter für Kühlung, Heizung und Belüftung: „Wir sind im Urlaubsverkehr 1966 über hundert Mal den Großglockner hinauf und hinunter gerodelt."

Bei diesen Hochgebirgs-Touren hat man sich das Leben für die Messungen der Kühlleistung, aber auch für das Bremsverhalten, schwer gemacht: Mit einem 1030 kg wiegenden Renault 16 am Haken. Damit gewinnt man auch Erfahrungen für den Prüfling als Zugwagen für Wohnanhänger. Letzteres ist nicht unwichtig, gewinnt doch die rollende Schlaf- und Wohnstube damals zunehmend an Beliebtheit.

Keine Klagen bei den Pass-Abfahrten hinsichtlich der Bremsen. Die Pass-Auffahrten bescheren Probleme durch Benzin-Dampfblasen. Immerhin ist die Benzin-Zuleitung vom Tank zum Motor wegen des langen Radstandes ebenfalls lang. Die Besatzung des Typ 80, zu der auch Experten der Kühlerfabrik Behr gehören, hält die

»Geweckes Lust-Reisen«. So heißen die Erprobungsfahrten von Versuchs-Ingenieur Gewecke (NSU, links auf dem Dach) mit Versuchsfahrer Lust (links auf der »Heckflosse«). Neben ihm Loos (Bosch) und oben rechts Haas (Kühlerfabrik Behr).

Kraftstoffpumpe mit einem nassen Lappen gekühlt. Dieser wiederum wird während der Fahrt mit dem umfunktionierten Scheiben-Waschwasser angespritzt.

Soweit beherrscht man die Lage. Aber schon nach fünfmaligem Anfahren mit der Anhänge-Last am Berg – nicht ungewöhnlich, wenn ein Bus in einer Spitzkehre zurücksetzen muß – ist die Kupplung verbrannt. Noch war das normale 4-Gang-Getriebe eingebaut und für die Serie vorgesehen.

Der Drehmomentverlauf des Ro 80-Motors erweist sich für diesen Praxisfall als ungünstig. Es waren sehr hohe Drehzahlen mit entsprechender Drehzahldifferenz erforderlich. Und was für den Hubkolbenmotor gilt („Hubraum ist durch nichts zu ersetzen"), gilt natürlich auch für den im vergleichbaren Volumen kleineren Kreiskolbenmotor. Aus vielen Gründen bot es sich zwar an, innere Geometrie und Kammergröße des Spider-Motors zu übernehmen, aber mit Blick auf gegenwärtige und künftige höhere Leistung ist das Kammervolumen wohl doch nicht optimal.

Und soweit es die Umstände damals am Großglockner betreffen, drehen sich die Verhältnisse um: Jetzt schleppt der Renault 16, nämlich ins heimische Werk nach Neckarsulm und im schützenden Dunkel der Nacht.

Wandel zum Wandler

Doch bald wird kein Kupplungsbelag mehr im Typ 80 verschmoren. Denn auch andere Probleme rufen nach einer Lösung.

Nach Schaltschwierigkeiten erkennt man immer wieder Abnutzung („Vibrationsverschleiß") an den Zahnflanken am Außenumfang der Synchronringe. Detektivarbeit führt zu der Erkenntnis, daß es durch relativ hochfrequente Drehschwingungen des Motors verursacht wird. Ein Zusammenhang mit den unregelmäßigen Zündserien im Schiebebetrieb durch den Umfangseinlaß des Kreiskolbenmotors läßt sich herstellen. Aber NSU ist ja flexibel.

Versuchsleiter Brockhaus erinnert sich: "In der Terminnot hatten wir zu wenig Zeit, die Ursachen zu analysieren und motorseitig abzustellen. Innerhalb von zwei Stunden war aber das Problem vom Tisch. In einem Gespräch mit Praxl und Strobel entschieden wir uns für den Einsatz der Selektiv-Automatik." Diesen schönen Namen erhielt sie damals, bei Porsche war sie schon als „Sportomatic" bekannt.

Das geschieht im Sommer 1966 und bedeutet noch konstruktive Änderungen am Motor, um den hydraulischen Wandler zwischen Motorblock und mechanischer Kupplung unterzubringe und damit neuen Zeitverzug: Das Jahr für den geplanten Serienanlauf ist nähergerückt.

Mit den Wandler und seiner Drehmomentverstärkung, die fast, aber nicht ganz, einen Gang ersetzt, entscheidet man sich für ein nachgeschaltetes dreifach abgestuftes Getriebe. Die Ölfüllung als übertragendes Element im Wandler nimmt gnädig unrunden Motorlauf bei niedrigen Drehzahlen, Drehschwingungen und Drehzahlunterschiede auf.

Allerdings beeinträchtigt der Wandler die Kühlleistung: Durch zeitweilig großen Schlupf zwischen Pumpen- und Turbinenrad (Erklärungen Kapitel 8) wird das Wandleröl wärmer, damit auch das Motoröl und über den Öl-Wärmetauscher das Kühlwasser.

Man erwägt einen separaten Getriebeöl-Kühler. Doch er erweist sich nach verschiedenen Änderungen – so an der Übersetzung des Kühler-Ventilators – schließlich als nicht erforderlich.

Mit großer Sorgfalt werden Messungen der Kühlleistung des eingebauten Motors durchgeführt, so auf dem Prüfstand der Kühlerfabrik Behr, Stuttgart. Der KKM 612 braucht länger, um die beste Betriebstemperatur zu erreichen: Nicht zuletzt, weil die innere Reibung durch den Fortfall vieler Lagerstellen beim Kreiskolbenmotor relativ klein ist. Um die Kühlleistung bei Betriebstemperatur zu verbessern, wird eine „Zarge", ein Blechgehäuse hinter dem Kühler, untersucht, um die Luft optimal zu leiten, auch einen Blechring um den Ventilator. Beides erweist sich als unnötig. Man ändert die Zahl der Ventilator-Flügel und deren Steigung. Der zunächst vierflügelige Ventilator wird auf sechs Flügel erweitert. Leistungsaufnahme zirka drei PS.

Als „Visco-Lüfter" steigt seine Drehzahl ab einem

Messung der Kühlleistung auf einem Prüfstand der Firma Behr, Stuttgart. Der Kreiskolbenmotor braucht länger, um betriebswarm zu werden. Der Prototyp ist zur Tarnung auf einen Münchener NSU-Händler zugelassen.

bestimmten Drehmoment leistungssparend nicht mehr an. Wegen der Temperatur-Abhängigkeit der Silicon-Ölfüllung kommt es vor, daß er bei kaltem Motor auch höher dreht. Später wird für Sonderzwecke auch ein Lüfter mit Magnetkupplung vorgesehen, dessen Drehzahlgrenze fest bei 3000/min liegt.

Kühlleistungsmessungen werden auch auf der Autobahn Karsruhe-Basel vorgenommen. Man fährt scharf, um ein Temperatur-Gleichgewicht zwischen Kühlwasser-Eingang und -Ausgang zu erzielen. Versuchs-Ingenieur Gewecke wird in Neckarsulm auf die Polizei gebeten. Eine Dame hatte Anzeige erstattet. Sie fühlte sich durch einen „fremdländisch aussehenden Fahrer in so einer ausländischen Luxus-Limousine“ bedroht. Verständlich war es. Man fahndete nach einem Autobahnmörder.

Vorgaben und Termine

Die Vorgaben des Typ 80 sind weitgehend erfüllt. Sie waren mit diesen Worten definiert:

- Standort im Markt: Gehobene Mittelklasse in Form einer komfortablen Reise-Limousine.
- Die besonderen Merkmale des Motors sollen optimal zur Geltung kommen.

Einer der Prototypen bei der Untersuchung der Entfrostungsdauer der Frontscheibe. Man hat in der Kältekammer der Firma Behr, Stuttgart, nicht gespart und dick aufgetragen.

Im Winter 1966/67 durchstreifen die Prototypen die heimischen Wälder. Die große Kältekammer des europäischen Nordens wird folgen. Frontantrieb, langer Radstand und ausgewogene Achslastverteilung vermitteln bereits ausgezeichnete Winterfahr-

- Um die aus Kapazitätsgründen zwangsläufig nur kleinen Stückzahlen sicher absetzen zu können, war der Wagen in der Form – wie ohnehin im Triebwerk – grundverschieden von der Konkurrenz zu gestalten und soll eine echte Kauf-Alternative darstellen.
- Um die auch bei kleinen Stückzahlen für das Werk kostspieligen Extras zu vermeiden, ist ein „Auto komplett" zu realisieren: Serienmäßig mit Servolenkung, Selektiv-Automatik, Nebelscheinwerfer, Heckscheiben-Heizung u.a.
  Die aktiven und passiven Sicherheitsmerkmale sollen maximal herausgearbeitet werden.
- Die Höchstgeschwindigkeit ist mit 160 km/h festzulegen.
  In der Tat – der Wagen ist „grundverschieden von der Konkurrenz" gestaltet. Mit der Spitzengeschwindigkeit ist man auf Grund des Entwicklungsstandes des Motors zurückhaltend gewesen.

Der Termindruck wächst. Für das neue Motorkonzept scheint die Uhr am schnellsten zu ticken. Ein Mitarbeiter aus Dr.Froedes Motoren-Riege: „Am Freitag hatte immer jemand eine Idee. Deswegen gingen wir über ein Jahr lang jeden Samstag in die Firma. Hektik wohin man sah. Obermeister Horch rief ständig nach Motoren. Aber woher nehmen?"

Das experimentierfreudige Gespann Dr.Froede und Paschke hält die Motoren auf den Prüfständen, um immer neue, oft nötige Änderungen zu untersuchen. Wütend droht Praxl an, er werde, wenn sich das nicht ändere, die Forschungsabteilung mit den motorlosen Prototypen zuparken.

In der Motoren-Entwicklung ebenso wie im Fahrversuch kann man aber nur mit kleinen Zahlen arbeiten, ganz im Gegensatz zu heutigen Gepflogenheiten. Aber die Standfestigkeit des Ro 80-Triebwerks macht Sorgen. Da ist der Dichtleisten-Abrieb oder die thermischen Deformationen der Trochoide. Probleme bereiten auch der Ölverbrauch, die Standfestigkeit der Zündkerzen, die Abstimmung der Getriebe-Halbautomatik oder selbst die Befestigung der Schwungscheibe.

Neuartiges braucht Zeit

Es genügt nicht, gute Einfälle zu haben. Sie müssen auch praxistauglich werden. Ein Beispiel liefert wieder die konstruktiv elegante Vorderrad-Aufhängung. Sie verschlingt wertvolle Zeit für die Abstimmung der Federung. Man hatte schon bei den ersten Versuchsfahrten „katastrophales" Ansprechverhalten registriert. Schließlich wird die Schraubenfeder gegenüber der Kolbenstange etwas geneigt („Desaxiierung"). Die gemeinsame Wirkungslinie von Feder und Dämpfer ist damit etwas auseinandergewinkelt. Aber der spontane Einfall verhindert endlich die Ursache, nämlich das Klemmen der Kolbenstangenführung.

Und so gut die Idee mit den vorderen Innenbord-Bremsen auch ist – im Versuchsalltag eines Autos sieht es anders aus. Zwar liegen sie, was man als Pluspunkt auflistet, vorteilhaft im kühlenden Luftstrom. Aber Nässe, Schmutz und Sand werden von dem nicht weit entfernten Rad hochgespritzt. Erkennnis: Die Bremsbeläge verschleißen zu rasch. Auch mit Verölung bei undichtem Motor ist zu rechnen.

Abhilfe bringen untere Abdeckbleche für die Bremsscheiben, gottlob bleibt deren Kühlung gut. Um den Verlust von Bremsfähigkeit bei Bruch der Antriebshalbwellen zu vermeiden, werden diese ausreichend stark dimensioniert. Schwachpunkt bleiben freilich die für die gelenkten Räder nötigen Gleichlaufgelenke: Die Bremskräfte können die Antriebskräfte erheblich übersteigen, wie später auch die Praxis mit defekten Antriebsgelenken beweist. Doch hat das auch seine Ursache an rissigen und undichten Faltenbälgen, mit denen die Gelenke umhüllt sind.

Glas, Licht und Luft

Andere Entscheidungen: Einschicht- oder das teurere Verbundglas für die Frontscheibe? Wie wirken sich die Krümel von gebrochenem Hartglas bei der geplanten, damals als hoch angesehenen Spitzengeschwindigkeit aus? Wohin fliegen sie genau angesichts der neuartig

Testfahrt Frühjahr 1967 mit anderer NSU-Besetzung (von links nach rechts): Finanzvorstand Baumann, Einkaufsvorstand Wesp, Leiter des Gesamtversuchs Dr. Wenderoth, Rücken von Dr. Henn (Lizenzen) und Versuchsleiter Brockhaus.

dem Typ 80 in den schon genannten Löwensteiner Bergen vergnügen. Ein Lob aus seinem Mund über die Abstimmung von Federung und Dämpfung klingt den Beteiligten des Fahrwerks-Versuchs unter H. Oestreicher angenehm in den Ohren.

Grenzgänger

Fahrten dorthin, wo man am meisten friert und schwitzt, gehören zum Standard-Programm jeder Erprobung. Den Kandidaten namens Typ 80 schickt man dafür in die Kälte von Nordschweden und in die Hitze von Neapel, später dehnt man den Auslandssaufenthalt vom Nordkap bis zum Stiefelabsatz Italiens aus. Auch Nordfinnland wird später angefahren.

Im Juni 1967 bricht man zu einer sechstägigen Vergleichsfahrt durch Frankreich und Italien auf. Auf Tour gehen zwei Wagen vom Typ 80, ein BMW 2000 und ein Mercedes 230 S. Die Großen von NSU sind nicht mehr getarnt. Allerdings startet man sehr früh morgens.

„Wir wollten," so einer der Kolonnen-Fahrer, „unbeobachtet bleiben." Man will es aber auch anders: Mit dem Schmuckstück für Gesprächsstoff sorgen. Auf Halde stehende Vorgänger-Modelle gibt es nicht.

Man hört in schöner Gebirgseinsamkeit das Auspuffgeräusch eines sich nähernden Typ 80 aus dem Konvoy. Es klingt unerfreulich scheppernd, ja, zweitaktend, und nicht nur im Leerlauf. Eines der Ergebnisse der Reise: Auspuff-Vorrohre mit größerer Wandstärke. Sie strahlen weniger Körperschall ab und vermeiden damit auch gewisse – so der Versuchsleiter - „nicht salonfähige" Auspuffgeräusche.

Die Ergebnisse der Ausfahrt registriert man als „sehr

Mit dieser zusätzlichen Auspuffgeräusch-Dämpfung und einer weiteren Dämpfung des Ansauggeräusches geht man möglichen Geräusch-Quellen auf die Spur, so auch an Fahrwerk oder Karosserie.

befriedigend". Weiter heißt es in dem Versuchsbericht in nüchterner Firmensprache: „Der Wagen hat sich in gebirgigem Gelände, bei Passfahrten und über lange Autobahnstrecken gegenüber den Vergleichsfahrzeugen bewährt."

Termin-Geschäfte

NSU, seit knapp 10 Jahren erst als Verfertiger kleiner Autos aktiv, beweist auch für einen großen und anspruchsvollen Wagen ungebrochenen Unternehmungsgeist. Jeder der Beteiligten ist angespornt von dem Gedanken, an einer großen Aufgabe mitzuwirken.

Doch das relevante Team ist im Vergleich zu jenem bei Serien-Entwicklungen anderer Auto-Unternehmen klein. Dennoch ist ein Auto durch die Termine zu pressen, das von Kopf bis Fuß mit völlig neuen Aggregaten und einem in keinem Lehrbuch vertretenden Motor-System ausgerüstet ist. Nach dem schon illusorisch gewordenen Termin für den Serien-Anlauf zum Dezember 1966 ist auch der danach anvisierte Juni 1967 nicht zu halten.

Immerhin wird dem „Typ 80" vor dem Anlaufen der Vorserie die „Allgemeine Betriebserlaubnis" (ABE)

Ein Vorserienwagen wird im Windkanal der Technischen Universität Stuttgart angeblasen. Der gemessene Luftwiderstandsbeiwert von c_w = 0,355 gilt auch später noch als ausgezeichnet, ebenso der verringerte Auftrieb, zumal gegenüber der damaligen Konkurrenz.

Die aerodynamischen Verhältnisse am gesamten Vorderwagen könnten kaum besser sein. Die Wollfäden zeigen im Windkanal eine unverwirbelte, gleichgerichtete und gut anliegende Luftströmung – dank niedrig bauendem Kreiskolbenmotor und sauberer Formgestaltung.

erteilt und zwar mit der Fahrgestell- Nr. 80 001 018. Ab 4.August 1967 kann eine Vorserie von 18 Ro 80 gefertigt werden. Sie sind laut NSU in „bestem Qualitätszustand" und bestimmt für die verschiedensten, auch schon repräsentativen Zwecke (genaue Verwendung Kapitel 17, „Baujahr 1967").

So sind es auch Vorserienwagen, die vom 14. bis 24. September 1967 im großen Schaufenster der Auto-Ausstellung Frankfurt glänzen. Sie findet nur alle zwei Jahre statt. Die Beteiligten atmen auf. Aber sie haben nicht zum letzten Mal geseufzt und geschwitzt.

Am Motor des Ro 80 freilich, an dem so viele Hoffnungen hängen, wird noch entwickelt. Es fällt intern schwer, ihn als serienreif zu erklären. Aber man war in Zugzwang geraten. Eine Verschiebung des Serienanlaufs, der erst am 6.Oktober 1967 erfolgt, kann man sich nicht erneut leisten: Im Hinblick auf die Glaubwürdigkeit gegenüber den Lizenznehmern und – nicht an letzter Stelle – mit Rücksicht auf die Bewertung der Kurse der NSU-Aktien. Sie halten sich denn auch stolz in ihrer freilich dünnen Höhenluft.

Großer Wagen mit kleinen Mitteln

Die Konzipierung des Typ 80 begann im April 1963 zunächst mit der Formgebung. Der für die projektierte Wagenklasse erforderliche Zweischeibenmotor existierte noch nicht. Dennoch dauerte es bis zum Serien-Anlauf Oktober 1967 nur viereinhalb Jahre und gerechnet von den letzten Änderungen am 1:1-Modell im September 1965 und der weiteren Fahrzeug-Entwicklung nur rund zwei Jahre. Das reichte schon damals bei größeren Herstellern und auch heute mit großem personellem und

Test auf Wassereintritt beim Luftfilter und Bordelektrik im Versuchsgelände von NSU Anfang 1967. Hier gut zu erkennen die im Scheinwerfer weitergeführte seitliche Sicke.

finanziellem Aufwand und Computer-Hilfen kaum aus. In Japan allerdings hat man diese Zeit heute vielfach auf drei Jahre reduziert.

Nur dank Ideenreichtum, Begeisterungsfähigkeit und dem großen persönlichen Einsatz der Beteiligten konnte das „Projekt Typ 80“ unter diesen Umständen heranwachsen. Freilich hat es dabei eine Eigendynamik entfaltet, die es zusehends in eine anspruchsvolle Klasse emporklettern ließ.

Aber die Leistung von NSU ist noch umfassender. Auch die Entwicklung der Produktionstechnik musste ja Schritt halten und dies auch bei der Zuliefer-Industrie. Für eine Serienfertigung existierten zum überwiegenden Teil noch keine Vorbilder. Die Serie des NSU Spider war klein und er wurde noch wenig industriell hergestellt.

„Die Produktion einzurichten,“ so Dr. Wenderoth, „war unsere zweite Heldentat.”
Die Bewältigung der gestellten Aufgaben gewinnt auch deswegen hohen Wert, da man sich mit allen Zahlen in relativ eng gezogenen Grenzen bewegen muß. Ob es Motoren für Prüfstände oder Fahrversuche sind, ob Aggregate, Teile, Versuchseinrichtungen, Prototypen oder die Kopfstärke in der Entwicklung – es ist immer zu wenig gewesen.

Angesichts der verschiedenen damals ebenfalls im Werden befindlichen Projekte – Typ 67 (Prinz 1000/TT), Typ 77 (Typ 110), Typ 56 (Spider), der K 70 nicht zu vergessen – ist es schwer, die Entwicklungskosten für den Ro 80 einzukreisen. Sie lassen sich nach Meinung von Beteiligten auf etwas oberhalb 30 Millionen DM ansetzen. Das ist schon damals ein bescheidener Wert. Heute braucht man das schon für die Entwicklung verschieden ausgerüsteter Türen und für ihre Werkzeuge.

Aber NSU kann nur mit dem Geld arbeiten, das man vorwiegend durch die Bank beschafft und schluckweise schon mit dem, was mit der NSU-Wankel- Lizenzvergabe hereinkommt. Aber man hofft ja auf viel mehr.

Ein Auto wie ein Fanfarenstoß

Anatomie eines Neulings

NSU-Presse- und Meinungspfleger Arthur Westrup ist locker und flockig mit den Worten schon bei der Vermarktung früherer NSU-Mobilitäten gewesen. Er beginnt schon zwei Jahre vor dem Serienanlauf mit der Strategie der diskret verabreichten Indiskretionen. Vorgängermodelle, deren Verkauf leiden könnte, sind nicht vorhanden.

Neugier breitet sich aus und die Erwartung wächst. So werden auch Unentschlossene davor bewahrt, das falsche Auto zu erwerben, nämlich von der Konkurrenz. Bei dieser geht eine gewisse Beklommenheit um.

Namenstag

Ein zukunftsweisendes Auto ist entwickelt, man war kreativ bis unter die Haarspitzen – aber noch im Mai 1967 rätselt man um den Namen. Endlich können im Juni 1967 – noch drei Monate bis zur Frankfurter Auto-Gala – die Öffentlichkeitsarbeiter von NSU eine wichtige Neuheiten-Dosis verabreichen: Die Modell-Bezeichnung lautet NSU Ro 80. Auch läßt man gern wissen, wie ungemein schwer um die Namensgebung zu ringen war.

Das angestrebte „Rotary" muß man sich schweren Herzens wegen des Clubs gleichen Namens versagen. Auch eine Armbanduhr und eine Rollenkette tragen diesen Namen. Man versucht „Rota" – es ist bereits von anderen Firmen geschützt und es ist der Name einer Institution im Vatikan. So blieb von der Rotation nur noch das „Ro", zunächst als „Ro 7" angepeilt, als zu dürftig befunden und schließlich mit der Zahl der Projekt-Bezeichnung Typ 80 kombiniert. Natürlich verleitet der Name bald zu der Variante: „Gekocht 100, roh 80". Auch „First Lady" war vorgeschlagen, unterblieb – man fürchtete, Männer könnten Widerstände gegen dieses Auto entwickeln.

Im Mai 1967 ist es, als man im fernen Japan seine eigene Premiere feiert. Und einen Triumph noch dazu: Toyo Kogyos erster serienmäßiger Kreiskolben-Wagen – der Mazda Cosmo Sport 110 S – ist zugleich der erste mit Zweischeibenmotor (Typ L10A, 110 PS bei 7000/min).

Toyo Kogyo wird ein sehr aktiver Lizenznehmer.

Ursprünglich nur an einige kühn gezeichnete Prototypen gedacht, fällt erst am 1. März 1965 die Entscheidung für die Serienfertigung und ein alle Bereiche umfassender enormer Termindruck beginnt. Nach mehreren Verschiebungen läuft im Oktober 1967 die Serie an, zunächst in der Enge des Werkes der ehemaligen Firma Drauz in Heilbronn. Ro 80 mit alu-eloxiertem Grill, Endmontage.

Nacheinander erscheinen der Mazda R 100 als Coupé und Limousine (1968), das Coupé R 130 (1970) und die Modelle RX 2 (1971) und RX 3 (1972). Bis 1972 werden bereits über 200 000 Kreiskolben-Autos produziert.

Erwähnen wir auch die Versuchsfahrzeuge, die von Curtiss-Wright-Zweischeibenmotoren (RC2-60) in Bewegung gesetzt werden: Kammerinhalt beachtliche 989 cm^3, ca. 170 PS, Seiteneinlaß, so in einem Ford

Vom Prototyp zur Serie. Präsentation 1967, Konfrontation mit neuen Ideen: Keilform mit ansteigender Gürtellinie, extrem langer Radstand, stark geneigte Front- und Heckscheibe, voll versenkbare hintere Türfenster (ohne »Dreieck«), gerade ausgeschnittene hintere Türen. Die längs verlaufende und den Wagen umrundende SIche – zugleich raffinierte Lichtkante – streckt den Wagen noch mehr, unterstützt unten durch das Schwarz des gerundeten Übergangs zum Wagenboden.

Treffen der Revoluzzer. Ende 1967 stellen sich in Neckarsulm die ersten serienmäßigen Autos mit Zweischeiben-Kreiskolbenmotoren vor. Die Japaner entscheiden sich mit dem schon im Juni 1967 erschienen Mazda Cosmo Sport für die sportive Variante. Links Dr. Froede, 3. von links Technik-Vorstand Frankenberger, ganz rechts NSU-Presse-Spitze Westrup. Die Japaner bieten an, ihre »Rotarys« durch NSU in Deutschland verkaufen zu lassen. Es wird abgelehnt.

Mustang, in einem Chrysler und in einem Modell von General Motors. Sie dienen Curtiss-Wright dazu, Unterlizenznehmer zu gewinnen.

Erster Auftritt

Noch vor Öffnung der großen Auto-Bühne „43. IAA Frankfurt 1967" im September 1967 gibt der NSU Ro 80 nach verschiedenen internen Präsentationen am 21. August 1967 seine erste öffentliche Vorstellung. NSU hat dazu die internationale Presse in das Schloß-Hotel „Solitude" bei Stuttgart gebeten.

Standesgemäß halten sich zum Aufgalopp die mit Spannung erwarteten Paradepferde der Veranstaltung vor dem Schloß gleichen Namens auf. Sie glänzen in verschiedenen Farben und entstammen der Vorserie.

NSU, vor wenigen Jahren noch sehr aktiver Bauherr von Fahrrädern, Mopeds und Motorrädern, jetzt noch von sportivem vierrädrigem Kleingefährt, hat das Erstaunliche geschafft: Mit einem neuen Motor-System auch ein großes, kühn entworfenes Auto-Modell real werden lassen. NSU hat die Trampelpfade der Konstrukteure verlassen. Die Patrizier der Branche sind herausgefordert. Wie ein Fanfarenstoß braust der Ro 80 durch die Medien.

Allerdings läßt die dem neuartigen Motor ureigene Thermodynamik schon während der erwähnten Presse-Vorstellung grüßen. „Bild"-Redakteur P.-J.Glodschey heizt dem Wagen bei einer Autobahn-Fahrt heftig ein. In die Freude über das, was ein Galopp mit dem Ro 80 bietet, mischt sich anschließend Erstaunen über das, was der Kofferraum bietet: Ein dort abgelegter Anzug in einer Plastik-Hülle ist nun mit dieser fest verschweißt. Auspuff-Haupt- und Endschalldämpfer haben den Kofferraum-Boden auf Temperatur gebracht.

NSU reagiert alsbald mit Strahlenschutz: Abschirmblech über den beiden hinteren großen Auspufftöpfen

Der Motor nur ein kleiner Teil unter Hilfsaggregaten. Kühlmittel-, Batterie- und Bremsflüssigkeit gut zugänglich. Vorn links Schlauch-Thermostat, rechts davon Öleinfüllstutzen rechts vorn Zündverteiler (Einkerzenmotor ab Herbst 1969). Bremsbelag gut kontrollierbar (hinter Luftfilter zu sehen). In der Mitte eine von Behr versuchsweise eingebaute Standheizung.

und besser isolierendes Material im Kofferraum-Boden. Wieder bewahrheitet sich die alte Erkenntnis: Erst in der Hand des Kunden wird ein Auto reif.

Keilform und Kreiskolben

Dem Neuen aus Neckarsulm wird auf jeden Fall schon etwas gutgeschrieben. Er ist endlich eine Antwort auf innovative Auslands-Kreationen. Das ist vor allem der futuristische Hydropneumatiker Citroën ID/DS 19/21, den der Ro 80 aber mit seiner Aerodynamik und den Abtrieb fördernden Gestalt übertrifft. Neue Bewegung brachte auch der Pagodendach-Renault 16. Unter dessen genial wiederentdecktem Schrägheck konnte man sich von sieben Umbau- Varianten für Personen und Gepäck angenehm verwirren lassen.

Die Neckarsulmer ordnen ihren Stammhalter ursprünglich etwas oberhalb des BMW 1800 ein. Aber jetzt lauschen sie gern, wenn man den Ro 80 in einem Atem-

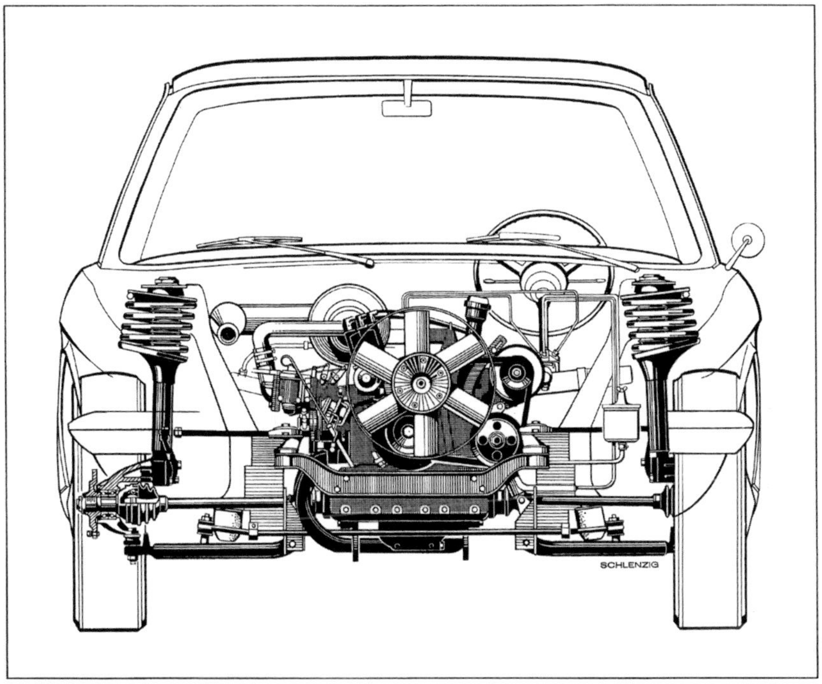

Der kleinbauende Motor ermöglicht den tief heruntergezogenen Bug. Die Wagenbreite vorn wird maximal zur Spurweite ausgenutzt. Federbeine mit schräg gestellten Federn (besseres Ansprechen). Kühlergrill und Scheinwerfer noch mit Sicke (1967–1969).

zug auch mit den Jaguar-Limousinen nennt. Er sorgt für frische Luft und neue Linien in einer Klasse, in der Kapitäne und Admirale aus Rüsselsheim kantig durch öffentliche Gewässer kreuzen und in der auch die Mercedes-Modelle, so ein Zeitgenosse, "einen Luftwiderstand haben wie eine schöne gotische Kathedrale".

Augenöffner und Gaumenkitzler

Da zeigt sich nun der Neue und Große von NSU auf der Frankfurter Auto- Messe 1967 und spielt schon im Stand den großen Verführer. Unter den Augen der Neugierigen scheint er nach vorn zu streben, will unverkennbar und

Aus dieser Perspektive erkennbar der große direkte Kühlluftzugang unter der Stoßstange, der Aggregate-Träger vorn am Motor, die Zweirohr-Auspuffanlage (Baujahr 1967/68, ohne Nachverbrennung), der Querstabilisator und die kräftigen Dreiecksquerlenker. Winterreifen mit damals noch zulässigen Spikes.

Endteil der Zweirohr-Auspuffanlage mit Vor-, Haupt- und Endschalldämpfer bis März 72. Die kräftigen Schräglenker an der Quertraverse, alle mit Rohrprofil. Im Kofferraumboden die Verschluß-Stopfen nach Grundierung und Lackierung.

unaufhörlich Geschwindigkeit und Raum gewinnen.

Entschleiern wir das Geheimnis, wie der neugierige Betrachter rasch und ohne jeden Versuch der Gegenwehr der Umsetzung von Form in Bewegung erliegt.

Der lange Wagenkörper streckt sich vor unseren Augen, vorn niedergeduckt, bereit zum Sprung, man hält den Atem an, der Absprung muß gleich erfolgen. Alle diesen Körper haltende Statik scheint aufgehoben, der lange Radstand zwingt uns, schon jetzt raumgreifenden Geschwindigkeitsgewinn zu erleben. Linien und Flächen vereinen sich, um keilförmig nach hinten anzusteigen, lösen sich am angehobenen Heck in einem raffiniert knapp bemessenen Überhang auf.

Den Keil identifizieren wir spontan nicht nur als Einfall zur Form, sondern auch als Funktion. Der dank dem niedrig bauenden Motor niedrige Bug will entgegenkommend den heranjagenden Luftmassen nur minimalen Widerstand leisten, läßt sie über sich hinweggleiten, der Keil zwingt sie, sich zu verdichten, damit sich dieser Körper in festerer Haftung mit der Straße vereint.

Die Form akzeptiert die Gesetze der Aerodynamik. Und die Erkenntnis bestätigt sich, daß in der Technik auch schön ist, was zweckmäßig ist.

Dieses Auto wird zum Ausdruck einer Sehnsucht nach Weite und schneller Reise, folgt dem nie gestillten Hunger nach Veränderung, Empfindungen, die sich der Betrachter willig übertragen lässt.

Wir müssen für einen Moment dieses Form-Ereignis überdenken. NSU, so fragt man sich, ist das nicht jene Firma, die bis 1958 nur Motorräder baut? Dr. Wenderoth, seit 1961 bei NSU, in der Erinnerung: „Wir mußten doch erst aus einer Motorradbude ein Automobilwerk machen."

Vor dem ersten Serien-Auto (1958, Prinz I) will NSU zunächst ein verquollenes Dreirad auf die Straße schicken, dem dann aber vier Räder verschrieben werden und das ein noch ziemlich kauzigen Prinz wird. Aber fünf Jahre später legt Luthe den zeichnerischen Grundstein für den Ro 80.

Neue Seite

Noch einmal die Seitenansicht. Die Fond-Tür hinten unten nicht eingezogen, freilich oben zu Gunsten des dritten Seitenfensters etwas geschmälert. Aber ein ungeteiltes, in voller Breite ganz versenkbares Türfenster ist angeboten. Das haben selbst größere Wagen - wie die Mercedes S-Klasse – nicht aufzuweisen. Diese Einmaligkeit hat sich mit wenigen Ausnahmen – etwa Citroën – der Ro 80 immer bewahrt.

Nicht jeder Betrachter ahnt einen weiteren Grund, weshalb ihn der verglaste Oberbau – das „green house", das „Gewächshaus" – in der Seitenansicht anspricht: Der Designer ließ die sich nach oben verlängernden Linien der drei Hauptsäulen in einem Punkt zusammentreffen.

Die A-Säule wirkt massiv, scheint festes Wurzelwerk im Unterbau zu schlagen. Zugeständnis an den Zeitgeschmack: Verchromung der Fenster- Einfassungen und die alu-eloxierte Verblendung der Dachsäulen.

Beschäftigen wir uns auch mit der längsverlaufenden Sicke, sozusagen die persönliche Note des Designers. Er will mit dieser das Ganze Einrahmende auch Familiensinn beweisen. Die Sicke ist schon dem aufgewerteten Prinz 4 eigentümlich und wird auch dem späteren K 70 übertragen, das Auto, das nicht wußte, ob es bei NSU oder VW schlechter aufgehoben war.

Ein hochstehendes Licht schafft unter der längsverlaufenden Sicke des Ro 80 einen von vorn nach hinten übergreifenden, nach unten weich ausfließenden Schattenstreifen. Er gliedert die Flächen der Bordwände auf, schenkt dem Keil noch mehr Aufmerksamkeit und Dynamik. Gürtelartig umrundet die Sicke auch das Heck und die Frontpartie mit einem Knick im Abdeckglas von Blinker, Scheinwerfer und im Grill.

Höhe des Hecks neu definiert

Die ansteigende Linie des Keils hat auch diesen Vorteil: Das Heck gewinnt an Höhe und schafft jenen, den bremsenden Unterdruck verringernden Luftabriß. Und der hochgesetzte Wagenabschluß offeriert ein größeres Gepäckabteil. In dem großen glattflächigen Raum wartet rechts – abgedeckt, gut erreichbar – das Reserverad auf seine Stunde. Die Ladekante könnte niedriger liegen. Aber man braucht Stabilität für die lange „Karosserie-Brücke" von Achse zu Achse.

Einen auf das Heck gesetzten Spoiler läßt der Ro 80 auch später nicht vermissen. Es ist bekanntlich jenes Teil, mit dem es Porsche später mit seinen Typ 911-Versionen gelingt, den Größenrekord aller dringend nötig gewordenen serienmäßigen Spoiler oder Abrißkanten zu erringen. Auch erobert die Firma das Herz der heranwachsenden Freizeit-Gesellschaft: Sie verwendet den Spoiler gern als Servierbrett beim Picknick.

Das Scheinwerferglas schließt oben bündig mit der Karosserie. Die den Wagen umgebende Sicke setzt sich auch im Glas und im Alu-Grill fort. Ab Herbst 1969 ist der Ro 80 als einer der ersten Wagen mit Halogenlicht lieferbar. Aber die dann plane Abdeckscheibe ragt zum Mißfallen des Designers über die Blechkontur hinaus.

In der Sicht von vorn strahlt der Ro 80 mit großen, glänzenden Augen, blinzelt noch nicht unter herunterhängendem Lidrand späterer Autos hervor, als sei noch der Tran der letzten Nacht darin.

Blick aus der Etage

Kommen wir nun zu einer Sicht, die jene Beneidenswerten genießen, die das Glück haben, von einer Etagenwohnung auf einen am Gehweg geparkten Ro 80 blicken zu können.

Wäre der Begriff Raumgleiter damals noch nicht gefunden, so hätte man ihn für einen Ro 80 aus der Draufsicht ersinnen müssen. Schöner und eleganter, den Raum schon souverän durcheilend, kann ein Auto von oben kaum noch aussehen, klarer und überzeugender können autombile Linienzüge und harmonisch geführte Konturen kaum noch wirken.

Und von oben erkennen wir auch genauer, warum uns der Begriff Raumgleiter auf die Lippen flog: Der metallische Körper ist vorn und hinten leicht eingezogen, wirkt insgesamt leicht elliptisch, sorgt auch deswegen schon für Dynamik im Stand, hebt sich, ohne daß man dessen immer bewußt wird, vorteilhaft von den im Grundriß mobilen Rechtecken ab. Aus Augenhöhe bemerkt es, wer die Seiten von vorn anvisiert.

Des Etagen-Bewohners Blick bleibt lange auch auf der Mächtigkeit der sphärisch gekrümmten Frontscheibe haften. Doch Raumgleiter-Piloten brauchen nun einmal ein weites, mehrdimensionales Sichtfeld auf den alltäglichen Kosmos.

Es ist auch diese gern eingegangene Identifikation des Betrachters mit der Form, die dem Ro 80 auch über sein Ende hinaus lange und enge Beziehungen sichert.

Da NSU zur Präsentation des Ro 80 die bei seiner Entstehung Mitwirkenden nicht nannte – man wollte "Personenkult vermeiden" - wurde Claus Luthes Anteil erst später weiter bekannt. Für sein „Styling" erntet er große Anerkennung. Doch er wehrt bescheiden ab: „Nein, Styling ist es nicht, nur die zu einer neuen Motor-Idee passende Form."

Angesichts der allgemeinen Zustimmung zur Formgebung des Ro 80 fällt dem Vorstand ein Stein vom Herzen. Der große Neuling soll ja nicht nur durch das Triebwerk beeindrucken, das noch sehr jungfräulich ist und daher noch immer schlaflose Nächte bereitet. Auch jene Leute sollen einen Kaufvertrag unterschreiben, die neue Linien und Flächen schätzen und lieben können und denen es in der Regel gleichgültig ist, was da unter der Haube brummt, nagelt oder – jetzt mit ganz neuem Sound – turbinenartig singt.

Großes Sicherheitspaket

Was in späteren Jahren das Thema „Energie und Umwelt" ist, das war damals „Aktive und passive Unfall-Sicherheit". Für die Erfüllung des ersteren Punktes sorgt ein Fahrwerk, das weit über dem damals üblichen Standard liegt. Auch was die passive Sicherheit bietet, gedieh zu einer ansehnlichen Liste:

Bei einem Frontalaufprall nach hinten unten verschiebbarer, da nach hinten geneigt eingebauter und niedriger Kreiskolbenmotor. Dank des auch kurzen Motors vorn eine definierte Knautschzone, diese auch hinten. Verformungssteife Fahrgastzelle. Pendellenkung mit kurz gehaltener, nicht spießartiger Lenksäule und hochgelegtem Lenkgetriebe. Gepolsterte Lenkradnabe. Zwei-Kreis-Bremsanlage. Benzintank (außen wirksam beschichtet) dank großem Radstand in aufprallsicherer Zone vor der Hinterachse. Abwerfbarer blendfreier Innen-Rückspiegel. Spriegelfreier Fiberglashimmel. Tür- und Dachsäulen innen gepolstert. Breite Stoßpolster ober- und unterhalb einer blendfreien, gegen Verletzungen entschärften Armaturentafel. Haltegriffe vor dem Beifahrer und über den Türen auf den Rücksitzen. Einwandfreie Rundum-Sicht durch großzügige Verglasung.

Erst Radstand macht Größe

Was den Ro 80 zusätzlich zu seiner Formgebung ein ebenso dynamisch wirkendes wie repräsentatives Bild

Zu den zahlreichen, erstmals realisierten Sicherheitsmaßnahmen gehört der aufprallgeschützt vor der Hinterachse untergebrachte Kraftstofftank. Der vorbildlich lange Radstand macht es möglich.

gewinnen läßt und auch zur Güte der Fahr- und Federungs-Eigenschaften beiträgt, das sind die Werte für Radstand und Spurweite. Es ist wahrlich nicht zu übersehen, beherrschen doch damals Schmalspur-Fahrwerke der Massenverfertiger die Szene. Auch rollt so manches andere Auto mit dürftig anzusehendem kleinen Achsabstand daher, nickend und frühe Ermüdung der Insassen verursachend.

Die weitgehende Ausnützung der Wagen-Abmessungen für Radstand und Spurweite führt beim Ro 80 sowohl in der Seiten- wie in der Frontansicht spontan zur Gedankenverbindung eines sicher die Straße beherrschenden Wagens.

Mit einer selbsttragenden Karosserie verlangt der Brückenbau von Hinter zur Vorderachse mit längerem Radstand zur nötigen Steifigkeit jedoch größeren Aufwand. Jedes Kilogramm mehr erhöht die Kosten, zumal wenn neue Preßwerkzeuge gebraucht werden. Aber der Ro 80, wie gesagt, hat keine Vorgänger.

Dank einer soliden Konstruktion wird der Brückenschlag von hinten nach vorn nicht über Gebühr schwer und gut verwindungssteif. Natürlich macht der Frontantrieb den langen Radstand leichter.

Hier eine Tabelle in der Reihenfolge der Länge des Radstandes von vergleichbaren Modellen in den ersten Jahren des Ro 80. Am konsequentesten spielt damals der große Citroën das Thema „Großer Radstand für besseren Fahrkomfort" aus. Die mit in diese Aufzählung genommenen Citroën-Nachfolge-Modelle bleiben unter dem Wert für den Ro 80.

Modell (1967)	Radstand (mm)
Citroën DS 21	3125
NSU Ro 80	2860
Citroën XM (1989)	2850
Citroën CX (1974)	2845
Opel Kapitän/Admiral	2845
Mercedes-Benz 250 S	2750
Ford 20 M	2705
Mercedes-Benz 230	2700
Audi 100	2675
Opel Commodore 2500	2668
BMW 1800/2000	2550

Der Radstand des Ro 80 wird auch nicht von Modellen wie den rund 20 Jahre später erscheinenden

Mercedes-Typen 190 und 200/300 erreicht. Selbst die Ende der 80er Jahre vorgestellte neue 5er- und 7er-BMW-Reihe bleibt unter dem Radstand-Wert des Ro 80.

Da über den relevanten Einfluß wenig nachgedacht wird, hier eine Liste der Eigenschaften, die für einen großen Radstand und damit auch für den Ro 80 sprechen:

- Ausgeglichenes Federungsverhalten, weniger heftige Nickbewegungen, besseres Komfortgefühl für die Insassen
- Hohe Kursstabilität bei schneller Geradeausfahrt, bei Seitenwind und beim Bremsen
- Ausgeglichenes Lastwechselverhalten in Kurven
- Gedämpfte Reaktion auf konstruktionsbedingte Änderungen der Radstellungen beim Ein- und Ausfedern, zumal bei langen Federwegen
- Gemildertes Ausbrechverhalten in Kurven
- Bessere Ausnützung komforterhöhender großer Federwege bei entsprechender Dämpfung
- Die Fond-Insassen „reiten“ nicht auf oder zu nahe der Hinterachse
- Hohe Fahrsicherheit bei winterlichen Verhältnissen.
- Verbessertes Crash-Verhalten, wenn sich Vorder-, doch auch Hinterräder (bei Crash von hinten) nahe der Wagen-Begrenzung befinden
- Kraftstofftank kann aufprallgeschützt untergebracht werden
- Besserer optischer Eindruck für „Größe und Klasse”

Als Nachteile sind zu notieren: Höhere Produktionskosten. Unter Umständen höheres Gewicht. Längere Leitungen von hinten nach vorn. Größerer Wendekreis-Durchmesser (die serienmäßige Servolenkung des Ro 80 erleichtert Parkieren auf engem Raum). Aufsetzen der Wagen-Unterseite z.B. bei steilen Garagen-Auffahrten.

Allerdings wird die große Entfernung von Achse zu Achse des Neckarsulmer Wagens nur bedingt zu größerem Lebensraum für die Fond-Passagiere ausgenützt. Nutznießer dieser Fahrwerkskonzeption sind in dieser Beziehung auch das Kofferraum-Volumen und die Tank-Position vor der Hinterachse. Beim Citroën ID/DS waren die Fond-Insassen die Gewinner gegenüber der Kofferraumgröße.

Innen-Politik

Blicken wir in den Innenraum des Großen aus Neckarsulm, entdecken wir neben dem Gaspedal nur noch das Bremspedal.

Die schon erwähnte, erforderlich gewordene „Selektiv-Automatik“ erspart dem linken Fuß das Kuppeln. Der Griff an den Schalthebel löst das Trennen einer normalen Reibungs-Kupplung aus und der nächste der drei Fahrbereiche läßt sich schalten. Der Drehmomentwandler macht Anfahren und Anhalten ohne Kuppeln möglich. Eine Parksperre ist vorgesehen. Mehr über die Funktion in Kapitel 8.

Um den eigentlichen Grund für die Wahl eines hydraulischen Drehmomentwandlers – das Ausbügeln des Schieberuckelns – zu verbrämen, nennen die einfallsreichen NSU-Entwickler gern auch andere Motive:

Außer der Bedienungserleichterung schont der Wandler als "dämpfendes Glied“ die Reifen, lassen auch nicht Kavalierstart mit durchdrehenden Rädern zu. Er schont die Kraftübertragung und das kann bei Frontantrieb für die Gelenke der Antriebswellen nur von Vorteil sein. Der Wandler ist in den Motor-Ölkreislauf mit einbezogen – das Motoröl bleibt ja sauber. Der Ölstand muß nur am Motor geprüft werden.

Wir sehen weiter, daß sich der mutige Zuschnitt der äußeren Hülle innen nicht fortsetzt. Aber so wurde es vom Vorstand mit Seitenblick auf eine noble Konkurrenz gewünscht. Daher findet jener, dem das Äußere zu kühn erscheint, im Inneren sein seelisches Gleichgewicht wieder: Funktionelle Gediegenheit regiert, frei von Operetten-Flitter.

Die Instrumentierung wirkt klar und gut kontrollierbar, anfangs sind Knöpfe und Lichter noch nicht bezeichnet und verwirren den Lenker. Das Armaturenbrett ist dreigeteilt, was leichteres Variieren für die Rechtslenkung schafft. Das Lenkrad ist eher klein, die serienmäßige Lenkhilfe macht's möglich.

Ein in die Lenkradnabe eingelassenes Emblem „NSU-Wankel“ – bei ersten Wagen schon vorhanden – wird gestrichen. NSU: „Nur auf Wunsch des Kunden.“ Felix

Die im 1:1-Holzmodell von Designer Claus Luthe vorgeschlagene Gestaltung des Instrumentenbords fand nicht den Beifall des NSU-Vorstandes: »Zu gewagt für die in Aussicht genommene Kundschaft«.

Diese Tür-Innengestaltung vom 1:1-Modell 1964 wurde nicht akzeptiert. Das ganz nach unten reichende äußere Türblatt kommt erst bei der endgültigen Gestaltung der Karosserie hinzu.

Der Serienlösung mit schwarzem Kunstlederbezug fehlte es etwas an dem Schwung des Äußeren des Ro 80. Linker Scheibenwischer noch ohne Andrückblech. Multifunktionshebel zu beiden Seiten der Lenksäule. Tacho und der wichtige Drehzahlmesser im Blickfeld. Noch vorbildlich große Zeituhr.

Die Türverkleidungen werden vornehm dunkel und die Ellenbogen-Auflage kürzer. Neuartig das tief nach unten reichende Türblatt. Es verhindert beim Einstieg das Verschmutzen von Beinverhüllungen jeglicher Art.

Nach der guten Aufnahme des Ro 80 in den Medien ist Felix Wankel zeitweilig ohne Groll wegen der NSU-Hinwendung zum Kreis- statt Drehkolbenmotor. Nachträgliche Feier zu Wankels 65. Geburtstag (13. August) im September 1967 im Insel-Hotel Konstanz. Mit NSU-Vorstandschef Dr. S. von Heydekampf (Mitte) und Technik-Vorstand Frankenberger (links).

Wankel gereizt: „Der weiß doch gar nicht, daß es das gibt!"

Elektrische Fensterheber als notwendige Hilfe für zivilisatorisch bedingte Muskelschwäche sind noch nicht üblich. Aber da finden wir eine aus heutiger Sicht geradezu wegweisende Idee: Mit abnehmbaren Rückenlehnen-Hälften wird eine Durchlade-Möglichkeit vom Kofferraum zu den Rücksitzen geschaffen, etwa für Skier oder anderes Freizeit- Werkzeug, Baßgeigen ausgenommen.

Die Sonnenblenden sind auf einer Seite weiß – auf der richtigen Seite. Heruntergeklappt, absorbieren sie kein Sonnenlicht. Der Innenarchitekt hat nachgedacht.

Felix Wankel, entschiedener Befürworter eines Wagens der Klasse des Ro 80, erhält 1967 das 207. Exemplar der anlaufenden Serie, Farbe Silbermetallic. Über dem NSU-Zeichen läßt er sein eigenes Emblem anbringen.

Innovation und Größe kosten

Die allgemein geäußerte Zustimmung über den Gesamtentwurf – dazu zählen die erstklassigen Fahreigenschaften – ist moralischer Kredit, den NSU für die weitere Ausreifung des Motors dringend braucht. Auch Kredit in gängiger Währung ist für NSU weiter gefragt. Die Dresdner Bank gewährt ihn, wiewohl man dort immer vernehmbarer seufzt. Immerhin ist man von dem ersten gute Echo in den Medien beeindruckt, soweit es Bankern gegeben ist, Gefühle zu entfalten.

Aber die Hüter der Bilanzen anderer Auto-Verfertiger reiben sich schon die Hände. Neue Karosserie, neues Fahrwerk und ein neues Motor-System – diese Rechnung, so kalkulieren sie, geht nicht auf. Sie loben sich, derartiges nicht der eigenen Firma angetan zu haben.

Und wie schafft es NSU, so schnappt die Konkurrenz nach Luft, eine so hohe Garantie auf den Motor anzubieten? Sie ist sensationell: 30 000 km oder eineinhalb Jahre Laufzeit. Aber mit diese Garantie will NSU Vertrauen für den NSU-Wankel-Motor schaffen.

Mit seinem Listenpreis ist der Ro 80 bei seiner Markteinführung, wie die folgende Tabelle zeigt, auch Spitzenreiter in dieser Kategorie geworden. Aber NSU hatte sich auch für ein größeres Auto entschieden, um als Lizenzgeber das vorbildhafte Beispiel der Verwertung der Idee zu liefern. Die aller Voraussicht nach hoch auflaufenden Kosten würden sich ja in einem Auto dieses Zuschnitts „besser verstecken" lassen. Man hoffte natürlich auf kostenreduzierende Stückzahlen.

Beim Listenpreis ist zu berücksichtigen, daß der Ro 80 nicht in der üblichen „nackten" Grundausführung, sondern in der Tat weitgehend komplett angeboten wird (siehe „Technische Daten", Kapitel 17), so auch mit Lenkhilfe. Die folgende Liste ist auch ein kleines Dokument, wohin im Lauf der Zeit die Preise enteilen.

Listenpreise 1967	**(PS)**	**(DM)**
NSU Ro 80	(115 PS)	14.150.–
Citroën DS 21	(100 PS)	13.550.–
Opel Admiral	(125 PS)	12.900.–
BMW 2000 TI	(120 PS)	12.750.–
Mercedes-Benz 230	(120 PS)	11.950.–
Opel Commodore	(115 PS)	10.200.–
Ford 20 M	(108 PS)	10.115.–

Daß ein Jahr nach Erscheinen des Ro 80 der erste Audi 100 für einen Grundpreis von 9.600 DM über den Tresen geht, wird bald am Verkauf des Ro 80 nagen, da man sich unter dem gleichen Firmendach vereint sieht.

Gewiß, der Absatz der immer PS-stärker werdenden kleineren NSU-Modelle läuft zufriedenstellend und beschäftigt das Werk. Doch es wird – alte, traurige Branchen-Weisheit – mit Zwergen zu wenig verdient.

Hoffnungsvoller Beginn

Zur Freude seines Unternehmens erlebt der NSU Ro 80 einen vorbildlichen und vielversprechenden Start in die Öffentlichkeit. Obwohl auch kritische Töne zu hören sind – über Motor und Wagenpreis – erntet er überwiegend Anerkennung, so auch in Fahrberichten und Tests der Fachpresse. Der Aufmerksamkeitswert ist hoch und das vor allem durch das ebenso ästhetische wie kühne Design.

Nachdem schon die holländische Zeitschrift „Autovisie" den Ro 80 zum „Auto des Jahres 1967" kürte, erntet er im Feburuar 1968 eine weitere internationale Anerkennung. Das englische Fachblatt „Car Magazine" verleiht den stets viel beachteten Preis für „Das Automobil mit dem größten technischen Fortschritt 1967".

Von den rund 1400 deutschen NSU-Händlern sind 1967 etwa 600 und im Ausland 160 als Stützpunkte für den Ro 80 ausgesucht und vorbereitet. Spezialwerkzeug, Reparatur- und Ersatzteil-Unterlagen stehen zur Verfügung. Bis 1968, so sieht die Planung vor, sollen insgesamt 3000 Händler mit ihren Arbeitskräften von der NSU-Kundendienstschule in der Technik des Ro 80 unterwiesen werden.

Die Händlerschaft sieht mit dem Großen von NSU auch einem potenteren Kundenstamm und mit diesem einen rosaroten Horizont. „Der Motor des Ro 80", so lobpreisen sie, „ist so leicht wie ein 4-Zylinder, verbraucht nicht mehr als ein 6-Zylinder und ist so laufruhig wie ein 8-Zylinder."

Aber nicht in allen NSU-Werkstätten ist Zuversicht eingezogen. Wehmütig vermerkt man auch, daß im Jahr des Erscheinens des Ro 80 die NSU-Motorrad-Fertigung eingestellt wird. Im Licht späterer Jahre hätte sie einen neuen Frühling erleben können. Doch das bessere Gefühl für den Wandel der Jahreszeiten haben die Japaner.

Die Serie läuft an

Die Endmontage der 18 Ro 80-Vorserien-Wagen erfolgt noch im Hauptwerk Neckarsulm (Gebäude B 15), dies auch zur Feinabstimmung der Serienfertigung. Die Hauptserie wird wie folgt projektiert und durchgeführt:

Fertigung des Motors im Hauptwerk Neckarsulm (TF 30), dazu Anlieferung des Getriebes vom Werk Neuenstein, 35 km östlich von Neckarsulm. Herstellung der Karosserie in Abteilung TF 63 (auf der ehemaligen Prinz 4-Anlage). Nach der Lackiererei – die Rohkarosse läuft durch die Lackieranlage II einschließlich Phosphatier- und Tauchlack-Anlage – Endmontage im etwa 5 km entfernten Werk Heilbronn, einschließlich Triebwerkseinbau.

Dieser umständliche Fertigungsablauf wurde gewählt, um im Werk Neckarsulm nicht neu bauen zu müssen und um das 1964 von der Firma Drauz in Heilbronn übernommene Werk mit der Montage-Straße des NSU Sportprinz und Spider besser auszunutzen.

Inzwischen werden im Werk Neckarsulm neue Anlagen für die Endmontage eingerichtet. Sie wird im Werk Heilbronn, wo man nicht sehr glücklich unter beengten Verhältnissen arbeitet, am 4.Juni 1969 beendet (Fahrgestell-Nr. 380 01 03550).

Am 6. und 7. Juni 1969 verlagert man nach Neckarsulm und zwei Tage später wird die Endmontage im Gebäude B 16 auf der neuen Montage-Hochstrecke durchgeführt (Fahrgestell-Nr. 380 001 03551) und bald auch die Elektrophorese-Lackierung übernommen. Die Abgrenzung der Fahrgestell-Nummern gemäß Bau- und Modelljahr ist jedoch in den ersten Jahren noch unklar (siehe auch Kapitel 17).

Der 6. Oktober 1967 wird als Tag des offiziellen Serienanlaufs des NSU Ro 80 bestimmt. Erleichterung breitet sich aus. Aber in einer internen Mitteilung an die Führungskräfte des Unternehmens zieht man im Oktober 1967 die Bremse: „Erst wenn das Jahr 1968 abgelaufen ist, können wir eine erste Bilanz machen und feststellen, ob aus dem Gewinn an Prestige auch ein solcher in Geld geworden ist."

Weiter in diesem Schreiben angesichts des geleisteten Aufwands und in offensichtlich schon längerer Kenntnis der geschäftlichen Situation: "Wir müssen weiter haushalten mit Arbeits- und Materialeinsatz, wo es nur irgend geht... Wir haben es soweit geschafft und wir müssen gemeinsam weiter den noch immer steilen Weg erklimmen."

Man ahnt im NSU-Vorstand bereits, daß dieser Weg allein nicht mehr zu bewältigen ist. Optimistisch hingegen gibt sich im November 1967 das Hausblatt „NSU Intern": „Die Serienproduktion des NSU Ro 80 ist an-

Aufmerksamkeit verdient der vordere Radausschnitt. Er erscheint Designer Claus Luthe letztlich zu groß. Er will ihn reduzieren, auch der Verlauf der seitlichen Sicke hätte profitieren können. Die Serienvorbereitung ließ es nicht mehr zu. Auch den Knick im Scheinwerfer und Griff – wie hier noch zu sehen – hätte er trotz der späteren Halogen-Scheinwerfer gern beibehalten. NSU-Presse-Bild Anfang 1969.

Als gut aufeinander eingespieltes Gespann für die progressive Gesamtkonzeption haben sich Typ 80-Projektleiter Ewald Praxl (rechts) und Design-Chef Claus Luthe erwiesen, hier nach einer Präsentation des Ro 80 im Herbst 1967.

gelaufen. Bis Ende dieses Jahres wird eine Tagesproduktion von 50 Wagen angestrebt. Für das Jahr 1968 sind 12000 Stück Ro 80 geplant."

Nur die Hälfte kann davon erreicht werden. Zuvor war auch schon eine Tagesstückzahl von 100 Fahrzeugen kalkuliert, die im Zwei-Schichtbetrieb hergestellt werden sollten. Bald wird man realistischer und veranschlagt 30 Einheiten pro Tag, die im Schnitt 1968 – 1970 gebaut werden (rechnet man die damals noch geleisteten 220 Arbeitstage pro Jahr).

Verschiedene Engpässe – Motoren-Entwicklung, Fertigung – lassen die Produktion nur langsam hochfahren: In den ersten beiden Oktober-Wochen 1967 nur eine Einheit, dann mit zwei bis drei pro Tag. Allmählich erhöht sich die Stückzahl, so daß bis zum 22. Dezember 1967 noch 354 Einheiten entstehen, im Schnitt neun Wagen je Arbeitstag.

Das 207. Exemplar – silbermetallic – ist für Felix Wankel bestimmt. Ein Fahrzeug vom 4.12.67 geht an den Schauspieler Dieter Borsche, eines vom 23.1.68 an den AR-Vorsitzenden Dr.Richter, wie überhaupt NSU – stolz auf das Baby – vielen interessierten Prominenten einen Ro 80 liefern läßt. Das war, wie noch zu sehen, etwas voreilig. Zwölf Fahrzeuge werden 1967 schon exportiert, bis 1969 insgesamt 4688.

Der erste Ro 80 aus der Serie wird dem Leiter der Materialprüfung am Fraunhofer-Institut Darmstadt, Professor Dr. Gassner, übergeben. Dort unterwirft man diesen Wagen – Farbe alfarot II – zur Kontrolle von Festigkeit und Verwindung erbarmungslosen Dauerversuchen. Die Versuchsperson namens Ro 80 erhält dort hervorragende Noten aber es wird nicht die letzte schwere Prüfung seiner Laufbahn sein.

Formen-Sprache

Vergleiche und Ansichten

„Der NSU Ro 80 ist nicht nur in Deutschland," so schreibt die Geschäftsleitung des Neckarsulmer Werkes am 17.Oktober 1967 an ihre Führungskräfte, „sondern in der ganzen Welt, über Europa hinaus in Nord- und Südafrika, Australien und Japan in einem Maß beachtet und glänzend beurteilt worden, wie wir es nie zu hoffen wagten. Fast schlagartig stieg das Ansehen von NSU als Autofabrik."

Es ist in der Tat eine stolze erste Bilanz. Sie ist umso höher zu bewerten, da der Ro 80 – bis zur letzten Schraube neu – mit einem kaum noch zu unterbietenden Minimum an Menschen, Material und Geld geschaffen wurde.

Als Beispiel für das Heranwachsen eines anderen Autos – soweit es eine ähnlich mutig-neue Form anbelangt – sei der 1982 erschienene Ford Sierra genannt. Um ganz sicher für den Markt-Erfolg zu sein, ließ Ford in 4 Design-Studios grübeln und zeichnen: Bei Ford in Köln; Dunton, England; Detroit, USA, sowie bei Ghia in Turin.

In seinem Buch „Autoform" berichtet Odo Klose über das Werden des Ford Sierra:

„Über 2200 Designer, Ingenieure, Modelleure, Testfahrer und Planungs-Spezialisten arbeiteten fünf Jahre lang an diesem Projekt. 2,8 Milliarden DM kostete die Entwicklung. An vielen Modellen wurde immer wieder die Formgebung überprüft. Mehr als 15 Design-Modelle baute man, um formale und produktionstechnische Fragen zu klären. Bedenkt man, daß bei der Entwicklung des legendären NSU Ro 80 nur ein Plastilin- und ein Holzmodell gebaut wurden, kann man den Aufwand für den Sierra ermessen."

Dem sei nichts hinzugefügt.

Ein Auto ist Mittelpunkt der verschiedensten Arten von Betrachtung, ist es doch visuell allgegenwärtig. So wird auch seine Architektur mehr gesehen als jene von Gebäuden – es bietet sich bequem in Augenhöhe dar. Es ist ja auch diese Höhe, in der wir vornehmlich diese Welt erleben.

Ob man also will oder nicht – des Autos Erscheinungsbild bewegt die Gedanken, wirkt – positiv wie negativ besetzt – im Unterbewußtsein weiter. Um so mehr mußte daher die ganz andere Gestalt des Ro 80 zu Kommentaren anregen, als er auf dem Marktplatz der

Eine »Ro 80-Form-Analyse« nach O. Klose in seinem Buch »Autoform« erkennt verschiedene Elemente: Grundkörper in Keilform, Grundaufbau entspricht Trapezform, Seitenwand mit starker Gürtellinie, Ansatz zur Bodenwanne (»Hängebauch«), gerundete Kantenform und am Heck ein »Slimline«-Knick (Andeutung früherer hinterer Kotflügelform).

Automobile eintraf. Und er ist noch immer ein beliebtes Studienobjekt namentlich professioneller Formen-Finder.

Aber wie sehen die sachlich abtastenden Blicke die Figur des Ro 80, wenn man als Angehöriger einer späteren Generation seine aktiven Jahre nicht bewußt erlebte und er auch seine Konkurrenz nicht mehr direkt herausfordern kann?

„Avantgarde"

Unter diesem Titel verfaßt der Absolvent der Eidgenössischen Technischen Hochschule Zürich, Raphael Müller, seine Diplom-Wahlfacharbeit im Fach Gestaltungstheorie über den Ro 80 – 22 Jahre nach dessen Serienanlauf 1967. Bleiben wir noch etwas bei der Einkleidung des Ro 80 und lesen einige der in jener Abhandlung niedergelegten Gedanken:

„Auf die Design-Entwicklung nachfolgender Fahrzeug-Generationen übt sicher der Ro 80 einen unübersehbaren Einfluß aus. ... Betrachtet man moderne Konstruktionen wie den Audi 100 (1983), die 5er Reihe von BMW (1988) oder den Mercedes W 124 (1986), so fällt auf, daß sich ihre Proportionierung in der Seitenansicht eindeutig jener des Ro 80 angleicht."

„Die neue Produktsprache entwickelt sich aus einem neu erwachten Interesse der Europäer am Funktionalismus… Die entsprechenden Konzeptionen der 20er Jahre werden durch die Einbeziehung ergonomischer Gesichtspunkte, durch Fragen der Sicherheit und der Wahrnehmung erweitert. Ziel ist es, die Form in Einklang zu bringen mit der Funktion und Konstruktion, d.h. die technische Ausführung und die Herstellungsverfahren möglichst optimal auf die Material-Eigenschaften abzustimmen. Beim Ro 80 sind diese Ansprüche in außergewöhnlich hohem Maß erreicht worden.... Die Form des Ro 80 entspringt einer funktional-sachlichen Design-Haltung."

„Es ist jedoch wichtig zu sehen, daß er nur bedingt ein Kind des sachlichen Auto-Designs der 60er Jahre ist, d.h. ein Auto mit einer vor allem im ökonomischen Sinn einfacheren Form. Vielmehr ist seine Form des Ergebnis eines zusätzlichen Bemühens, sich auch mit den äußeren Bedingungen an den Wagenkörper, also mit dem Luftwiderstand, auseinanderzusetzen,"

„Die ausgeprägte Keilform, wie sie dem Ro 80 eigen ist, kannte man damals noch nicht...Auch ein Citroën DS, vielfach zitiert als erstes aerodynamisches Auto, stand nie in einem Windkanal....Ab 1974 setzte die „Phase der Keilform“ ein, die bis heute andauert. Erdölkrise und Umweltdebatte zwangen zur aerodynamischen Überarbeitung der Karosserie, um den Benzinverbrauch zu senken...Der Ro 80 ist als Vorläufer dieser aerodynamischen Revolution zu werten, die noch nicht zu Ende scheint."

„Während in den 70er Jahren Autos mit einer kantigen, "architektonischen“ Ausprägung der Keilform auf denn Markt kommen (Lotus Esprit, 1975, VW Golf I, 1974), entstehen in den 80er Jahren nur noch Entwürfe mit einer "organischen“ Ausformulierung...Vielfach führt dies heute zu einem undifferenzierten, weichen Formenbrei."

„Zurück zur Aerodynamik. Sie manifestiert sich nicht nur in der Keilform der Seitenansicht, sondern auch im Aufriß. Auch hier zeigen sich Annäherungen heutiger Modelle an den Ro 80. Die Geometrie des Rechtecks mit zwei parallelen Längsseiten wird zusehends aufgegeben: Bug und Heck werden eingezogen, der Fahrtwind schmiegt sich vorteilhaft der Karosserie an, der Fahrkörper wirkt dynamischer und plastischer."

„Der eingezogene Bug des Ro 80 reduziert die Breite der Stirnfläche, die Scheinwerfer rücken näher zusammen. Das Auto schiebt keine breite Schnauze mehr durch die Luft...Das Vorbild Ro 80 glänzt mit einer unübertroffen einfachen wie auch äußerst eleganten Lösung. Die vorderen Blinker sind zusammen mit den Scheinwerfern erstmals zu einem Breitband-Element zusammengefaßt, wobei das Glas die seitliche Profilierung der Karosserie aufnimmt und in der Front weiterführt. Front und Seite verschmelzen miteinander."

„Der Glas/Stahlprofil-Aufbau des Ro 80 wirkt – unterstützt durch die filigranen verchromten Türrahmen und Dachstreben – wie pavillonmäßig auf den Unterbau aufgesetzt. Heute ist Chrom „out". Die Türrahmen werden wieder breiter und in Wagenfarbe lackiert. Die Türen greifen zum Teil bis ins Dach hinein. Ein erster Vertreter dieser Philosophie war der Ford Sierra (1982). Es lässt sich keine Art von Unter- und Überbau erkennen. …Man muß hier jedoch auch anfügen, daß es handfeste produktionstechnische Forderungen sind, die solche Lösungen bevorteilen. So ist eine Tür des Sierra erheblich günstiger in der Fertigung, weil sie nur aus zwei gepreßten Blechteilen besteht, die verschweißt werden. Eine Tür mit eigenständigem Fensterrahmen wie jene des Ro 80 kommt in Herstellung und Montage um ein Mehrfaches teurer zu stehen."

Fazit der mehrfach längeren Prüfungsarbeit, die hier nur gekürzt wiedergegeben sei:

„Der Ro 80 ist ein bedeutendes Auto, weil er auch nach über 20 Jahren diskutabel bleibt. Die Firma NSU verfolgte mit dem Projekt eine ehrgeizige Absicht. Mit innovativen zukunftsgerichteten Lösungsvorschlägen auf allen Gebieten erarbeitete ein begeisterungsfähiges Team eine der Absicht kongruente Umsetzung."

Wie sich die Betrachtungen von Raphael Müller – Mitglied des „Ro 80- Clubs der Schweiz“ und jetziger Diplom-Architekt – auch in anderer Hinsicht auswirken, ist einfach gesagt: Er vergrößerte seinen Besitzstand an Ro 80 auf 16.

Endarbeiten beim Karosseriebau. Es folgt der Durchlauf der Phosphatier- und Tauchlack-Anlage. Vorn der kräftige Stoßbügel. Die Werkzeugkosten für die Serienfertigung des Ro 80 werden auf 50 bis 60 Millionen DM geschätzt. Links ein Prinz 4-Fließband.

standete Motoren nicht zu reparieren, sondern ins Werk nach Neckarsulm zu schicken. Denn die Gewährleistungsbedingungen sind, wie erwähnt, erheblich verbessert und großzügige Kulanz ist versprochen.

Aus noch erklärlichem Unwissen, Unsicherheit in der Diagnose, Übervorsicht, aber auch um Zuvorkommenheit bei den neuen Kunden zu beweisen, senden manche Händler Motoren ins Mutterhaus, die an keinen oder nur an kleinen Gebrechen leiden. Sogar ein Motor mit verschmutzter Leerlaufdüse wird verfrachtet.

Zeitweilig 35 %, so errechnet man kopfschüttelnd bei NSU, ist die Quote der eingesandten Motoren, die im Werk „ohne Beanstandung" eingestuft werden. „Unmoralisches Verhalten!" faucht man dort wütend. Man ist gezwungen, in den Herstellungskosten noch jene für mindestens einen Austauschmotor unterzubringen.

Ro 80-Besitzer suchen NSU-Stützpunkte auf, wann immer sie Unregelmäßigkeiten im Motor vermuten. So läßt der leise Motor jetzt Geräusche von Nebenaggregaten hören, die normal sind, aber bis dahin nicht registriert wurden. Auch hohe Verbrauchswerte machen mißtrauisch und sind Grund, den Motortausch zu verlangen und auch zu erhalten. Manche Werkstätten sind trotz vorhergehender Schulung überfordert.

Reklamationen hinsichtlich der Karosserie überschreiten nach dem Befund der Kundendienstleitung nicht „das normale Maß".

Beanstandet wird Knistern aus Richtung des dreiteiligen Armaturenbretts. Oder die Türschlösser, da sie sich in einer seitlichen, durch die Luftströmung bedingten Verschmutzungszone befinden. Sie werden durch bessere Abdichtung später geändert ebenso wie die anfangs innen beschlagenen Scheinwerfer (der Hersteller lieferte sie ohne Belüftungsöffnungen). Auch das Versagen der Scheibenwascher-Pumpe wird gemeldet oder das Abfallen eines Scheibenwischerarmes. Gelenkstifte brechen in den Fensterhebern.

Praktisch keine Defekte werden von Radaufhängung, Bremsen und Lenkung gemeldet. Später, bei höheren km-Laufstrecken, treten zwischen 20 000 und 30 000 km Gelenkwellenschäden auf. Die Felgen der ersten beiden Baujahre neigen zum Rosten oder Reißen. Abhilfe wird eingeleitet.

Krankheitsbilder

Haben sich beim NSU-Kundendienst in Neckarsulm beanstandete Motoren angesammelt, wird die zuständigen Fachschaft angerufen und man veranstaltet eine Anlayse. Dr. Froede, unverwüstlich: „Leichenschau."

Ein Katalog der Reklamationspunkte wird erstellt. Zu den Leiden des jungen Motors gehören vor allem Leistungsmangel, schlechtes Beschleunigen, schlagende Geräusche (Lagerschaden), Leisten-Ticken, Startschwierigkeiten, Stehenbleiben des Motors, klopfende Verbrennung. Die Gebrechen lassen sich diesen Ursachen zuordnen:

- Glühzündungen
- Zündungsprobleme
- Überhitzung
- Dichtteiledefekte
- Kolbenlagerschäden

Hinzu kommen Probleme mit der Vergaser-Einstellung, mit defekten Wasser- und Vakuumpumpen, beklagt wird auch hoher Ölverbrauch.

Es wird deutlicher, daß ein Verbrennungsmotor nicht ohne weiteres auf kleineres Format reduziert werden kann. Auch die Hochdrehfähigkeit des Kreiskolbenmotors bringt nicht nur Vorteile.

Bei NSU zieht eine gewisse Ernüchterung ein. Die Anti-Wankel-Riege sieht sich bestätigt und schlägt vor, einen Hubkolbenmotor einzubauen, etwa den in Abmessung und Leistung praktikablen Ford V-6-Motor (vom Ford 17 M/20 M). Aber man hat schon zu viel in die Rotation investiert und so beginnt man 1968 systematisch mit einer Motor-Therapie, ab 1970 in der neuen Konstellation als Audi NSU.

Die Elektroden glühen

Die Glühzündungen (Zündung vor dem eigentlichen Zündzeitpunkt), zumal im Verlauf des ersten Produktionsjahres, haben ihre Ursache im wesentlichen in Ablagerungen an den Zündkerzen-Elektroden. Die Kolbenkanten schieben nicht nur Verbrennungsrückstände, wie schon erwähnt, sondern auch Abrieb aus zu raschem Verschleiß der Dichtleisten in den Kerzen-Schußkanal. Außerdem wurden damals, wie NSU berichtet, Motoröle verwendet, deren Wirkstoffe hohen Gehalt an Asche aufweisen.

Die Kerzen-Ablagerungen machen es anfangs geraten, den Kerzen-Schußkanal etwa alle 5000 km zu säubern: Mit einem 5 mm-Spiralbohrer oder mit einem Spezial-Werkzeug, das in die Kerzen-Bohrung eingeschraubt wird. Anschließend wird der Motor ohne Kerzen gestartet, um die Rückstände auszustoßen. (bis Motor-Nr. XM 204 856, später, bei asymmetrisch angeordneten Schußkanal, ab Modelljahr 74, ist das Werkzeug nicht mehr anwendbar). Bei der späteren HKZ-Zündanlage ist das Kabel von Klemme 1 am Verteiler abzuziehen und isoliert abzulegen, sonst wird das Schaltgerät zerstört Die Glühzündungen führen, zumal nach längerem Stadtverkehr, zu Überhitzung (plastisches Nachgeben oder

Risse an der „heißen Stelle" der Leichtmetall-Mäntel), zu Leistungsverlust, Dichtteile-Verschleiß, ausgeglühten Dichtleisten-Federn oder ausgeschlagenen Dichtleisten-Nuten. Änderungen: Kapitel 17.

Es rächt sich, daß statt der Hochspannungs-Kondensator-Zündanlage (HKZ) des Spider die billigere Spulenzündung vorgezogen wurde. Aber der Preis für die von Bosch gelieferte HKZ liegt etwa, so wird gesagt, bei über 10 % der Kosten des Motors.

Mit dem hohen Abbrand der beiden hochbelasteten Unterbrecher-Kontakte – auch durch falsche Abstimmung des Lösch-Kondensators – verschieben sich die Zündzeitpunkte (in Richtung spät). Dies geschieht auch durch die schwierige, oft ungenaue Einstellung der Doppelkontakte. Die Folgen sind gleichfalls Mehrverbrauch, Überhitzung, Leistungsverlust oder Zündaussetzer im Stadtbetrieb. Die Unterbrecher-Kontakte müssen schon früh ausgewechselt werden.

Eine Zündkerze ist mehr

Nach fieberhafter Arbeit im Neckarsulmer Werk und bei den Zulieferern kann NSU den Ro 80 noch ohne Intervention von Ingolstadt – es ist das Jahr der Fusion – mit einem großen Verbesserungsschub zu seiner zweiten Präsentation auf der IAA Frankfurt/Main im September 1969 vorstellen.

Die wichtige Änderung: Die im Mantel jeweils unten, nämlich im heißesten Bereich sitzende Zündkerze entfällt („Einkerzen-Motor"). Und man entschließt sich nun doch, wenn auch ungern wegen der Kosten, für die Hochspannungs-Kondensator-Zündung (HKZ).

Der jetzt mögliche steile Spannungsanstieg kann verschmutzte Kerzen-Elektroden überbrücken. Die Belastung der Unterbrecher-Kontakte geht zurück, da nur noch der Steuer-Strom für den Halbleiter Thyristor über sie fließt (0,6 Ampere gegen vorher zirka 5 Ampere). Nun hält ihre Einstellung länger. Allerdings beherrscht damals nicht jede NSU-Werkstatt die Geheimnisse einer transistorisierten Zündanlage.

Mit neuen Zündkerzen ab 1969 wird der Spalt zwischen Isolier- und Metallkörper schmäler, keine Flamme kann herausschlagen. Das Metallteil über dem Gewinde wird zur besseren Wärmeaufnahme größer. Die Kerzen-Standzeiten steigen an, bleiben aber doch auf maximal 8000 – 10 000 km begrenzt, je nach Betriebsbedingungen. Günstig: Die gute Zugänglichkeit zum Kerzenwechsel.

Motoren mit zwei Kerzen je Scheibe werden auch später noch gebaut, so in einer kleinen Serie 1975/76. Doch die Ro 80 mit Zweikerzen-Motoren werden in jenen kritischen ersten Jahren so gut wie unverkäuflich, zumal als Gebrauchtwagen.

Heiße Tage für die Kühlung

Der kompakt bauende Motor reagiert verhältnismäßig empfindlich – etwa mit Mantelrissen – auf ungenügende Kühlung. Man findet auch heraus, daß noch heißes Wasser den Motor durchläuft, wenn der Thermostat schon den Kurzschluß-Kreislauf öffnet. Der Thermostat wird, wie schon bei anderen Auto-Herstellern, vom Motor-Ausgang zum Kühler-Ausgang verlegt (ab September 1969) und zwar in einen Schlauch. Der Mischvorgang zwischen kühlerem und heißerem Wasser wird verbessert, die Temperatur gleichmäßiger. Auch vergrößert man den Wasser-Kurzschluss-Kreislauf.

Ein weiteres Problem ist der „heiße Bogen" im Mantel. In der zusammen mit dem Kolben an dieser Stelle gebildeten Kammer findet nur Verbrennung statt. Kommt Überhitzung hinzu – so durch Glühzündungen – wölbt sich der Alu-Mantel und die Scheitelleiste des Kolbens bekommt nur noch Punktberührung mit der Trochoide. Gasdurchblasen mit unregelmäßigem Motorlauf oder Stillstand sind die Folgen.

Die Krankenbehandlung besteht in der erwähnten Verlegung des Thermostaten, ferner in Änderungen im Mantel für vergrößerten Kühlwasserdurchlauf und geändertem Anschluß für den Wärmetauscher der Heizung (parallel zum Motor).

Die Sensibilität von Dichtteilen

Mit den Arbeiten an den vielen kleinen Abdichtungsteilen gegen Gas und Öl war der klassische Motorenbau anfangs wohl etwas überfordert.

Festgestellt werden nach Serienanlauf gebrochene Seitenstreifen am Kolben und zwar jeweils an der zum „kalten" Teil des Motors gerichteten Seite, also jene ganz vorn und hinten. Ausgeglüht sind Unterlegfedern für die Dichtbolzen, an denen die Scheitelleisten und Seitenstreifen aus zwei Ebenen grenzen.

Alarmierend sind die häufigen Klagen über Leistungsverlust. Hier beweist sich besonders, wie sehr die Ergebnisse von Versuchsbetrieb und späterer Praxis auseinanderklaffen können.

Im Versuch peitscht man ein großes Fahrprogramm durch, bei dem die Motoren nie kalt gefahren werden. Im späteren Stadt- und Normalbetrieb beginnt daher mancher Ro 80 zu lahmen: Unrunder Leerlauf, schlechtes Beschleunigen, Startschwierigkeiten. Auch bleibt der Motor stehen, wenn im Stand ein Gang eingelegt oder die Vorderräder ganz eingeschlagen werden (die Ölpumpe für die Lenkhilfe beansprucht dann einige PS mehr und damit höheren und stabilen Leerlauf).

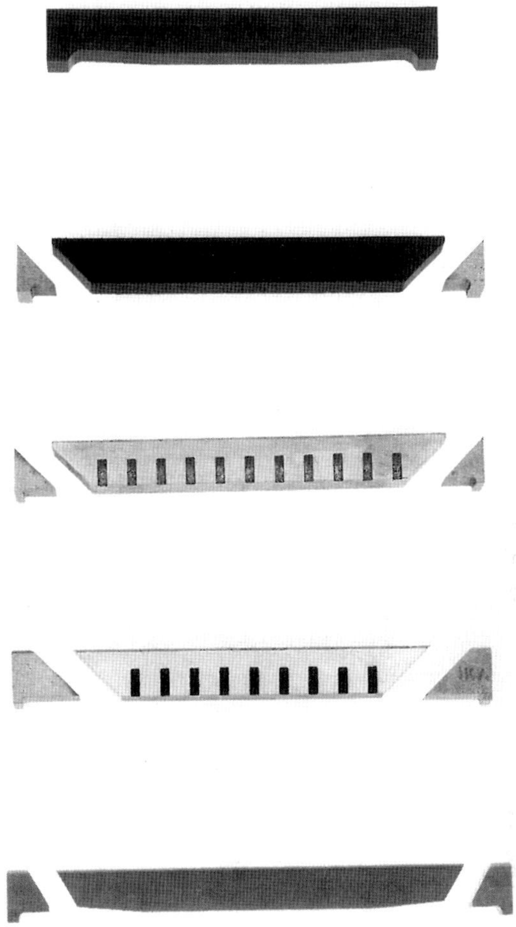

Das komplexe Leben von Dichtleisten: oben einteilige Versuchsleiste aus Hartkohle, darunter Hartkohle-Mittelstück für Spider und KKM 512 (Ro 80-Vorgänger-Motor). 4. von oben: Ro 80-Serie 1967 mit anders geteilter »Gliederleiste«, Mittelstück (Gusseisen IKA S 9) nutzt vorzeitig ab durch Kaltverschleiß. 3. von oben: Ende 1969 »Spider«-Teilung, Mittelstück härter (Gusseisen IKA S 3). Unten: Anfang 1970 wieder andere Teilung, Mittelstück aus einem Titan-Verbund (»Ferrotic«), ab Ende 1975 auch für die Eckstücke.

Gas-Schlupflöcher

Als Ursache ermittelt man Leistungsverlust durch ungenügende Gas-Abdichtung der radialen Dichtleisten an den Kolben-Kanten. Das Mittelstück der dreiteiligen Leiste erleidet Höhenverschleiß bei zu niedriger Betriebstemperatur. Die Eckstücke schieben sich an der schrägen Teilung nach innen und Gas bläst seitlich durch. Die hohen Gleitgeschwindigkeiten der Dichtleisten sind daran nicht ganz unbeteiligt.

Ermittelt werden die Verschleiß-Erscheinungen durch radioisotopische Messungen im LIT (Laboratorium für Isotopentechnik, Dr. Gervé) des Kernforschungszentrums Karlsruhe. Eine Analogie ist der Kaltverschleiß der oberen Zylinderzone bei Hubkolbenmotoren. Eine Erkenntnis wird gewonnen: Eher als der Hubkolben-Vetter neigt der Kreiskolbenmotor zu Kaltkorrosion und er muß dagegen unempfindlich gemacht werden, was wiederum eine Frage der Dichtleisten-Haltbarkeit ist.

Noch vor der Fusion mit dem VW-Konzern 1969 wird man fündig: Titan heißt das Zauberwort. Damit wird der Ro 80 der erste Serienwagen mit dem ebenso in der

Festigkeit wie im Preis hochliegendem Werkstoff. „Ferrotic" heißt der Rettungsanker. Gern macht man darauf aufmerksam, daß die Betonung auf der letzten Silbe liegt.

Es handelt sich um pulvermetallurgisch (gesintert) erzeugtes, in eine härtbare Stahlmatrix eingelagertes Titankarbid: Eine Metall-Keramik-Verbindung der Deutschen Edelstahlwerke. Auch die Goetzewerke entwickeln diese Leiste, werden aber trotz traditioneller Mitarbeit an Dichtteilen nicht berücksichtigt. Die Kostenfrage wird kritischer.

Diese Dichtleisten sind in der Tat teuer (damals 135 DM je kg Titankarbid), auch weil sich das Material wegen der kleinen Teile nicht in Formen pressen lässt. Die Mittelstücke müssen einzeln gesintert werden. Die Dicke bleibt bei 5 mm.

„Nach der Einführung der Ferrotic-Leisten in die Serie," so verkündet das Werk im gleichen Jahr, „gab es keinen einzigen Fall von Leistungs- oder Drehmomentverlust durch Dichtleisten-Verschleiß."

Mit den beiden Eckstücken, die weiter aus Sondergußeisen (IKA S 9) bleiben, wird die Dichtleiste nun „selbstnachstellend". Aber die schwerer gewordenen Mittelstücke bedeuten auch erhöhte Beanspruchung der Trochoide. Es kommt vor, daß die Elnisil-Schicht zwar einwandfrei bleibt, das Leichtmtall darunter aber eingedrückt wird.

Für den Mercedes-Benz-C 111-Mehrscheibenmotor werden Keramik-Dichtleisten-Mittelstücke verwendet: Heißgepresstes Siliziumnitrid, leichter als „Ferrotic". Auch im Ro 80 wurden sie untersucht. „Abrieb", so ein Zeuge jener Untersuchung, „gleich Null." Aber ein Musterstück kostet schon 600 DM – das liegt jenseits aller Erwägungen.

Rolls-Royce-Leisten nennt man sie, da sie auch der britische Lizenznehmer verwendet, um den Wankelmotor ohne Vorverdichtung zum Diesel zu wandeln – ohne Erfolg.

Unbequemes Lager

Als neuralgischer Punkt erweist sich die Gleitlagerung der Kolben auf der Exzenterwelle. Damit hatte man schon früher Kummer: Das in den Kolben eingeschrumpfte Lager wanderte. Ölmangel wirkt sich zuerst am Kolbenlager aus. Tatsächlich ist das die Diagnose bei einem meistens an der Motor-Abtriebsseite fressenden Lager. Ro 80-Fahrer vergessen das ungewohnte regelmäßige Ölnachfüllen. Der Ölverbrauch steigt bei hochtourigem Fahren stark an. Aber der Motor animiert ja auch dazu. Auch Drehzahlen jenseits von 8000/min werden als Ursache für Lagerdefekte vermutet. Ursache auch wie schon beim Spider: Eine sich aufbiegende

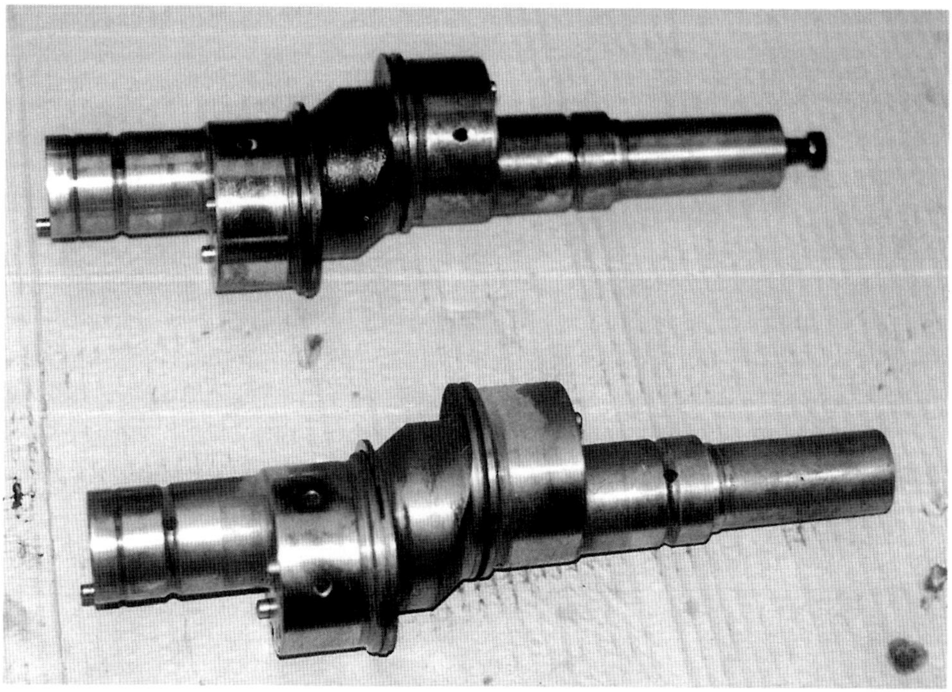

»Computerwelle«. Zur Vermeidung von Kolbenlagerschäden erhält ab Modelljahr 71 jeder Exzenter der Exzenterwelle 2 Ölaustrittsbohrungen (untere Welle). Die Öltasche im Lager fällt weg.

Exzenterwelle durch großes Kolbengewicht und relativ weit auseinanderliegende Hauptlager.

Man erhöht die Ölreserve, ersichtlich durch andere Markierungen am Ölpeilstab. Spater wird die Lage der Ölbohrungen im Exzenter so geändert, daß Öl in ungehindertem Fluß in einer drucklosen Phase aus der Bohrung austreten kann: Erfolg der Berechnungen von Lizenznehmer Daimler-Benz ("Computer-Welle"). Bis 9500/min wird das Kolbenlager als betriebsfest angesehen.

Auch der Öldruck wird angehoben und die Ölsaugpumpe für den Wandler höher gelegt. So wird bei Ölmangel und Aufleuchten der Ölwarnlampe zuerst die Funktion des Wandlers beeinträchtigt. Schalten ist nicht möglich – man wird drastisch an das Ölnachfüllen erinnert.

Blaue Fahne

Als unzureichend erweist sich die Öl-Standdichtung auf beiden Seiten des Kolbens. Schon bald nach Serien-Anlauf fällt mancher Ro 80 nach dem Starten durch seine blaue Duftnote auf.

Statt eines Ringes mit Trennfuge (durch die bei stehendem Motor in einer bestimmten Stellung Öl sickert) wird ein geschlossener Ring verwendet. In diesen legt man einen elastischen „O-Ring". Damit das nötige „Leckgas" zum Andrücken der Öldichtung (Kratzring) bei laufendem Motor hindurchtreten kann, wird in das Motor-Seitenteil eine Nische eingearbeitet. Aber es ist nicht die letzte Änderung, um das Setzen einer blauen Fahne am Auspuff zu verhindern.

Bemängelt wird der Ölverbrauch. Der in Kapitel 3 erwähnte, gegen den Kolben radial abdichtende Doppel-Kolbenring „fällt ein" und zwar durch auch nach innen gerichtete Fliehkräfte. Diese sind ja eine Besonderheit in der Bewegung der kreisenden Kolben und wirken sich auch auf die Scheitelleisten aus. Die Dichtringe werden geändert, so daß nur noch bei sehr hohen Drehzahlen der Ölverbrauch stark ansteigt.

Hoher Ölverbrauch wird nach langem Denksport auch durch eine andere Quelle entdeckt: Die Vakuumpumpe, die den nötigen Unterdruck für Bremshilfe und Kupplungsbetätigung liefert. Auf den Motor-Prüfständen brauchte man sie nicht. Und so entgeht es den Ursachenforschern, daß sie leicht defekt wird (Pleuelkopf an der Membrane) und Öl in Richtung Saugrohr gefördert wird, wo man es nicht braucht.

Weitere Unpäßlichkeiten damals: Früher Verschleiß der Gehäuse-Seitenteile, ausgeschlagene Zündverteilerwellen, rissige oder gebrochene Zündverteilerfinger, festsitzende Vergaser-Drosselklappen, nicht richtige Auslegung der Öldosierpumpe, unzureichende Kühlung

Die Trochoide im Mantel des Ro 80-Motors erhält nach der Beschichtung mit »Elnisil« in der Kopier-Schleifmaschine Feinschliff und richtiges Maß.

wegen der damaligen Zusatzscheinwerfer im Grill und damit im Kühlluftstrom.

Unerwartet für die Experten sind defekte Ritzel. Sie sitzen als "Lagerflansch" im hinteren und vorderen Seitenteil, also Abtriebs- und Endseite. Die Verzahnung Kolben-Hohlrad/Ritzel soll ja nur den Kolben um sich selbst drehen lassen, nimmt also theoretisch keine Kräfte auf. Und doch kann sie brechen, so durch Beschleunigungsstöße.

Erst viel später zeigt eine statistische Auswertung, daß manche Schadensfälle durch Kinderkrankheiten auch an dem für den Ro 80 gelieferten neuartigen Zubehör entstanden sind: Etwa Schmierölverdünnung durch eine undichte Öldosierpumpe. So erhielt diese später auch ein Rückhalteventil, um Ölverdünnung durch Benzin zu verhindern.

Werksseitig wird das mögliche getan, um die Defekte zu beheben. Aber der Große von NSU wünscht sich auch technisch verständnisvolle Fahrer, zumindest damals in den Sturm- und Drangjahren des Motors.

Im Zwiespalt mit Drehzahlen

Wesentlich schwieriger aber ist es, den ersten Ro 80-Eignern zu erklären, daß sie den Motor nicht bedenkenlos hochjagen sollten. Sie argumentieren nicht ganz zu Unrecht, der Kreiskolbenmotor sei doch geradezu prädestiniert für höhere Drehzahlen.

Aber die saubere Drehfähigkeit des Motors bleibt werksseitig auf den bisher üblichen Drehzahlbereich beschränkt, weil – wie erwähnt – die hohe Dichtleisten-Geschwindigkeit und der damit verbundene Dichtteile-Verschleiß anfangs Grenzen setzt. Mit den prinzipiell möglichen höheren Motor-Drehzahlen wachsen auch die Reibungsverluste, namentlich der Dichtteile, und damit Kraftstoff-und Ölverbrauch an.

Der rot markierte Drehzahlbereich (6500/min – 7500/min) kann locker überschritten werden, der Motor singt sein turbinenhaftes Lied, keine verdächtigen Geräusche warnen.

Aber ab etwa 8500/min fängt der Wandler durch die hohen Fliehkräfte in radialer Richtung an zu wachsen. Die Verschaufelung schabt am Blechgehäuse, metallischer Abrieb gelangt in den mit dem Motor gemeinsamen Ölkreislauf, stiftet Kolbenlager-Schaden und die Kolben gehen fest. So erlebte es der Chronist im Hochgefühl turbinenhaft schön klingender hoher Drehzahlen.

Dem Wandler kann auch anderes passieren: Er läuft gegen den Simmerringflansch oder das Nadellager des Wandlers wird bei Überdrehzahlen angegriffen. Auch die Abdichtung des Wandlers gegenüber der mechanischen Kupplung kann Kummer bereiten. Bei NSU errechnet man an Hand bestimmter Merkmale, daß manche Ro 80-Fahrer den Motor bis auf 10000/min, ja bis zu 12 000/min hochjagen. Man erkennt das Fehlen eines Drehzahl-Warners. Er kommt ab Modellahr 1972. Ein hörbares Summen warnt bei etwa 6750/min.

Fahrer nicht schuldlos

Der „Ro“ steht auf athletischen Beinen, er läßt sich sportlich bewegen. Manche Fahrer reißen den Schalthebel durch oder schalten unter Last – die Kupplungsautomatik verführt dazu. Das läßt die Synchronringe im Getriebe verschleißen. An der Synchronisierung nagt es auch, wenn die Werkstatt den Leerlauf höher einstellt, damit der Motor bei Abdichtungsschwierigkeiten nicht abstirbt.

Sensibel reagiert der Motor auf falsche Anfahr-Zeremonie. Tritt man das Gaspedal zu heftig durch, säuft er gerne ab. Eine Start-Automatik ab Modelljahr 1972 erleichtert den Umgang mit dem Gaspedal.

Defekte entstehen durch unfreiwilliges Berühren des Schalthebelknopfes, etwa durch ein anschmiegsames Nachbarknie in scharf durchfahrener Rechtskurve. Dann trennt die Kupplung und der Motor jagt hoch.

Auch wird die „Selektiv-Automatik“ gern mit einer Getriebe-Vollautomatik verwechselt. Man unterläßt das Schalten, beklagt unzureichende Fahrleistungen und erhöhten Verbrauch, letzteres durch zu hohen "Schlupf" im Wandler (Kapitel 8). Manchmal passiert überhaupt nichts, wenn man den Griff des Schalthebels anfaßt: Der

Kontakt ist dann ungenügend. Ein paar Schläge auf den Griff, er wird etwas gedreht und man kann wieder schalten und walten. Ein Löschkondensator (ab 1969) reduziert den Abbrand des Schalthebel-Kontaktes.

Die Stärke des Ro 80, nahezu komplett ausgestattet zu sein, hat auch eine andere Seite. Mit einer einzigen Modell-Version – zur Vereinfachung der Logisitk – bleibt ihm die Hierarchie in Firmen und Ämtern verschlossen. Dieses Leiden zu lindern, fühlt sich schon immer Daimler-Benz beruhigt. Man sorgt mit vielen feinsinnig abgestuften Modell- Bezeichnungen für eine wohlausgewogene Stufenleiter persönlicher Bedeutung und damit für gute Nachfrage.

Die Konkurrenz schläft nicht

Allein schon durch seine Anwesenheit stört der Ro 80 in der Klasse der Ambitionerten. Daimler-Benz, immer abgeneigt, ein Rennen zu verlieren, bläst zum Gegenangriff.

In dem internen Blatt „Scheinwerfer", Ausgabe 8/1968 (Mitteilungen der Verkaufsorganisation der Daimler-Benz AG), impft man seine Verkäufer mit freundlich-ätzender Kritik über den Ro 80.

Auch andere Auto- und Teile-Hersteller sehen ihre erheblichen Investitionen in schon bestehende Fertigungsanlagen gefährdet. Die Anlauf- Probleme des Ro 80 kommen ihnen allen recht.

So entspringt der „Ro 80-Gruß" - die Zahl der gestreckten Finger soll die Zahl der ausgewechselten Motoren bedeuten – mehr der Phantasie der Konkurrenz als den Ro 80-Eignern. Der Chronist, viele Jahre mit vielen Ro 80 unterwegs, wird nicht in einem einzigen Falle so intim gegrüßt.

Allmählich werden allerdings die Stimmen lauter, wonach ein so zukunftsorientiertes Triebwerk auch für günstigere Zahlen auf den Tankstellen-Quittungen sorgen müßte. Da aber die Ölbarone in den Wüsten ihre Gewehre noch nicht vergolden wollen, bleiben diese Stimmen noch moderat.

Selbstkritik ist auch Kritik

Nach der Firmenverschmelzung zu Audi NSU Auto Union AG (Kapitel 9) veranlaßt der neue Technik-Chef Kraus 1971 eine Presse-Veranstaltung. Er läßt darüber referieren, was zu den Anfangs-Defekten des Ro 80 führte, öffentliche Kritik also auch daran, was NSU versäumte.

In seiner Begrüßungsrede bekennt Kraus völlig

Motor bis März 1972: Zwei Flachstrom-Vergaser Solex 18/32 HHD (Luftfilter angehoben). Noch gibt es keine Luftpumpe für die Nachverbrennung. Links Unterdruck-Behälter für Bremshilfe und Kupplungsbetätigung.

richtig: "Ich befand mich durchaus nicht in jener typischen Euphorie aller Wankel-Enthusiasten.“ Er zieht einen Vergleich:

„Während bei Wirksamwerden der Fusion nur 170 Personen an der Entwicklung des Wankelmotors arbeiteten, ist diese Zahl inzwischen auf 468 angewachsen. Rund 8 Millionen DM sind investiert. Um Ihnen ein Vergleich zu geben: In unserer gesamten Ingolstädter Pkw- und Hubkolbenmotor-Entwicklung sind zirka 1200 Personen beschäftigt."

Der genannten Investition stehen allerdings schon ansehnliche Lizenz- Einnahmen gegenüber. Intern erhebt sich daher eine einsame, aber ebenso kompetente wie warnende Stimme, daß negative Auswirkungen auf das Lizenzgeschäft zu erwarten wären, würde der Ro 80-Motor nicht standfest gemacht.

In einem weiteren Referat auf jener Presse-Konferenz äußert sich der an der Motoren-Entwicklung beteiligte Peter von Manteuffel:

„Wir haben erkennen müssen, daß die Projektierung eines Kreiskolbenmotors mit 15 % mehr Mitteldruck als bei unserem Lizenznehmer Toyo Kogyo unverhältnismäßig mehr Aufwand bedeutete. Und wir wollen nicht verbergen, in welche Löcher wir gefallen sind, welche Ursachen vorlagen und welche Abhilfe ergriffen wurde. Wir denken, der Ro 80 verdient jetzt einen Platz an der Sonne."

Das Mitarbeiterblatt „Audi NSU Intern“ verbreitet Zuversicht: „NSU-Wankel-Motor vor dem Durchbruch!... Ro 80-Produktionssteigerung steht bevor!... Entscheidende technische Verbesserungen gelungen!"

Nach Ausmerzung der Anfangsschwächen folgt eine „Bauteile-Phase“ für die dringend nötige „Kostensenkungs-Phase". Hierzu zählt, daß man die teure Beschichtung der Motor-Seitenteile mit Molybdän aufgibt. Statt dessen werden die Kolben-Anlaufflächen, wie schon in Kapitel 3 beschrieben, teniferiert, dann plasma-

Der kompakte Kreiskolbenmotor ermöglicht vorn eine räumlich große Knautschzone. Er kann – geneigt nach hinten eingebaut – bei Frontalaufprall auch nach unten »wegtauchen«.

Eine rollende Beton-Barriere wird von hinten gegen das Heck »geschossen«. Die weit nach hinten gerückte Hinterachse – durch großen Radstand – schützt zusätzlich bei Heckaufprall. Der Tank liegt geschützt vor der Hinterachse und bleibt intakt.

Crash-Versuche 1969. Wasser wird in diesem Druckbehälter auf rund 200° C erhitzt. Bei Öffnen eines Ventils verwandelt es sich umgehend in hochgespannten Dampf, der die Heißwasser-Rakete und diese die Barriere gegen den Ro 80 donnert.

Ro 80 sechsäugig, seltener Anblick. Die für USA geplante Version (1969) mit Doppelscheinwerfern und Halogen-Fernscheinwerfern. Blinker seitlich, Positionslampen vorn unten, Leichtmetallfelgen. Der USA-Export kam auf normalen Vertriebswegen nicht zustande. Rechtsstreigigkeiten mit dem Importeur, nicht ausgereifter Motor, zu geringe Kapazität und Kapitalprobleme lassen sich als Hindernisse sehen.

nitriert. Auch die Zeit für die Trochoiden-Beschichtung kann reduziert werden.

Alle Schäden werden von den Werkstätten zur statistischen Erfassung ins Werk gemeldet. Man errechnet dort für jene Ro 80, die in die Berichtsjahre 1972/73 fuhren, Garantiekosten von ca. 1400 DM je Motor. Der größte Teilbetrag ist mit 550 DM für „Leistungsmangel" angegeben, so für Zündungs- und Abdichtungsdefekte. Der erstgenannte Betrag fällt später auf rund 400 DM und reduziert sich mit dem reifer werdenden Motor weiter. Nicht ungern lässt man die Werkstätten zum Vergleich vom Audi 100-Motor wissen, dessen Gewährleistungskosten je Motor man damals auf ca. 75 DM beziffert.

Viele Ro 80-Fahrer, die überwiegend innovationsbewusst sind, stehen, als sich der Ro 80 anfangs als anspruchsvoller Freund erweist, treu zu ihm. Sie ahnen, daß hier über eine notwendige Änderung im Geschichtsbuch der Technik zu entscheiden ist.

„Liebling des Windes"

Fahren und Erleben

Hebt man die Füße über den starken Seitenschweller – wichtiges Teil der Brückenkonstruktion für den langen Radstand des Ro 80 – , wird man von einem lichtdurchfluteten Arbeitsraum empfangen. Man registriert ausgezeichnete Sicht überall hin, großen seitlichen Abstand zur Tür, gut bei Seitenaufprall.

Und mit dem relativ kleinen Lenkrad ahnt man schon ein Gefühl von Handlichkeit und unbeschwertem Fahren. Die Hände können am Lenkrad bleiben, die Finger erreichen die beiden links und rechts unter dem Lenkrad sich bereit haltenden Funktionshebel.

Diese spontan eingegangenen Beziehung zu diesem Wagen verstärkt sich nach dem Start noch erheblich bei dem Erlebnis elegant und undramatisch entfalteter Kraft. Assoziationen an einen Platz im Flugzeugcockpit und an das Singen einer Turbine entstehen.

Straßenmusik neu definiert

Hubkolben-4-Zylinder – weit in der Überzahl - führen damals und auch heute noch unüberhörbare Solo-Stücke auf, wenn ihre unausgeglichenen, auf- und abstampfenden Kolben- und Ventilmassen beschleunigt werden. Selbst 6-Zylinder, denen der Massenausgleich besser gelingen müßte, geben sich damals noch geräuschvoller als sie müßten.

Die Ro 80-Novizen erinnern sich an diese beim Hubkolben-Vetter unvermeidlichen Brummtöne und Vibrationen, sind überrascht, sie nicht zu hören oder körperlich zu spüren. Der menschliche Körper ist ja ein schwingungsfähiges Gebilde, das mitschwingt und mitvibriert und in der Nachbarschaft eines Hubkolbenmotors schneller ermüden kann als nötig.

Jene mechanischen Erreger wecken bei mancher menschlicher Natur auch oft nur flach schlummernde Aggressionen. Die Insassen herkömmlich angetriebener Autos wissen oft nicht, was mit ihnen so alles geschieht.

Das vielzitierte „ermüdungsfreie Fahren", das praktisch jeder Auto-Hersteller für ein neues Modell in Anspruch nimmt, und das zu einem wahrhaften Gummibegriff wird, erhält hinter dem Lenkrad eines Ro 80 und zumindest für diese Wagenklasse seine eigentliche Bedeutung. Ro 80-Neulinge, anderes Motorgeräusch

Der Ro 80 leitet maßgeblich die Abkehr von den übersteuernden Autos ein, die mit dem Heck aus der Kurve drängen. Er will als Untersteurer in die Kurve gezwungen werden, was die serienmäßige Servo-Lenkung kaum wahrnehmen läßt. Ro 80-Eigner loben die Leichtigkeit des Fahrens auch in schnellen Kurven.

gewöhnt, sind erstaunt, wie zügig sie plötzlich fahren können.

Allein mit der Verwirklichung akustischer Bescheidenheit und der Dämpfung der unterschiedlichsten menschlichen Erregungszustände kann sich der Ro 80 schon erhebliche Verdienste auf die Fahne schreiben.

Mit dem Ro 80 auf der Straße müssen Laufruhe und Geräuscharmut neu definiert werden. In der „Auto Revue", Wien, formuliert es Herbert Völker so: „Der Wankel kehrt trotz aller Power den Friedliebenden in uns stärker nach außen."

Ein weiterer Umstand, auf den der Ro 80 verzichten kann, ist die bei heckangetriebenen Wagen unvermeidliche Kardanwelle. Sie ist ein schweres Stück, auch schwer auszuwuchten und zu lagern. Schon geringe Unwucht – so durch festhaftenden Schmutz – lässt sie vibrieren, zumal im direkten Gang mit Motordrehzahl.

So ist zu verstehen, warum sich viele Menschen so unverkrampft und nicht getrieben im Ro 80 fühlen und daher spontan auf ihn ansprechen. Er gewinnt Menschen für sich, die nie mehr ein anderes Auto bewegen möchten. Man fühlt sich von einer Drehzahlfessel befreit, der Fahrer dirigiert und nicht der Motor. Er zwingt nicht zum frühen Hochschalten, damit Ruhe im Wagen herrscht. Die mit Innenzentrierung angebrachten Räder tun ein übriges zu größerer Ruhe auf Reisen.

Allerdings verhärten die zwischen den Teilen der Radaufhängung gesetzten Gummi-Lager – etwa hinten zwischen Quertraverse und Karosserie –, so daß mit den Jahren mehr die Vibrationen der Straße durchkommen.

Motor-Laufkultur schafft Fahrkultur

Es ist, als fühle sich der Ro 80-Fahrer Fahrer durch die Laufkultur des Kreiskolbenmotors verpflichtet, gleichfalls Kultur in seinen Fahrstil zu bringen. Hier ist in der Tat eine gute Synthese zwischen dem dynamischen Charakter des Wagens und dem zumeist angenommenen Fahrweise gelungen. Dennoch erlaubt die zurückhaltende akustische Kulisse müheloser einzuhaltende hohe Fahrdurchschnitte.

Als zur Urlaubszeit im ersten Sommer nach dem Serienanlauf des Ro 80 der Nomadentrieb des Menschen wieder einmal voll durchschlägt, erweist sich der Ro 80 als ideales Gefährt für die große Reise. Er liebt den gestreckten Galopp mehr als den unvermeidlichen Trott in der Stadt.

Der Genuß ist vollständig. Wenn schon Lärm, dann ist es der Schlagzeuger aus dem Auto-Radio. Nicht nur, daß sich der Motor akustisch nicht erregt, man braucht auch stundenlang den Schalthebel nicht zu berühren. Die Selektiv-Automatik ist nachsichtig. Luftgeräusche bleiben auf niedrigem Niveau. Und nur der wahre Ro 80-Kenner hört die hinten am Tank später angebrachte, zusätzliche elektrische Benzinpumpe ticken.

Nebengeräusche

Die zurückhaltende Akustik des Kreiskolbenmotors enthüllt freilich auch, wie laut Nebenaggregate sind. Im schützenden Schatten der Geräusche eines Hubkolbenmotors hörte man sie kaum, etwa den Kühler-Lüfter oder die Lichtmaschine. Oder die Verzahnung in einem Schaltgetriebe.

Letzteres findet das Ro 80-Entwicklungs-Team – im Bestreben, mit dem kultivierten Motor auch ein kultiviertes Auto zu realisieren – denn auch bald heraus. Da man mit der Zahnradfabrik Friedrichshafen (ZF) nicht übereinkommt, ein laufruhiges Getriebe zu schaffen, entwickelt es NSU selbst, ein weiterer Kostenfaktor, den man im Interesse des Konzeptes dieses Autos auf sich nimmt. Gebaut wird das Getriebe dann von der Getrag. Die gleichmäßige Abgabe des Drehmomentes beim Kreiskolbenmotor läßt das Getriebe im Prinzip ohnehin ruhiger bleiben als bei auf- und abstampfenden Kolben.

Den Leerlauf bei stehendem Ro 80 könnte man sich stiller vorstellen. Auch hier zeigt sich, wie geräuschvoll die Verzahnungen für Hilfsaggregate sind. Auch eine falsch montierte Vakuum- oder defekte Wasserpumpe kann Unruhe stiften.

Starkes Sicherheitsgefühl

Die Einfluß-Sphäre des Kreiskolbenmotors ist groß. Er trägt auch zu den erstklassigen Fahreigenschaften des Ro 80 bei. Kompakt wie der Motor ist, kann mit seiner Hilfe der Gesamtschwerpunkt des Wagens abgesenkt werden. Und für einen Fronttriebler streckt sich der Motor zu Gunsten einer ausgewogenen Achslastenteilung nicht zu weit nach vorn.

Frontantrieb, langer Radstand und aerodynamischer Abtrieb, also weniger Auftrieb dank Keilform und „Hängebauch", vermitteln unbeirrbaren Geradeauslauf. „Liebling des Windes“ nennt ein Enthusiast den Ro 80.

Die Höchstgeschwindigkeit wird mit 180 km/h genannt. Gestoppt – nicht die Voreilung des Tachos beachtend – ist es oft etwas weniger. Für damalige Zeiten und mit lediglich 115 PS angesichts des Wagengewichts von rund 1300 kg immer noch ein achtbarer Wert.

Die neue und kühne Frontpartie des Ro 80 ist eine ganz neue Erscheinung im Rückspiegel des Vordermannes. Und so genießt man damals im Ro 80 gern das seelenstärkende Überhol-Prestige.

Schneller, unbeirrbarer Geradeauslauf, dies auch bei Seitenwind, zählt zu seinen Qualitäten im Fahrverhalten. Pluspunkte dafür: Frontantrieb und – nicht nur gut für den Komfort – langer Radstand. Unterstützung durch die bei anderen Autos noch weitgehend unberücksichtigte Verminderung des Auftriebs zu Gunsten der Bodenhaftung. Spitze bei 180 km/h, damals ein respektabler Wert.

Durch die Karosserieform liegt der Angriffspunkt für Seitenwind nahe dem Schwerpunkt, so daß der Wagen – ebenfalls durch Frontantrieb und langen Radstand – praktisch frei von Seitenwind-Einflüssen bleibt. Das ändert sich auch nicht bei vollbeladenem Wagen, zumal dann die Achslastverteilung fast fifty-fifty wird. Unbeladen ergibt sie sich vorn/hinten zu 62 %/38 %.

Der Untersteuerer

Die völlig stoßfreie und gut zurückstellende Lenkung wirkt, hydraulisch unterstützt, direkt und zielgerichtet und erweist sich so als gelungener Kompromiß zwischen leichter Handhabung und dem Gefühl für die Höhe der Kurvengeschwindigkeit.

Der Ro 80 – ohnedies als relativ stark motorisierter Frontantriebswagen ein deutscher Einzelgänger – zeigt sich damit auch als damals seltener Vertreter des untersteuernden Eigenlenkverhaltens.

Das Untersteuern kommt dem natürlichen Gefühl näher, weil das Lenkrad immer in Richtung der Kurve einzuschlagen ist, allerdings um so mehr, je rascher man die Kurve durchfährt. Beim Übersteuerer muß bekanntlich der Lenkrad-Einschlag ab einem bestimmten Tempo zurückgenommen werden, oft bis zum Gegenlenken, womit der Durchschnittsfahrer zumeist überfordert ist.

Klassisches Beispiel damals: Die VW-Modelle noch mit hinterer Pendelachse, gern auch als „Heckschleudern" tituliert.

Das untersteuernde Eigenlenkverhalten des "Ro" ist weniger ausgeprägt als beim ebenfalls frontangetriebenen Citroën ID/DS jener Jahre, wobei dessen schwerer Vierzylinder eine gewichtige Rolle spielt. Die hydraulisch unterstützte Lenkung des Ro 80 läßt ihn mit sanftem Nachdruck in die Kurve einlenken.

Als Untersteuerer verfügt der Ro 80 über einen selbstregulierenden Effekt. Da die Vorderräder mit höherem Tempo stärker eingeschlagen werden müssen als es dem Kurvenradius entspricht, bremst er sich dabei sozusagen selber ab. Wird die Haftungsgrenze überschritten, schiebt der Wagen über die Vorderräder nach außen. Mit dem Lockern des Gasfußes kehrt er auf den Pfad der Tugend zurück.

Kleiner Schräglenker-Anlenkwinkel

Dank der Fahrwerksauslegung und speziell durch seine Art der hinteren unabhängigen Radaufhängung zeigt sich der Ro 80 seiner Konkurrenz im Kurvenverhalten überlegen. Die Schräglenker sind um einen relativ kleinen Winkelbetrag (10^{0}) mit der Quertraverse verbunden, fast sind es schon Längslenker.

Dadurch wird beim Einfedern des kurvenäußeren und Ausfedern des kurveninneren Rades die Spurweite nur minimal geändert. Der Reifen wird in dieser kritischen Kurvenphase nicht gezwungen, seine Seitenführungskraft zu verringern oder aufzugeben. Spur-Änderungen können ja von der elastischen Reifen-Aufstandsfläche nur bis zu einer gewissen Grenze aufgenommen werden. Zu große Verspannung in dieser nur handtellergroßen Kontaktfläche stört den notwendigen Reifen-Schräglaufwinkel und damit die Seitenführungskraft.

Die kritischen Spurweiten-Änderungen sind beim Ro 80 geringer als etwa bei den Schräglenkern der damaligen schon vielgelobten BMW 1800/2000-Modelle und erheblich kleiner als bei den Pendelachsen der seinerzeitigen Mercedes-Flotte.

Der schon bei unbelastetem Wagen leicht negative Sturz (Schrägstellung) der Hinterräder des Ro 80 geht beim Einfedern des äußeren Rades noch etwas mehr in Richtung negativ. Das Rad stemmt sich sozusagen schräg gegen die Straße.

In engen Kurven oder bei schnellen Kurvenwechseln wirkt sich allerdings diese Schräglenker-Aufhängung mit einem frelich mehr von außen registrierbaren Rollen um die Wagenlängsachse aus: Verstärkte Seitenneigung. Aber der Kompromiß, den man bei der Auslegung eines Fahrwerks eingeht, ist zu Gunsten eines unproblematischen Kurvenverhaltens gewählt – es zählt für die Fahrsicherheit insgesamt mehr.

Die sogenannten Lastwechsel-Reaktionen in Kurven – Gashahn plötzlich zudrehen – , sind beim Ro 80 trotz Frontantrieb kaum wahrnehmbar. Von wohltätigem Einfluß sind die dämpfenden Zwischenglieder hydraulischer Wandler und langer Radstand. Letzterer trägt auch dazu bei, Fahrfehler zu verzeihen.

Wohlgefühl auf Rädern

Durch den langen Radstand werden die unvermeidlichen Bewegungen um die Querachse – das wenig angenehme „Nicken" - erheblich reduziert. So wie der Motor mit höheren Drehzahlen zunehmend schöner klingt, so fühlt sich auch die Federung mit höherem Tempo angenehmer an. Hier sind die langhubigen Federbeine in ihrem Element. Die eher straff gewählte Dämpfung ist im unteren Geschwindigkeitsbereich leichter zu registrieren. Was NSU auf keinen Fall wollte: Den rollenden Liegestuhl. Wohl aber die mit Vergnügen zu bewegende sportliche Limousine.

Ein Ro rollt länger

Zu der hohen Bremsqualität gehört gute Dosierbarkeit und Standfestigkeit auch bei Dauerbeanspruchung. Die nutzbare Bremsfläche ist groß. Wiederum dank eines langen Radstandes gibt es wenig Probleme, den Wagen bei Notbremsungen geradeaus zu halten. Beim Bremsen knickt der Ro 80 vorn nicht ein, wie etwa die damaligen Mercedes-Modelle.

Wer geschickt und ökonomisch fährt, kann dank der weniger ausgeprägten Bremswirkung des ventillosen Motors bei geschlossenen Drosselklappen den Wagen zum Vorteil des Verbrauchs lange rollen lassen.

Halbe Automatik – ganze Freude

So sieht man es aus der Sicht von NSU und so dient sich die Selektiv-Automatik an:

Berührt der Ro 80-Pilot den Schalthebel, betätigt er damit einen Schalter, der wiederum ein Magnetventil im Steuergerät beeinflußt: Das Servo-Gerät – mit seiner großen Membrane – wird mit der Saugleitung der Vakuum-Pumpe verbunden, beziehungsweise bei stehendem Motor mit dem Unterdruck-Reservebehälter im Motorraum. Der Unterdruck zieht mit der Membrane den Kupplungshebel an und trennt die Kupplung.

Läßt man den Schalthebel los, schließt das Magnet-Ventil und der Unterdruck wird durch das (einstellbare) Reduzierventil im Steuer-Ventil auf einen bestimmten Zwischendruck reduziert. Die Kupplung kann wieder greifen.

Im Schiebebetrieb heruntergeschaltet, baut sich der Rest-Unterdruck für ein nicht zu ruckartiges Einkuppeln über eine kleine Düse ab. Beim Gasgeben wird beim Aufwärtsschalten über den Unterdruck – am Vergaser hinter einem der beiden Lufttrichter abgenommen – mittels einer Membran das Reduzierventil aufgestoßen. Jetzt baut sich der Unterdruck im Servo-Gerät sofort ab und die Kupplung rückt noch schneller ein.

Das ist jedoch nur ein Teil der Kupplungsarbeit. Das etwas gefühlvollere Einkuppeln, um das man sich bei fußbetätigter Kupplung bemüht, kann etwas der hydraulische Wandler übernehmen:

Das vom Motor angetriebene verschaufelte Pumpenrad vermittelt seine Energie dem Öl und dieses über ein feststehendes „Leitrad“ (ebenfalls verschaufelt) dem Turbinenrad. Von letzterem erfolgt der Durchtrieb bei geschlossener Kupplung zum Getriebe.

Allerdings sollte das Kupplungs-Steuergerät so eingestellt sein, daß die Phase des Einkuppelns nicht zu plötzlich, aber auch nicht zu sehr verzögert erfolgt. Und das Ventil muß gängig gehalten werden. Der flotte Ritt mit dem Ro 80 verleitet manchen Reiter, den Schalthebel durchzureißen, namentlich bei hohen Drehzahlen: Nicht empfehlenswert. Die Synchronisierung im Getriebe leidet, sie braucht ihre Zeit für den Fahrstufen-Wechsel.

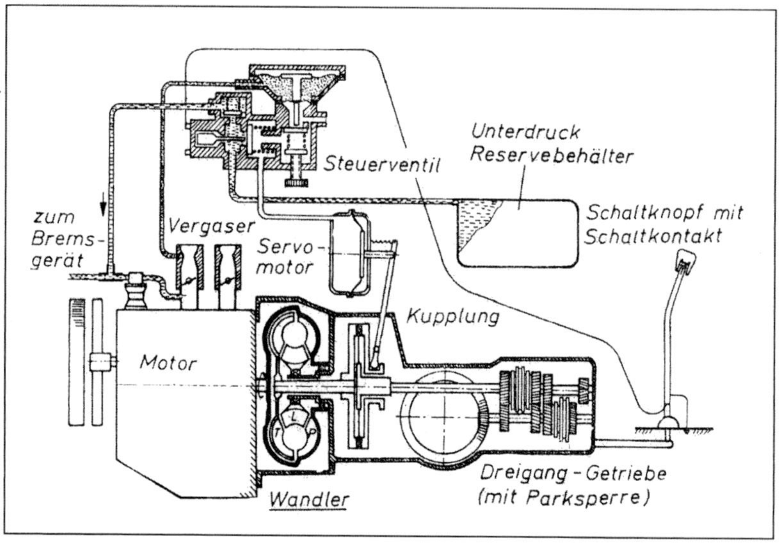

Selektiv-Automatik: Aus gewisser Not geboren, aber auch angenehm. Ihre Funktion ist im Text beschrieben. Weg der Kraft: Motor, Wandler (über Pumpen-, Leit- und Turbinenrad), elektrisch-pneumatisch betätigte Kupplung, 3-Gang-Getriebe, Vorgelegewelle und zurück zu Achsantrieb, Differential und angetriebenen Vorderrädern.

Im 1. Fahrbereich läßt sich bis fast 70 km/h beschleunigen. In der 2. Gangstufe bringt man den Wagen bis auf 110 km/h, dann ist auch jetzt erst die Nenndrehzahl mit 5500/min erreicht. Damit hat so mancher Klassen-Genosse das Nachsehen, der Zeit mit dem Hochschalten in den 3. Gang verliert. Der Motor randaliert dabei ja auch nicht, sondern klingt zunehmend schöner.

Schaltet man beim Beschleunigen hoch, braucht der hydraulische Drehmomentwandler je nach Motordrehzahl und Fahrgeschwindigkeit ein paar Takte Zeit: Bis zwischen Pumpen- und Turbinenrad gleiche Drehzahl und der sogenannte Kupplungspunkt erreicht ist, der „Schlupf" wegfällt und der Durchtrieb direkt erfolgt. Da der Motor ohnedies im unteren Drehzahlbereich besser durchziehen könnte, addiert sich das oft, zumal im 3. Fahrbereich, zu einem Gefühl unnötigen Zeitverzugs. Wer den Ro 80 gern fliegen läßt, muß im oberen Drehzahlbereich bleiben. In welchen Zwiespalt man dabei gerät, verrät das Kapitel 10.

Wer beim Beschleunigen vom Start weg lange genug im 1.Fahrbereich bleibt, gewinnt mit gutem Tempo-Zuwachs auch den besseren Anschluß an den 2. Fahrbereich im Bereich des maximalen Drehmoments. Man beachte dazu das Drehzahl-Geschwindigkeits-Diagramm in Kapitel 17.

Nicht erwähnt in einschlägigen Werkshinweisen: Das eigene oder das benachbarte Knie – wem immer es gehören mag – sollte nicht, wie schon beschrieben, den Schalthebel-Griff berühren.

Diese Art eines Beifahrers, auf die Möglichkeit zwischenmenschlicher Beziehungen aufmerksam zu machen, wird allerdings ab 1972 weitgehend unterbunden: Der Kontakt im Schalthebel-Griff ist längsgeführt.

Beim Gang-Einlegen im Stand läßt man tunlichst einen Fuß auf dem Bremspedal (die vorderen innenliegenden Bremsscheiben trennen von den Gelenken der Amtriebswellen), sonst entsteht nach Loslassen des Schalthebelknopfes durch die einrückende Kupplung ein Rucken.

Auch bei roter Ampel empfiehlt es sich, das Bremspedal zu belasten, wenn ein Gang eingelegt und die Handbremse nicht gezogen ist. Das Wandler-Glied in der Kraftübertragung läßt den „Ro" im Leerlauf kriechen.

Ro 80 mit Notausgang

In selten demonstrierter Einmütigkeit beginnen die Auto-Hersteller damals, den Fahrer daran zu hindern, durch die rechte Tür ein- und auszusteigen.

Kein zu großer Radkasten, kein störender, beengender Mitteltunnel. Der Fahrer kann bequem auch rechts ein- und aussteigen. Möglich durch raumsparenden Kreiskolbenmotor. Kein Kupplungspedal, breites Bremspedal. Schalthebel mit elektrischem Kupplungsauslöse-Kontakt.

Natürlich denken die Konstrukteure bei allem innerbetrieblichem Ehrgeiz auch an die Insassen. Aber im Laufe der Jahre sank die Sitzposition tiefer und relativ dazu quoll der unvermeidliche Getriebe-Tunnel nach oben. Und nun wollte man auch noch Material für die Unterdrückung von Zahnrad-Geräuschen unterbringen. Und die Innen-Einrichter, nicht faul, setzten noch Ablage-Schalen, Schalter und Knöpfe darauf. Auf diese Art gelang es den Konstrukteuren, den von ganz links nach rechts Aussteigenden zu akrobatischem Training zu zwingen.

Proteste vom fahrenden Volk, das in der Garage oder beim Parken nach rechts von Bord gehen möchte verhallten ungehört. Bedauerlicherweise wurde auch der Notausstieg nach einem Unfall behindert.

Nicht so beim NSU Ro 80. Der durch den Kreiskolbenmotor kompakte Gesamt-Antriebsblock läßt dem vorderen Fußraum und den nebeneinander Sitzenden alle Freiheit. Man kann ungehindert von der Beifahrerseite aus seinen Arbeitsplatz erreichen und ihn auf diesem Weg auch ohne jene Turnübungen verlassen.

So leistet der Ro 80 dank des völligen Fehlens jenes Mittelgebirges auch der Entfremdung von Fahrer und Beifahrer(in) keinerlei Vorschub. Man rätselt, warum andere Hersteller diese Trennung der Geschlechter erreichen wollen, wobei BMW bekanntlich die größten Erfolge erringt.

Nicht unwichtig: Der Ro 80 bietet serienmäßig eine gute, nämlich analoge Uhrzeit, leicht erkennbar auf einem ordentlich großen Ziffernblatt.

Überspielt den Winter

Auch darin ist man sich bald einig: Allwettertauglichkeit und Winterfahrbarkeit sind vorzüglich. Der Neue in der Klasse sticht die in Frage kommende große Konkurrenz mühelos aus. Auch hier der Vorteil des langen Radstandes, der gut belasteten Antriebsachse und der relativ weichen Kraftübertragung durch den Wandler.

Winterreifen empfehlen sich beim Ro 80 nur bei extremen winterlichen Bedingungen. Sind Schneeketten vorgeschrieben, lassen sich diese dank des großen vorderen Radausschnittes gut montieren.

Der Kaltstart beschert bei richtigem Umgang mit Starterzug und Gaspedal keine Probleme. Zum Wohle der Menschen, deren Gedanken nie dort sind, wo sie sein sollten, wird der Starterzug bald durch eine Start-Automatik ersetzt. Nebelscheinwerfer, Heckscheiben-Beheizung – beides keineswegs Standard damals -, Warmbelüftung der vorderen Seitenscheiben und kräftige Scheibenwischer sind nützliche Zugaben. So läßt sich der Ro 80 bald gern auf den Namen "Schneekönig“ taufen.

Wertvolle Stoffe führt der Ro 80 ständig mit an Bord. Es ist nicht nur das Titan im Sintermetall der radialen Dichtleisten. Und nicht nur das Silber im Schalthebel-Kontakt, um die Kupplung auszulösen.

Auch Gold ist geladen. Dieses Wertstück finden wir in den beiden Bremsflüssigkeitsbehältern der Zweikreis-Bremsanlage. Darin sind Kontakte installiert, die rechtzeitig mit einem Signallicht warnen, wenn Leckverluste auftreten. Die das Signal auslösenden Kontakte bestehen aus chemisch unempfindlichem Gold, das auf einer Silber- und Bronze- Unterlage galvanisiert ist.

Der Laufkultur des Motors sollte auch der Gasfuß angepaßt sein. Nervosität ist nicht am Platz, sonst steigt der Verbrauch. Diesem sind in Kapitel 10 passende Worte gewidmet. Ein beruhigter Gasfuß ist auch für den Kaltstart von Vorteil, sonst schieben die Kolbenkanten unverbrannte Nässe in die Schußkanäle und auf die Kerzen-Elektroden und Funkstille herrscht.

Zu den Kritikpunkten zählt, daß die sauber anliegende Luftströmung die vorderen Seitenscheiben unsauber macht, ferner das von Laub oder Schnee schlecht zu befreiende Belüftungsgitter vor der Frontscheibe oder das laute Belüftungsgebläse. Manche der in der 2.Reihe Sitzenden wünschen sich einen freieren Kopf und die hier Zusteigenden gelegentlich ein breiteres Portal.

Die serienmäßigen Stahlgürtelreifen fördern Dröhngeräusche auf gepflasterten Straßen. Die Handbremse macht Probleme beim TÜV, auch rostet sie bei längerem Stehen fest. Der Kenner legt nur die Parksperre ein.

Zum überwiegenden Teil stammt die neue Kund-

NSU läßt auch die Reise mit hoher Dachlast demonstrieren. Seefahrt tut not. Dank gesittetem Motorlauf erreicht man im Ro 80 in guter Kondition sein Ziel. Der Kenner sieht in dieser Perspektive auch den typischen »Ro 80-Knick« an der Heckscheibenstütze.

schaft, wie die Statistik weiß, aus freien Berufen: Architekten, Rechtsanwälte, Mediziner, Schauspieler, Apotheker und andere Künstler, im wesentlichen Menschen mit unbeschädigtem Selbstbewußtsein und Hang zu Individualität. Auch zeichnet sie Eigeninitiative, kreative Neugier und Sinn für Form und Fortschritt aus.

Die für Liebhaber-Autos aller Jahrgänge kompetente Zeitschrift „Motor Klassik" legt diese Meßlatte an: „Der Ro 80 ist kein geeignetes Fortbewegungsmittel für technische Laien, Bleifußfahrer und Auto-Kulturbanausen."

Eingemeindung

VW kauft nach Auto Union auch NSU

Im Frühjahr 1969 reiben sich Beobachter erstaunt die Augen. Die NSU Motorenwerke AG wollen mit der Volkswagenwerk AG fusionieren. Verwertet NSU nicht mit dem Wankelmotor eine „Jahrhundert-Erfindung"? Bevölkern nicht die kleinen NSU-Modelle die Straßen?

Branchenkenner sehen tiefer. NSU wuchs beständig, die Betriebsflächen weiteten sich aus, die Beschäftigtenzahl stieg auf 11500, der Umsatz 1968 auf 566 Millionen DM und die Rekordzahl von 127610 Autos wurde produziert. Das änderte freilich nichts an der Kleinwagen-Ertragsmisere. Dieser zu entkommen, geriet NSU in einen Teufelskreis.

Das Programm mußte aufgestockt werden, etwa mit den 4-Zylinder-1000er- und 1200er-Modellen. Unternehmensprofil wurde nötig, so mit neuartigen Kreiskolbenmotoren und mit dem Ro 80. Man entwickelte den K 70, dieser mit einem neuen Hubkolbenmotor, um auch die Mittelklasse zu besetzen. Man brauchte immer mehr Kapital.

Angesichts des hohen Kapitalbedarfs ist es nicht ausgeschlossen, daß NSU schon früh auf eine Anlehnung an VW zusteuerte und dafür schon den K 70 in der Hand haben wollte. Der siebente Himmel, den Wankels Idee versprach, ließ ja auch warten. Man konnte auch nicht unbegrenzt Kapital aufnehmen. So ließ man die eigene Arbeit am K 70 schon vor dem noch zu erwähnenden „Verschmelzungsvertrag" mit VW ruhen.

NSU rettete sich in seiner Geschichte schon einige Male vor einer Auszeit. Nun standen die Ampeln endgültig auf Rot. Die Dresdner Bank drängte zur Fusion mit VW.

Auch Lizenznehmer Toyo Kogyo, heute Mazda, bot sich an. Es wäre eine interessante Ehe geworden, Wankels Motor hätte profitiert. Curtiss-Wright wollte mit 51 % einsteigen. Wankels Partner Hutzenlaub war dagegen. Andere Bewerberinnen, so Fiat und Chrysler, begannen die Bluse zu öffnen. Andere gaben sich prüde, so Daimler-Benz und BMW.

VW war die Strammste der Kandidatinnen. Aber auch sie hatte ihre Sorgen. Sie war im Niedersächsischen etwas vereinsamt, mit Luftkühlung, Heckantrieb und Käfer-Monokultur gleichfalls ins Kosten-Aquaplaning geraten und nun mit der Angst vor der eigenen Größe beschäftigt. Man verlangte dringend nach technischer

Zuwendung. Der K 70 von NSU war da willkommen, ebenso zusätzliche Produktionsstätten in Neckarsulm und ein Potential überaus kreativer Menschen. Auch hätte man mit dem Kreiskolbenmotor einen Fuß fest in der Tür.

So kam es, daß sich der Vorsitzende des NSU-Auf-

Als NSU Ro 70 projektiert, wurde er kurzzeitig zum NSU K 70 (1969) und nach der Firmen-Fusion zum VW K 70 (1970-1974). Mit dem Ro 80 gemeinsam ist die zum Teil umlaufende seitliche Sicke und die sauber geschnittenen Türen, nicht aber der Motor. Kreisende Kolben paßten nach Entwicklungsstand und Kosten nicht in die projektierte Mittelklasse.

Schon 1934 arbeitet NSU für VW: Auto-Pionier Ferdinand Porsche läßt bei NSU drei dieser Prototypen für den späteren ersten VW entwickeln (Porsche Typ 32). Die Grundzüge sind schon vorhanden. Nach dem Krieg für den Verkehr zugelassen, heute im VW-Museum Wolfsburg.

Der NSU Prinz 4 (1961–1973), aber auch seine größeren Ableitungen, Prinz 1000 und Typ 110 (1964-1973), waren noch lange die »Brot- und Butter-Autos« in der Firmenbilanz. Der Prinz 4 zeigte mit der damals vieldiskutierten umlaufenden Sicke schon ein Stil-Element des Ro 80.

sichtsrates, Dr. Richter, zugleich im Aufsichtsrat bei VW, Ende 1968 mit VW-Chef Dr. Lotz in Düsseldorf zu einem gepflegten Essen trafen. Man gelangte über das Dessert hinaus und zu einer gewissen Übereinstimmung der Ansichten.

Vor Hochzeitsnacht ein Eiertanz

Mit dem Verschmelzungsvertrag vom 10.3.1969, der von der NSU-Hauptversammlung vom 26.4.1969 rückwirkend zum 1.1.1969 zu genehmigen ist, schafft das Niedersachsen-Fräulein den Kandidaten NSU schon einmal nahe ans Ehebett. VW bringt 128 Millionen DM mit und ist nach der Erhöhung des Aktienkapitals auf 215 Millionen mit 59,5 % dabei. 15,8% hält noch die Dresdner Bank, 14 % die Israel British Bank, 4,5 % Investment Fonds und 6,2 % die Kleinaktionäre.

VW will NSU mit der Tochterfirma Auto Union mit ihren seit 1965 produzierten Audi-Modellen vereinen. Aber die Kleinaktionäre opponieren. Knackpunkt: Man sieht sich entgegen aller rhetorischen Zusicherungen, den NSU-Wankel-Motor zu fördern, angesichts der früheren Abwehrhaltung des VW-Werkes um künftige Wankel-Lizenz-Einnahmen gebracht.

Während die Firma NSU schon per 31.12.68 durch Treuhand-Gesellschaften ohne große Probleme bewertet werden konnte, entzieht sich der Wert des Wankel-Objektes einer genauen Beurteilung. Die kleinen NSU-Aktionäre weisen auf die weltweit abgesicherten NSU-Wankel-Patente und deren Auswertung hin. „Das ist Milliarden wert!"

Aber im VW-Werk sieht man es anders. Daß 40 % der Lizenz-Einnahmen an die Wankel GmbH abzuführen sind, dämpft ohnehin das Interesse an den kreisenden Kolben. VW will aber auch nicht über die Börse die restlichen NSU-Aktien kaufen. Es wäre ein kostspieliger Handel. Die Redeschlachten in der Hauptversammlung nehmen Marathon-Charakter an. Einer der Kleinaktionäre: „Eiertanz in Vollendung."

Schließlich blüht eine Idee auf, pfiffig, wie sie nur den labyrinthischen Gedankenzügen eines Juristen entspringen kann. Sie wird dem gemeinsamen Denksport von Dr. Richter und VW-Chef Dr. Lotz zugeschrieben: Ausgliederung des Wankelbereiches und Ausgabe von „Audi NSU-Genuß-Scheinen", gesonderte Beteiligungs-

Mobilisierung des Unterbewußtseins als Mittel des Marketings. Zeitdokument 1971 und Variante der Öffentlichkeitsarbeit von Audi NSU.

papiere also am Wankel-Geschft. Je NSU-Aktie ein Genuß-Schein, Schmierfett für den weiteren Gang der Handlung. Im Licht späterer Ereignisse freilich nicht die beste Lösung, da bremsend für das VW-Interesse an kreisenden Kolben.

VW verspricht Wankel-Kontinuität

Obwohl das VW-Werk keine Wankel-Lizenz nahm – schon die frühere VW-Spitze Nordhoff lehnte sie entschieden ab – sichern die Norddeutschen die Förderung der Kreiskolben-Entwicklung zu. Festgelegt hat man sich allerdings nur mit der Bedienung der Genuß-Scheine.

Nach einer zähflüssigen Umtauschaktion der restlichen NSU- in VW-Aktien hält VW endlich mit 99 % der Aktien die gewünschte Mehrheit der neugeschaffenen Firma Audi NSU Auto Union AG. Im Hinblick auf die noch zu erwähnende Zukunft der neugestalteten Tochter tritt der am 23.4.1971 abgeschlossene „Unternehmensvertrag“ in Kraft, treffender auch „Beherrschungs- und Gewinnabführungsvertrag“ genannt.

Das VW-Werk hat keine NSU-Wankel-Lizenz gekauft, sondern gleich den Haupt-Lizenzgeber. Aber man will Weisungen hinsichtlich der Kreiskolben-Entwicklung nicht erteilen. Es ist ein Lippenbekenntis.

Blick zurück

Die Auto Union GmbH – Flüchtling ohne großes Gepäck aus dem Osten Deutschlands – kann sich von der Verpflanzung nicht so recht erholen. Der Kontrahent aus dem Vorkriegs-Renngeschehen – Daimler Benz – ist es, der die auf den Zweitaktmotor eingeschworene Firma 1958 erwirbt.

Das neue Oberhaupt eliminiert die Motorräder der Marke DKW.

1965 steigt das VW-Werk mit 60 % in die GmbH ein, streckt das Kapital von 80 auf 160 Millionen und erwirbt die restlichen Anteile von Daimler-Benz. Diese brauchen Flüssiges für die Lastwagen-Produktion. Das neue Oberhaupt streicht auch die kaum noch verkäuflichen Zweitakt-Autos namens DKW.

Wird der Prozeß der Eliminierung fortgesetzt, da nun die Auto Union mit NSU und deren Kreiskolben-Auto zusammengeführt wird? Die Frage ist überflüssig. Wir wissen es.

Für das fusionierte Unternehmen hat man sich – sicher nicht nach schlaflosen Nächten – den Namen Audi NSU Auto Union AG einfallen lassen. Aber dieser Bandwurm – Eintrag in das Handelsregister am 21. August 1969 – will es beiden Firmen recht machen. Die reaktivierte Marke Audi stammt von 1910.

Die Marke Audi wird dazu ausersehen, das biedermännische VW-Angebot nach oben mit Modellen von mehr Weltläufigkeit zu ergänzen. Praktisch bedeutet das – so wird auf den Feldherrnhügeln des Konzerns für die neu formierte Tochter Audi NSU beschlossen – mit den Kräften von Ingolstadt und Neckarsulm Autos zu entwickeln, die großes Produktions-Volumen bei absehbaren Gewinn-Chancen versprechen. Es ist die Strategie einer bitter nötigen Hilfe für das VW-Werk, das den lebensnotwendigen Modell-Aufstieg allein nicht bewältigte.

Diese Aufgabe wird von den Oberen vertraulich behandelt und auch nicht bei den Fusionsgesprächen ausgeplaudert. In dieser Strategie haben die kleinen NSU-Modelle ebenso wenig Platz (sie laufen 1973 aus), wie der NSU Ro 80 und die kreisenden Kolben. Es wird alles als unrentabel eingestuft. In dieser Hinsicht strebt allerdings das VW-Werk einer Spitzenstellung zu.

Die Sackgasse für den Ro 80 scheint demnach schon früh festgelegt. Das wird allerdings vorsichtig gehandhabt. Die Wankel-Lizenzverträge verlangen eigene Aktivitäten und dazu zählt der Ro 80.

Der Ro 80 als Gallionsfigur des Hauptlizenznehmers trägt denn auch dazu bei, die Kasse klingeln zu lassen. Bis zur Fusion können rund 28,8 Millionen DM an Brutto-Lizenzeinnahmen verbucht werden – allerdings nicht genug, um alles zu finanzieren.

Fusion, dann Konfusion. Die Natur half etwas mit (1970). Das Hochwasser der Sulm floß in die Kellerräume der NSU-Gebäude und zog auch Versuchsmotoren und Kreiskolben-Dokumentation in Mitleidenschaft.

Die neue Herrschaft

Die Auto Union in Ingolstadt begann unter dem VW-Dach 1965 mit dem Audi 72 wieder im Viertakt zu tanzen. Ihm folgen 1968 der Audi 60 und der Audi 100, alle mit Frontantrieb. Er wird von den zweitaktenden Vorgängern übernommen. Die Form des Audi 100 ist tugendhaft mit einer Dosis Mercedes. Das Image „brav" bleibt Audi treu und es erweist sich als schwer und teuer diesem Ruf zu entkommen.

Aber was zählt, ist es, daß der Audi 100 gut aus den Startlöchern kommt. Im Katalog „Auto-Modelle", 1970/71, heißt es allerdings: „...seinen Vierzylinder empfinden sensiblere Naturen als hart und rauh ...andererseits sind Laufruhe und Geräusch eines Motors beim deutschen Auto-Publikum keine allzu wichtigen Kriterien."

Ein bemerkenswerter Gesichtspunkt. Er wird im VW-Konzern – nun belastet mit der Pflicht des Wankel-Lizenzgebers – aber auch von anderen Herstellern gern registriert.

Umgestaltung

Der Fusion folgt, wie üblich, die Konfusion. Denn Liebe auf den ersten Blick ist es nicht, die NSU und Auto Union dazu bestimmt, sich das Händchen zu reichen. Die besseren Karten haben die Ingolstädter. Sie hatten schon mit Daimler-Benz und dann mit VW einen starken Partner, an den es sich gut anlehnen ließ und sind bereits vom Geist der Kosten und Nutzen als Maß aller Dinge erfüllt. NSU verstand sich immer ein bißchen mehr als Kreativ-Gesellschaft denn als Aktien-Gesellschaft. Nun entdeckt man sich in rauhem Wind. Die Zeit der Ernüchterung ist angebrochen.

Doch Ro 80- und K 70-Testfahrzeuge können auf der großen VW-Versuchsstrecke in Ehra-Lessien bei Wolfsburg ihre Runden drehen. Auch eine Kälte-Erprobung für den Ro 80 in Finnland übernimmt VW.

Wolfsburg drängt auf Neuordnung in der Firmen-Organisation. Doppelfunktionen in Neckarsulm und Ingolstadt werden aufgelöst, was Härten mit sich bringt.

Anfahrt in Schweden zu einem Kälte-Test der schwedischen Zeitung »Expressen« in Kiruna, 1400 km nördlich Stockholm, Januar 1970. Der Ro 80 noch mit kleinen Rückleuchten, das Kennzeichen-Schild noch unter der Stoßstange (»HN« = Kreis Heilbronn, zu dem Neckarsulm gehört).

In Kiruna, 150 km nördlich des Polarkreises, werden Kaltstart, Heizung und Scheiben-Entfrostung geprüft. Der Ro 80 zählt zu den schnellsten Startern. Und, ebenfalls keine Überraschung, laut Testbericht: »Die gleichmäßigste Heizung hatte der NSU Ro 80.«

So braucht man nur noch einen Vorstand.

Firmensitz der neuen VW-Tochter ist offiziell Neckarsulm und Dr. von Heydekampf wird zum Vorstandschef der neuen Aktiengesellschaft bestellt. Doch auf die Knöpfe wird in Ingolstadt gedrückt. Dorthin wurde clever der Verwaltungssitz gelegt.

Für Frankenberger, bis dahin NSU-Technik-Spitze, wird im neuen Vorstand ein anderes Pferd gesattelt – das Personalwesen. Dr. Günter Henn, ab 1963 Leiter einer NSU-Rechts- und Lizenzabteilung, steigt 1971 in den Vorstand auf.

Die Technik-Leitung übernimmt Ludwig Kraus. Bei Daimler-Benz leitete er die Konstruktion der erfolgreichen „Silberpfeile" der Nachkriegszeit. Daß man gern die eigenen Intentionen realisiert – Merkmal im weiteren Verlauf der Wankel-Story – erleben wir auch hier.

Kraus ließ für den ersten Wagen unter der VW-Flagge, den Audi 72, einen „Mitteldruck-Otto-Motor" entwickeln. Die hohe Verdichtung von 11,2:1 war durch Drall-Verwirbelung der Ladung möglich. Doch es verschlechterte die Füllung und klopfende Verbrennung trat auf. Der Motor erlebte eine nur kurze Zeit der Serie und mußte „entdrallt" werden.

Zum Bedauern der Neckarsulmer wird die Fahrzeug-Entwicklung nach Ingolstadt verlegt und mit ihr rund 70 Mitarbeiter. In der neuen Arbeitsheimat sind die künftigen Audi 50 und VW Polo vorzubereiten. Hier sei eingeschoben, daß für diese insgesamt 55 Prototypen entstehen, gegenüber, wie erwähnt, nur 16 für den Ro 80.

Mit auf die Wanderschaft nach Ingolstadt gehen der NSU Ro 80-Versuchsleiter Brockhaus und – zunächst – der Leiter der Fahrwerks-Konstruktion Schmidt. KKM-Konstrukteure müssen sich wieder den Hubkolben zuwenden. 1971 sieht man auch Designer Claus Luthe in Ingolstadt. Aber 1976 zieht es ihn nach als Chef-Designer zu BMW nach München.

Nach Wolfsburg berufen wird Dr. Wenderoth, der den Ro 80 und den K 70 durch die Termine drückte. Seine entsprechenden Erfahrungen, aber auch sein Geschick, zu motivieren, will man für den Unternehmens-Retter VW Golf nutzen, für dessen Heranreifen er verantwortlich wird.

In Neckarsulm bleibt unter Leitung von Praxl das „Wankel-Zentrum". Es wird personell erheblich erweitert, wie schon in Kapitel 7 geschildert. VW will sogar dort ein großzügig aufgestocktes „Welt-Wankel-Zentrum" einrichten. Denn der Wankel-Trend zeigt aufwärts.

Dr. Froede, Leiter der Wankel-Forschung, begibt sich Anfang 1975 in den Ruhestand, seine Späße kamen kaum noch an. Sein Nachfolger ist Dr. Wilmers. Als sich Praxl 1976 aus dem Beruf verabschiedet, wird Richard van Basshuysen der Nachfolger. Er übernimmt Gesamtversuch, Forschung und Konstruktion in Neckarsulm. Ingolstadt stellt neue Aufgaben.

Konsequent wird in Ingolstadt ein Entwicklungszentrum aufgebaut, intern auch „Ludwigsburg" genannt. Nicht ungern sieht sich Ludwig Kraus als Namensgeber der später für Wolfsburger Zugriffe so schwer zugänglichen Bastion. Denn ebenso wie man sich im Werk Neckarsulm gegenüber dem Werk Ingolstadt zu behaupten hat, so steht man dort im ewigen Kampf, wenn auch mit umwickelten Messern, gegen Ansichten und Weisungen aus Wolfsburg.

Ro 80 in neuen Händen

Nicht einfach ist die Überführung bisheriger NSU-Betriebe in die VW-Audi-Organisation. Viele Händler – schon vor der Fusion – nehmen den Ro 80 wegen der Defekte mit dem Zweikerzen-Motor nicht mit offenen Armen auf. Enttäuscht sind prominente Besitzer, denen man vorrangig den Ro 80 verkaufte und die bald – meistens mit unwilligen Motoren durch Kaltverschleiß im Kurzverkehr – die Werkstatt ansteuern müssen. Dort sinkt die Motivation zum Verkauf. Oft müssen Händler für den Ro 80 wenig gängige Gebrauchtwagen hereinnehmen.

Die Jahre 1969/70 bringen mit 7811 und 7200 Einheiten zwar die höchsten Produktionszahlen, doch der Absatz geht nach den negativen Anfangserfahrungen zurück. Die Produktion wird außerdem gedrosselt. Die heute meist übliche Praxis ist noch nicht eingeführt, daß nur bestellte Wagen gefertigt werden.

Rudolf Leiding hat eingegriffen. Er ist der von Lotz im April 1971 zur Kostensenkung bestellte neue Audi NSU-Chef, ein handfester Eiserner-Besen-Typ. Die weitere Fertigung des Ro 80 ist zum ersten Mal in Gefahr.

Leiding, der den Ro 80 schätzt, will auch, um ihn zu „retten", einen Hubkolbenmotor-Vierzylinder aus Audi-Regalen einpflanzen lassen. Er läßt sich umstimmen, so mit dem Hinweis auf die Verpflichtungen des Lizenzgebers.

Dr. von Heydekampf zieht sich im März 1971 vorzeitig ins Privatleben zurück. „Die Prinzen", so meditiert er in einer Rückschau, „waren wohl zu klein und der Ro 80 zu groß."

Technik-Vorstand Kraus stellt sich anfangs eher widerstrebend der übernommenen Aufgabe der Kreiskolben-Entwicklung, namentlich der Notwendigkeit, den Ro 80-Motor standfester zu machen. „Aber nach einigen Monaten," so ein Beteiligter, „hatte er Feuer gefangen."

Kraus ist in der Tat zu sehr Ingenieur, um sich nicht, und dann heftig, für die Lösung eines technischen Problems zu interessieren. Auf seine Frage nach der Dauerhaltbarkeit des Ro 80-Motors erntet er bald nach der Fusion ein gewisses Schweigen. Er nimmt schließlich eine vorsichtige Schätzung entgegen – auch wegen des noch nicht bekannten Abriebs der neuen Dichtleisten in der Praxis – von nur rund 45 000 km.

Kraus macht sich zum Facharzt für Kinderkrankheiten und leitet ab Mitte 1970 die schon in Kapitel 7 geschilderten Therapien ein. Lehrgänge zur „Fehler-Früherkennung" für das Händler-Personal werden angesetzt, Umrüstaktionen von Zwei auf Einkerzenmotoren erwogen.

Viele, noch nicht georderte Ro 80 warten im Freien auf Abruf. Sie müssen vielfach wieder auf ein Sonderband hereingenommen werden, um Änderungen nachzuholen oder Witterungseinflüsse zu beseitigen. Auch bei Händlern auf dem Hof länger stehende Ro 80 sind betroffen.

Alu-Teile zeigen „Ausblühungen", so die Mäntel. Seiten und Zwischenteile rosten, auch der Anlasser, das Eisenpaket der Lichtmaschine, das Ölfilter, Hauptbremszylinder, Lenkhilfepumpe, Schrauben, Felgen und vor allem die Bremsscheiben. Rostbildung auch an den Schnittkanten von Karosserieteilen (hintere Türen, Motor und Kofferraum). Abhilfemaßnahmen werden eingeleitet (Motorschutzspray, Zinkstaubfarbe, nichtrostende Schrauben und Muttern u.a.).

Kraus setzt immer wieder seine gefürchteten „Krisensitzungen" an. Auf seine Anordnung kommen zehn Motoren auf die Prüfstände, um die Dauerhaltbarkeit zu erhöhen. Ein Autobahn-Fahrprogramm wird simuliert, das "Düsseldorf-Programm", von Daimler-Benz erstellt. Es reproduziert Fahrzustände Stuttgart – Düsseldorf und zurück.

Die intensive Fürsorge hat freilich ihren Sinn. Die Lizenz-Kasse klingelt lauter. 1970 gehen für Audi NSU 8,7 Millionen DM Brutto-Lizenzeinnahmen ein. Das ist das Doppelte von 1969, bezüglich der eigenen Entwicklungskosten wenig. Der größte Teil dieses Geldes muß weiter verteilt werden (Kapitel 13).

Weist die Statistik für den Ro 80 Ende 1971 eine auf 2916 drastisch reduzierte Stückzahl aus, so festigt sich nach der Gesundungskur wieder das Vertrauen in den Ro 80 und die Produktion zieht 1972 auf 4203 Fahrzeuge an.

Doch bleibt dem Motor ein weiterer Rückschlag nicht erspart. Ende März 1972 zeigt sich Rauhigkeit („Knospen") auf der Elnisil-Beschichtung der Trochoide. Die Serie wird für einige Tage gestoppt und das galvanische Bad ausgewechselt. Dennoch tritt wieder Verschleiß in den bis Oktober 1972 gefertigten Motoren auf. Sie rauchen blau, die Leistung schwindet.

Die Zusammensetzung der galvanischen Bäder wird geprüft und man stellt falsch dosierte Komponenten fest (Silizium und Saccharin). Mit den richtigen Zusätzen stimmt die Härte der Beschichtung wieder. Aber Reklamationen mit „Schichtschäden" aus den zuvor gelieferten Motoren bleiben nicht aus.

Zuspitzung im vorderen Bereich und Beginn der Keilform. Der Funktion dienende Kühnheit dank niedrig bauendem Kreiskolbenmotor und ergänzt durch kreative Formgedanken. Sonderausstattung geschmiedete Leichtmetallfelgen.

Flanke von rechts oder die Hervorhebung des Ausgangsentwurfs von Ro 80-Designer Claus Luthe: Ein langgestreckter, reich verglaster Dachaufbau (»green house« = Gewächshaus). Daraus resultieren auch die gerade geschnittenen Türen.

Die konsequente Verwaltung einer Idee. Der Ro 80-Motor Herbst 1969 bis Herbst 1971 (»Einkerzenmotor«, ohne Nachverbrennung). In Rot die bewegten Teile, von links: Aggregate-Träger, unten die Doppel-Ölpumpe, daneben Ölkühler, Zahnrädersatz für Kraftstoff- und Vakuumpumpe, sowie Zündverteiler und Öldosierpumpe, rechts Seitenteil (»Endteil«), Mantel mit Kreiskolben, Zwischenteil, Mantel mit Kolben, Seitenteil (»Abtriebsteil«), Schwungrad, Drehmomentwandler, Reibungskupplung, Achsantrieb, darüber Anlasser, Getriebe, davor innenliegende Scheiben bremse.

Ansatz zu neuem Denken. Kompakter Antriebsblock durch rotierende Kolben und Frontantrieb. Motor mit Nachverbrennung unverbrannter Kohlenwasserstoffe (ab Herbst 71). Vorn oben dafür die Luftpumpe. Unter dem Luftfilter das Wandlergehäuse, daneben Anlasser, darunter innenliegende Bremsscheibe und Getriebe.

Primat der Einfachheit. Unten die direkt leistungserzeugenden Teile: Nur Exzenterwelle und zwei kreisende Kolben. Darüber in der Mitte das Zwischenteil, links und rechts die beiden Mäntel oder Scheiben mit den Kolbenlaufbahnen (Trochoiden). Oben die Endteile.

Die Kunst der Synthese aus Funktionalität und Harmonie der Gestaltung. Schokoladenseite des NSU Ro 80. Auf diesem Wagen – letztes Baujahr 1977 – statt des NSU-Markenzeichens ein von Felix Wankel geschaffenes Emblem.

Hoch angesehen – so durch wachsende Zuverlässigkeit oder hohes Sicherheitsniveau – ist der Ro 80 in den letzten Produktionsjahren. Die Heckklappe dieses Ro 80, Baujahr 1977, trägt ein von Felix Wankel geschaffenes Symbol. Die Abwesenheit des Ro 80-Schriftzuges soll Unkundige später raten lassen, ob es sich um ein ganz neues Auto-Modell handelt.

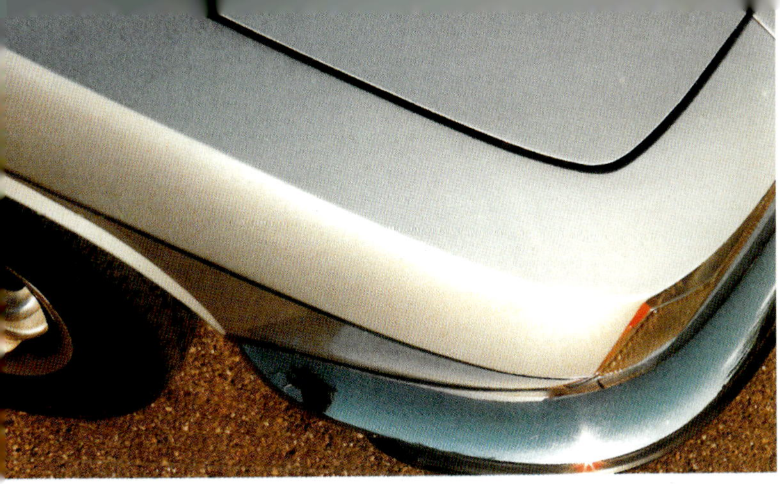

Lust auf Linien, diese eine die großen Flächen sauber trennende Idee. Die Option »Rallye-Streifen« (ab Modelljahr 76) ist dazu nicht erforderlich. Die Stoßstangen umrunden weit die Form, Schutz und ergänzende Linienzüge. Große Heckleuchten (ab Modelljahr 76).

Ordnung und Offensive oder die Raffinesse, verschiedene Elemente dank niedrigem Vorderwagen zusammenzuführen. Die NSU Motorenwerke AG demonstrieren, wie stilsicher ein Auto gezeichnet sein kann. Halogen-Fernscheinwerfer getrennt, Nebelleuchten unten.

Kultiviertes Kolbenkreisen inspiriert zu ästhetischem Ausdruck. Aus dieser Perspektive ist auch der leicht elliptische Schwung der Seiten erkennbar, der Aerodynamik zuträglich und Gewinn an Eleganz. Nach der Firmenfusion wird NSU – ein zu innovativem Denken befähigtes Unternehmen – auf industrielles Durchschnittsmaß zurückgeschraubt.

Höhepunkte seiner Laufbahn werden nach Konsolidierung von Entwicklungsdefiziten des Motors hohe km-Leistungen. Wankels Viertakt ist mit weniger Verschleißteilen möglich, die Wartung wird einfacher.

Kaum eine Perspektive, in der sich der Ro 80 nicht mit einem neuen Ansatz zu Betrachtungsweise und Diskussion vorstellt, nie langweilig, individuell bis unters Dach. Vielleicht zieht er deswegen besonders den Individualisten an.

Das leistungsstarke Fahrwerk läßt in Kurven hohe Querbeschleunigungen zu. Die Antwort ist im Extremfall starke, doch unbedenkliche Seitenneigung. Ein hinterer Querstabilisator könnte sie reduzieren, ist mit einem stärkeren Motor für 1977 vorgesehen, kommt aber nicht mehr zum Einsatz.

Zugang zum Ro 80 fällt Neubesitzern leicht, ob es die Handlichkeit des Fahrens oder die praktische Seite betrifft. Namentlich im Motorraum findet die sorgende Hand rasch die richtige Beziehung.

Ein Besitz, mit dem man sich gern schmückt. Der NSU Ro 80 wird mit einer neu gefundenen Sprache für Formen und Linien zum Mitglied einer automobilen Sonderklasse.

Frisch gestrichen

Alle Diversifikations-Objekte – Kreiskolbenmotoren für Einbauzwecke – werden vom neuen Oberhaus bald nach der Fusion gestrichen, so auch der marinisierte Ro 80-Motor, genannt Ro 135. Er bewährt sich, da er weitgehend mit konstanter Leistung und Drehzahl läuft. NSU: „Unser Musterstück!“ Er wird noch bis 1973 verkauft.

NSU war mit dem Ro 135 in guter Gesellschaft. Namhafte Hersteller, so Volvo, Daimler-Benz, BMW, Peugeot, General Motors und Mitsubishi, lassen ihre Motoren seegehend machen, da es dem Renommeé nützt.

Bald nach der Fusion beginnen die eigentlichen Pläne von VW real zu werden, Neckarsulm als zusätzliche Produktionsstätte zu sehen. Der Ro 80 muß schon ab 1970 die Endmontage mit dem anderen Kandidaten der Konzern-Oberklasse teilen. Dabei hat der Audi 100 (C 1,

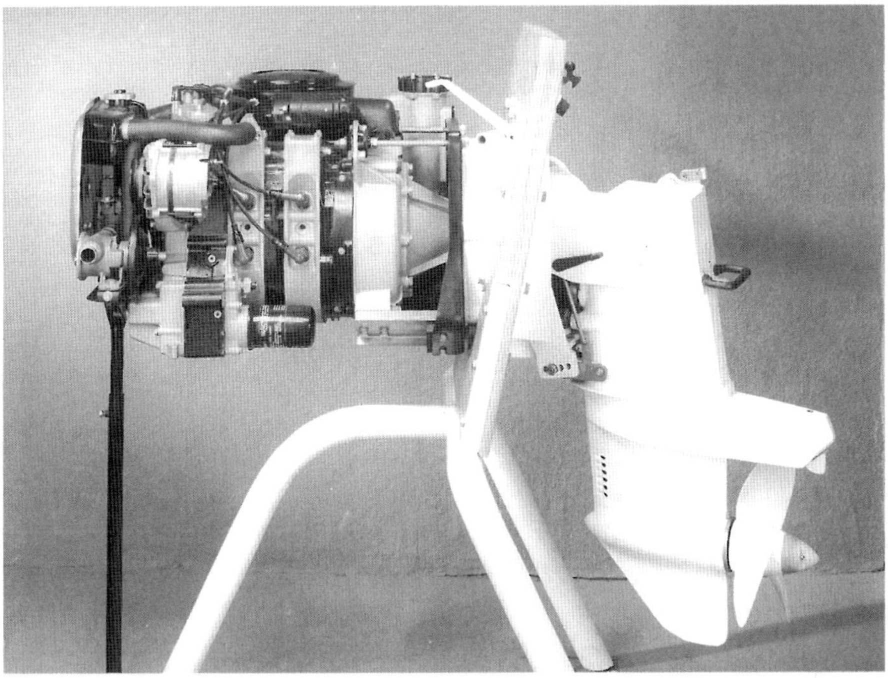

Der seegängig gemachte Ro 80-Motor Typ KKM 612-003, genannt Ro 135 nach der US-Norm (115 PS entsprechend 135 SAE-PS). Auf dem Wasser bewährt sich der noch junge Motor, da er mit meist konstanter Last läuft. Kein Schaltgetriebe, nur »vor« und »zurück«. Das Kühlwasser gibt seine Wärme im Tausch an das ständig durchlaufende Seewasser ab.

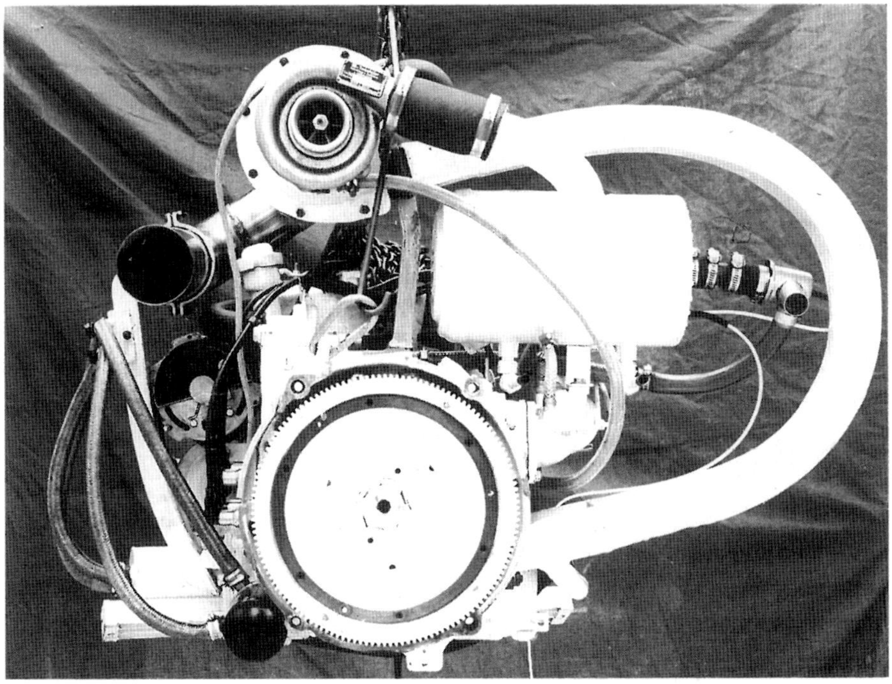

Der Ro 80-Motor turbo-aufgeladen für Wankels Motorboot »Tigerhai« leistet 250 PS auf dem Prüfstand. Zur Vollgasfestigkeit, zur Vermeidung der Exzenterwellen-Durchbiegung und wegen Brandgefahr wird auf 200 PS reduziert. Schwingrohr mit Druckvergaser, Ladeluftkühlung (rechts neben Lader). Wegen der heißen Abgase sitzt der Lader weit vom Auslass entfernt.

ab 1968) zunehmend die Nase vorn. Er ist Teil der Konzern-Zukunftsplanung und erwirtschaftet höhere Erträge. Aber diese, so eine gewisse Säuernis in Ingolstadt, „werden von den Ro 80-Verlusten teilweise wieder aufgefressen".

Auf der Basis der Kosten-Analyse des Ro 80 werden Einsparungen überlegt und manche durchgeführt. Dazu gehören Versuche mit dünneren, hochfesten 0,65 mm-Blechen für Innenteile. Aber man hätte mehr Geräuschdmmungs-Material gebraucht. Zu der Vermutung, die Blechstärken seien nach der Fusion in der Serie reduziert worden, das Werk später: „Die vorherrschende Meinung, für den Ro 80 seien nach dem Jahr 1969 dünnere Bleche verwendet worden, konnte von keiner Seite bestätigt werden."

Zur Kostenreduzierung zählt aber der positiv verlaufene Großversuch, die Frontscheiben-Dicke zu reduzieren (von 6,9 auf 6,3 mm, 1970), zumal der Einbau der elastischeren Scheibe besser gelingt.

Nur angedacht wird der Einbau eines normalen

»Tigerhai« nennt Wankel sein eigenes Versuchsboot. Er ist von schöpferischer Unruhe erfüllt, mit Rotationsmotoren auch neuartige Wasserfahrzeuge anzutreiben. Ein aufgeladener Ro 135-Motor peitscht das Boot über den Bodensee.

Schaltgetriebes statt des Wandlers, annulliert aber die von NSU in Aussicht genommene Getriebe-Vollautomatik. Verordnet werden dem Ro 80 die nicht mehr höhenverstellbaren Sitze des Audi 100. Dem Dreiklanghorn amputiert man eine Klangstufe. Um das nie aufhörende Leiden zu hoher Konzern-Kosten zu lindern, verfügt VW schließlich auch die Eliminierung der Kombizange aus dem Ro 80-Bordwerkzeug.

Nach den Maßnahmen zur Sicherung der Motor-Funktionen spricht man nur ungern von Modellpflege. Daher werden die aus der Entwicklung in Neckarsulm vorgebrachten Wünsche von Wolfsburg abgelehnt. So bleiben die schon vorhandenen Pläne, so für elektrische Fensterheber, Klima-Anlage oder verbesserte Sitze in der Schublade.

Die neue Kostenschere reduziert auch den Sonderrabatt von 30 %, die man noch den NSU-Werkern für den Ro 80 als Anerkennung für ihre Leistung einräumte. Für Wagen mit dem abgelösten Zweikerzen-Motor war der Nachlass noch höher.

Felix Wankel verkauft

Wankels mehrdimensionales Denken läßt ihn auch nach neuartigen Wasserfahrzeugen forschen, womit er gleichfalls die sich zuständig fühlende Fachwelt herausfordert. Die Abkehr vom Ro 135-Motor, aber auch andere Veränderungen durch die neuen Herren, läßt daher Wankel Entrüstung nach Ingolstadt schleudern: „Zerschlagung des Rotations-Gedankens!“ Mit NSU, bzw. Audi NSU, lebt er ohnehin im permanenten Spannungszustand. Auf Grund der 40 %-Beteiligung der Wankel GmbH an den Lizenzeinnahmen sieht er sich auch als ein Partner mit der Notwendigkeit, vieles öffentlich und kritisch zu kommentieren.

Wankel und Mitgesellschafter Hutzenlaub vermuten seit der Fusion, daß der VW-Konzern die Kreiskolben-Entwicklung auf lange Sicht einschläfern will. Sie beabsichtigen, so hört man 1971 erstaunt, mit ihrer Wankel GmbH auch Rechte an der Erfindung zu verkaufen. Auch dem VW-Werk trägt man sich an. Dort wäre man bereit, für eine Summe von 60 Millionen DM zu kaufen. Aber die Wankel-Seite pokert höher.

Dem britische Konzern Lonrho PLC (London-Rhodesian Public Limited Company) läuft in der Hoffnung auf große Mit-Lizenzeinnahmen das Wasser im Mund zusammen. Weltweit regiert man etwa 900 Firmen der verschiedensten Branchen.

Im Zielkonflikt zwischen Ruhm und Geld entscheiden sich Wankel und Hutzenlaub für beides. Man veräußert den Briten die wichtigen Gesellschaftsanteile für stattliche 100 Millionen DM. 10 % davon sind Anteile für Wankel und Hutzenlaub an der GmbH. Mit den Lizenzeinnahmen muß auch die Lonrho Entwicklung betreiben, zunächst in Wankels „Technischer Entwicklungstelle”, Lindau, dann in der „Wankel R & D“ (Research and Development). Unter der Leitung von D. Eiermann, vormals Chefkonstrukteur und Stellvertreter von Wankel, arbeitet diese in neuen Anlagen ebenfalls in Lindau, 1992 zur Wankel GmbH selbständig geworden.

Ro 80 in neuer Frische

Wunde Stellen des Ro 80 sind gelindert oder geheilt. Die größere Standfestigkeit des Motors wird auch von Dauertest-Berichten der Fachpresse bestätigt. Mit seinen weniger bewegten Teilen, zumal mit den Ferrotic-Dichtleisten, kann er den Hubkolben-Vetter in der Dauerhaltbarkeit einholen und sogar überflügeln.In einem vom VW-Werk an die Händler gerichten Papier heißt es stolz, wenn auch sachlich stark verfremdet: „Audi NSU hat die geniale Idee der leise kreisenden, trochoidenförmigen Scheiben anstelle der in rasender Geschwindigkeit auf und abgehenden Hubkolben vollendet.”

Der Ro 80 übernimmt mit seinem zuverlässig werdenden Motor nun die ihm zugedachte Rolle. Er repräsentiert mit diesem Triebwerk – kompakt, leicht, laufruhig – ein erfrischend neues Konzept und hilft, Lizenznehmer im Glauben zu festigen oder zu animieren.

Tatsächlich klopfen 1970 bis 1973 weitere Firmen an der Tür des „Wankel-Clubs”, um – wenn auch gequält lächelnd – die teuren Bedingungen für Fest-, Mindest- und Umsatz-Lizenzgebühren zu unterschreiben. Zu die-

Der Ro 80-Motor wird marinisiert und heißt »Ro 135«. Das NSU-Versuchsboot, Typ »Avenger« mit zwei Motoren, 1969 durch das Adria-Gewell geknüppelt. VW stoppt 1970 Produktion und Verkauf.

sen Firmen zählen: Nissan, General Motors, Suzuki, Toyota, Ford-Deutschland, Brunswick, Ingersoll-Rand, BSA, Kawasaki, American Motors. Später folgen Yamaha und Croco Engines, Schweiz.

Zuvor schon im Club: Curtiss-Wright, Toyo Kogyo, Outboard Marine (OMC), Fichtel & Sachs, Yanmar Diesel, Perkins, Klöckner-Humboldt-Deutz, Daimler-Benz, MAN, Krupp, Rheinstahl-Hanomag, Alfa Romeo, Rolls-Royce, VEB Automobilbau, Porsche, Outboard Marine, Comotor, Graupner, Savkel Israel.

Das Behandeln von Verbrennungen

Abgas und Verbrauch

Die Anfangsleiden des Motors sind bis 1971 weitgehend überwunden. Sie gingen überwiegend auf das Konto des unter großem Termindruck erfolgten Serien-Anlaufs im Okober 1967. Aber man ist noch nicht über den Berg. Der Begriff „Umwelt“ zieht herauf und kommt dem Wunsch des Menschen nach Feindbildern entgegen, an denen man sich reiben kann. Praktischerweise gibt es dafür immer Gelegenheit. So bauen sich auch vor dem Ro 80 neue Hürden auf: Abgas-Bestimmungen und die herbeimanipulierte „Energiekrise“ 1973/74.

Sehen wir uns die Abgas-Verhältnisse an. Etwa auf gleichem Niveau wie der Hubkolbenmotor liegt der Kreiskolbenmotor bei Kohlenmonoxyd (CO). Besser ist er bei Stickoxyd (NO_x), von dem er etwa 2/3 weniger bildet. Kohlendioxyd (CO_2), ungiftig und nicht reglementiert, entspricht dem des Hubkolbenmotors.

Ein Grund für den günstigen, geringeren NO_x-Anteil beim Ro 80-Motor sind die weniger hohen Spitzentemperaturen bei der Verbrennung, eine Folge der noch zu erwähnenden Kammerform. Auch besitzt der Motor eine „unsichtbare Abgasrückführung“: Wegen des nahe nebeneinander liegenden Ein- und Auslasses in der Trochoide bei Umfangs-Einlaß können sich Restgas und Frischgas mischen. Diese hier freilich unwillkommene Erscheinung wirkt ebenfalls reduzierend auf Spitzentemperaturen. Ohne Abgasrückführung in den Brennraum können aber auch Hubkolbenmotoren künftige Abgasbestimmungen nicht mehr erfüllen.

Ungünstiger verhält sich der Kreiskolbenmotor hinsichtlich der Kohlenwasserstoffe (CH). In der gestreckten Brennraumform hat die Flammenfront einen längeren Weg. Wegen des verzögerten Ablaufes der Verbrennung nehmen nicht alle Kraftstoff-Teilchen daran teil. Auch kann die Flamme im nacheilenden „Zwickel“ des wandernden Brennraumes verlöschen. Unverbrannte CH-Reste bleiben zurück. Frischgas kann aus dem Einlaß oder einer benachbarten Kammer bei nicht wirksamer Abdichtung durchblasen, gelangt in das verbrennende Gas und wird mit ausgestoßen.

Keine Probleme entstehen hinsichtlich des damals in die Diskussion geratenen Blei-Zusatzes im Benzin. Der ventillose Ro 80-Motor kann ohne Nachteile bleiarmen Normalkraftstoff verarbeiten.

Neuzugang im Motorraum ab August 71: Vorn oben auf dem Motorblock sitzt eine keilriemengetriebene Luftpumpe mit einem Überdruckabblase-Ventil. Luft wird über den dicken Schlauch zur Nachverbrennung von Kohlenwasserstoffen in die beiden Auslässe auf der anderen Motorseite geführt.

Eine der ersten Ausführungen für die Nachverbrennung ab August 1971 für Modelljahr 72: Zwei Reaktoren, einer für jeden Auslass. In der Serie wird ein gemeinsames Reaktor-Rohr verwendet.

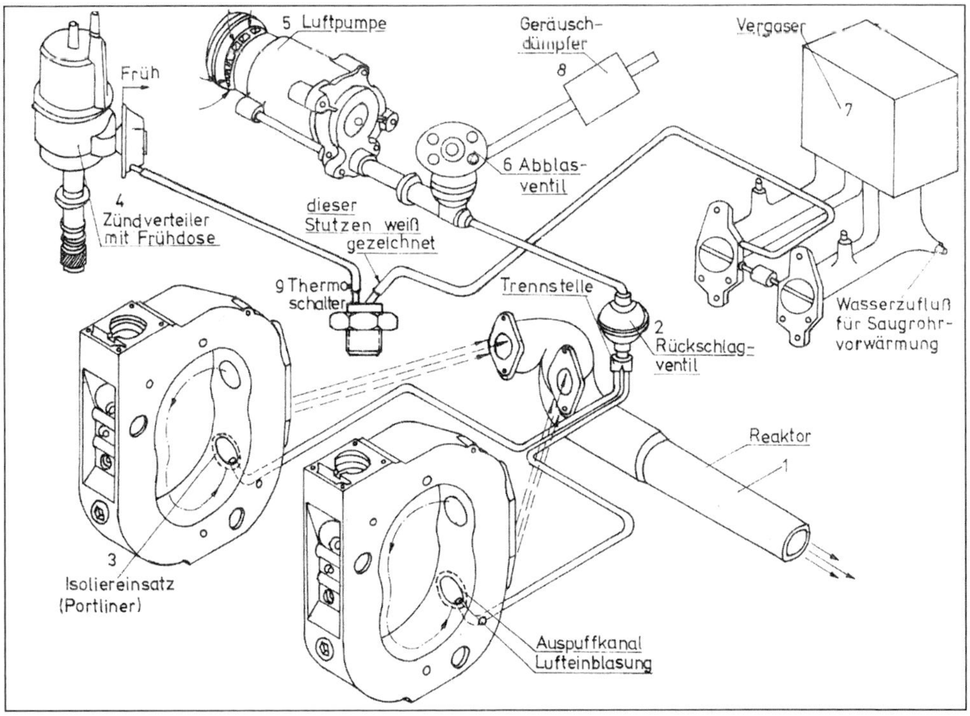

Ab Herbst 1975 (Modelljahr 1976): Vereinfachung und Verbesserung der Nachverbrennung. Ein Thermoschalter reagiert auf die Betriebs-Temperatur und gibt früher (ab etwa 45° C) die unterdruckgesteuerte Frühdose des Zündverteilers frei. Die Doppeldose entfällt.

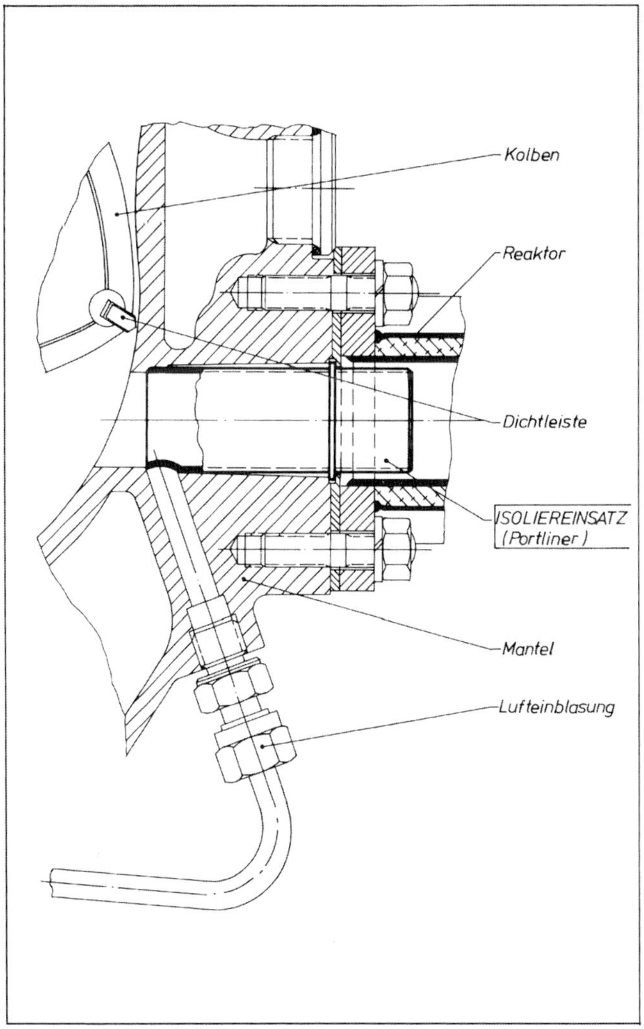

strukteure oft aufs Feld, um zu beobachten, ob Getreidestoppeln oder Gras wirklich geschont werden. Dr. Froede: „Stoppel-Test".

Der voluminöse Reaktor und die Abschirmbleche erhöhen durch eine gewisse Verschlechterung des c_W-Wertes den Luftwiderstand und auch damit den Verbrauch. Zündaussetzer lassen durch unverbranntes Gas manchmal den Reaktor durchbrennen und die Anlage erhöht die Kosten.

Das innere Reaktor-Rohr riß gelegentlich und zwar auch wegen der unterschiedlichen Wärmedehnung der zwischenzeitlich verschieden langen Auspuffkrümmer vor dem Reaktor. Die wärmeisolierende Steinwolle drang durch die Risse ein und fand sich auf Grund der Ansaug- und Auspuff-Pulsationen in den Motorscheiben wieder. Es führte zu Motorausfällen. Pulsationen dieser

Zu größerer Ökonomie der Nachverbrennung trägt ab Herbst 1975 ein »Portliner« bei. Das röhrenförmige Stück im Auslaßkanal reduzirt den Wärmeabfluß in den Leichtmetall-Mantel. Mit dem heißer bleibenden Abgas setzt die Nachverbrennung im Reaktor früher ein.

Art begegnet man auch in Hubkolbenmotoren, wo eine in Zylinder 1 gefallene Schraube sich in Zylinder 3 wiederfinden kann.

Die Anlage zur Nachverbrennung führt – auch wegen des größeren Abgasgegendrucks – zu einem Leistungs- beziehungsweise Mitteldruckverlust von ca. 6 %. Weil das untragbar ist, wird an einer Verbesserung der Anlage gearbeitet. Aber erst ab Ende 1975 (Modelljahr 1976) führt man sie in die Serie ein.

Der Geistesblitz ist der Einbau eines „Portliners" in den Auslasskanal (Zeichnung), womit das Abgas früher seine zur Nachverbrennung nötige Temperatur erhält. Die aufwendige Regel-Mimik entfällt, damit auch die Spätdose am Zündverteiler. Benötigt wird im wesentlichen nur noch ein einfaches Thermoventil im Abtriebs-Seitenteil: Es öffnet bei 45^0 C und schließt bei 30^0 C, lässt also Unterdruck zur Frühdose zwecks Verstellung des Zündzeitpunktes durch oder nicht. Regelung und Einstellung in der Werkstatt werden vereinfacht. Audi NSU nennt eine Verbrauchssenkung gegenüber der früheren Methode von 5 – 10 %.

Nachdem der Ro 80 schon wegen seiner Verbrauchswerte in die Kritik geraten ist, schadet auch die zusätzliche Entgiftungsanlage seinem Image – völlig unberechtigt. In der Schadstoff-Bilanz steht er nun günstiger da als der Hubkolbenmotor, zumal bei Stickoxyd. Und so mancher TÜV-Prüfer dachte, daß sein Testgerät defekt wäre, da die CO-Werte bei Null liegen. Aber was zählte, war, daß der Hubkolben-Vetter damals noch ohne Abgas-Nachbehandlung auskam.

Verbrauch stört Verbraucher

Nach den auflebenden Abgas-Bestimmungen stellen Ende 1973 die Ölherren der wichtigen, meist nahöstlichen Förderländer die Ampeln auf Rot. Man drosselt die Produktion bis zu 25 %, um die Preise heraufzudrücken.

Rund um den Globus bricht Panik aus. In der Bundesrepublik begrenzt man die Geschwindigkeiten auf Autobahnen auf 100 km/h. Sonntags-Fahrverbote werden erlassen. Die Medien – scharf wie Rasiermesser auf Sensationen – schaffen eine Atmosphäre, als habe man endlich das Ende der Zivilisation erreicht. Graue Novembertage helfen. Prognosen für gesicherte Rohöl-Reserven werden gern, nämlich falsch, gegeben. Wankel-Lizenznehmer, wie noch zu schildern, überdenken ihre Verträge. Nur wenige Zeitgenossen besinnen sich auf ihre Intelligenz und begreifen, daß weltweit nur eine Manipulation der Rohölpreise abläuft.

Kammer-Musik

Die nach NSU-Wankel kreisenden Kolben lassen im Gegensatz zum Hubkolbenzylinder Arbeitsräume von sich ständig ändernder Form entstehen; Segmentartig im Maximum, immer langgestreckter werdend und im Punkt der höchsten Verdichtung und beginnenden Verbrennung flach und sichelförmig zu beiden Seiten.

In einem solchen Raum ist das spontane Durchbrennen der Ladung nicht so leicht möglich wie in einer halbkugelförmigen Brennkammer des Hubkolbenmotors. Und durch die vergleichsweise großen Wandflächen der Kreiskolbenkammer geht Wärme verloren.

Noch mehr der Verluste:Der kreisende Kolben transportiert jeweils eine Kammerladung vom Einlaß bis zum Auslaß durch alle Arbeitstakte. Auch dabei wird Wärme an die Umgebung abgegeben ("Wandwärmeverluste"), zumal die Zeit für einen Takt 1,5 mal länger als beim Hubkolbenmotor ist. Das führt aber vorteilhaft zu einer weicheren Drehmomentabgabe. Die wandernde Füllung gibt neben „innerer" und „äußerer Verbrennung einem anderen Fachbegriff neues Gewicht: „Verschiebende Verbrennung" im Gegensatz zur „ortsfesten Verbrennung" beim Hubkolbenmotor.

Natürlich fehlt es nicht an Maßnahmen, um den Verbrennungsablauf in dem sichelförmigen Brennraum günstiger zu gestalten: Durch die optimale Bemessung der geometrischen Daten des Motors (Kammergröße und -gestalt, Breiten- und Höhenverhältnis), ferner durch die Qualität der dreidimensional verlaufende Gasabdichtung, durch den Grad der Kolben- und Mantel-Kühlung oder

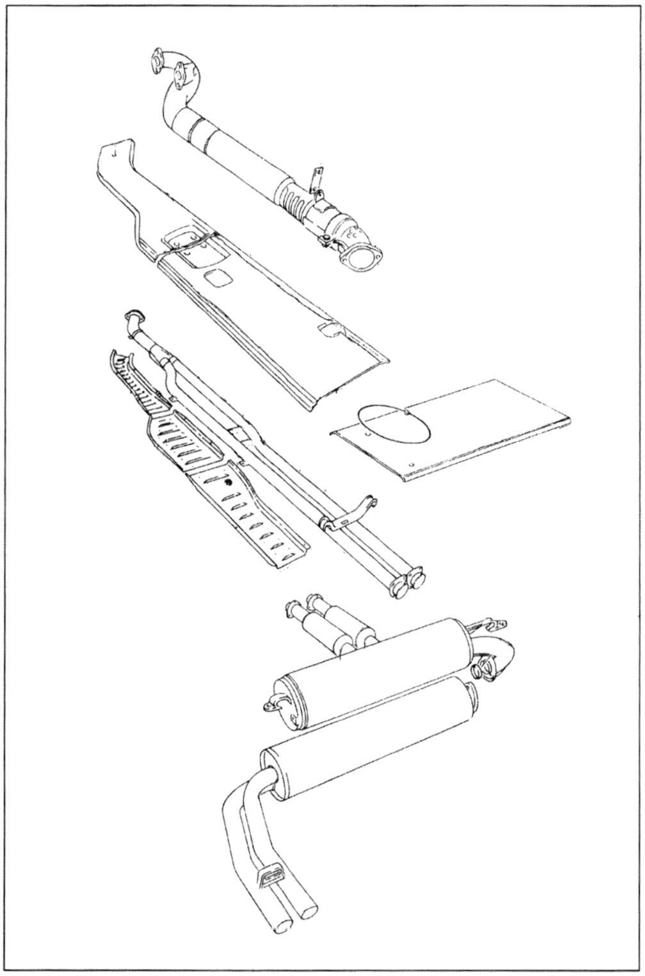

Ro 80-Auspuffanlage 2. Version: Von 9/71 bis 3/72 mit Einführung der Nachverbrennung von Kohlenwasserstoffen in einem Reaktor. Dieser als doppelwandiges Rohr, das sich in ein Hosenrohr aufspaltet. Vor-, Haupt- und Endschalldämpfer wie zuvor, jetzt mit Grasbrand-Schutzblechen.

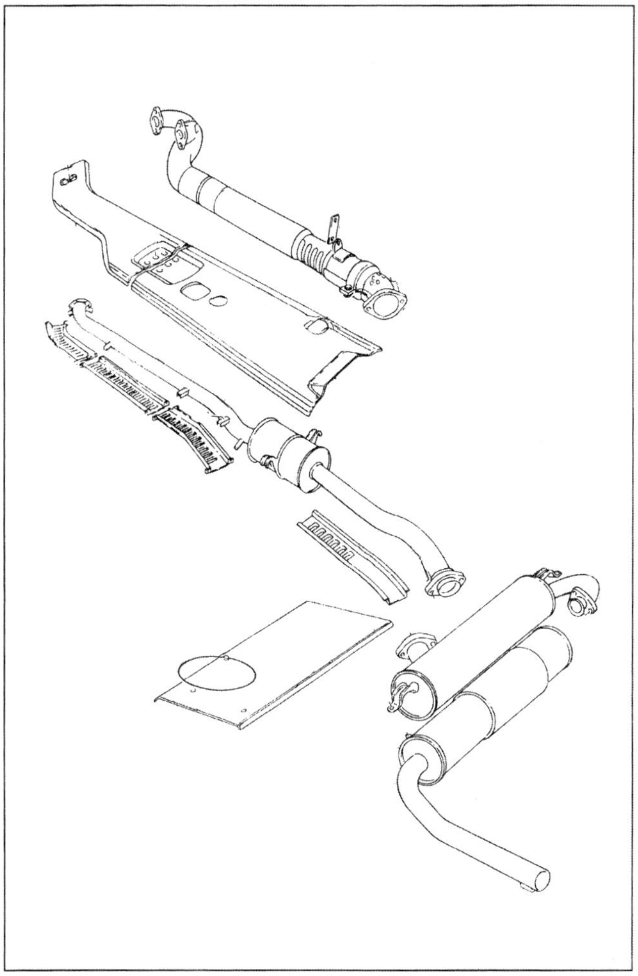

Ro 80-Auspuffanlage 3. Version: Von 3/72 bis Produktionsende. »Einrohr-Anlage« mit nur einem Vorschalldämpfer. Weniger Abgas-Gegendruck, günstiger für Leistung und Verbrauch.

Form und Lage der Mulde im Kolben. Mit letzterer lassen sich Brennraum und Verdichtung in bestimmten Grenzen verändern. Bei Benzin-Einspritzung läßt sich die Lage und Zahl von Einspritzdüsen vorteilhaft variieren.

Doch es wird leicht vergessen, daß die Brennraumform eines Motors nicht das alleinige Kriterium für optimale Verbrennung ist. So orientiert sich der Wasserstoff-Betrieb an anderen Details (Kapitel 14).

Als man bei NSU damals den Dschungelpfad zur Entwicklung eines Rotationskolbenmotors betrat, wurde man – wie Wankel – primär vom Ehrgeiz getragen, einem rationelleren Bewegungs-System Leistung zu entlocken. Man dachte damals nicht – auch die Lizenznehmer nicht – an manipulierte Energiepreise, Verbrauchswettbewerbe, Abgasnachbehandlung oder gar an Kohlendioxyd, das ja auch jeder Mensch ausatmet.

Kraftstoffverbrauch ist die Stelle, wo zumindest für europäische Autofahrer die Haut am dünnsten ist. So beginnen mit der „Energie-Krise“ magere Jahre für die

Auto-Industrie. Alle Priorität in Forschung und Entwicklung wird der Absenkung des Verbrauchs zugewiesen. Erfindungen und Einfälle blühen. Auf dem Versuchsgelände des VW-Werkes kreist ein Dreifach-Golf: 3 Wagen fahren mit elektronischer Abstandskontrolle eng hintereinander und sparen damit erheblich an Benzin. An Autobahn-Raststätten, so meint der Technische Vorstand, könnten solche Spar-Konvois zusammengestellt werden.

Jetzt wird auch der Kraftstoff-Konsum des Ro 80 schärfer unter die Lupe genommen. Besonders der hohe Kurzstrecken-Verbrauch, namentlich in der kalten Jahreszeit, erntet Kritik.

Lässt schon die erste Anlage zur Nachverbrennung den Verbrauch ansteigen, so wird das durch einen neuen Vergaser (ab Modelljahr 72) nicht gemildert. Die neue Mischfabrik (Doppelfallstrom-Typ Solex 32 DDITS) soll u.a. das Beschleunigungsloch des alten Vergasers (Flachstrom-Register-Vergaser Solex 18/32 HHD) eliminieren. Auch der lange Pedalweg gefiel nicht jedem Fahrer. Und weil beim alten Vergaser keine Startautomatik möglich war, kommt diese nun zum Einsatz.

Während man aber beim ersten Vergaser den Starterzug rechtzeitig zurückschieben konnte – wenn man es nicht vergaß –, braucht nun die Automatik länger, was viel Benzin kostet. Doch folgt mit dem nächsten Modelljahr eine elektrisch-warmwasserbeheizte Automatik: Sie lässt die Starterklappe schneller öffnen und bei wiedergestartetem, warmem Motor offenhalten.

Zwiespalt Drehzahl und Verbrauch

Es entbehrt nicht einer gewissen Ironie, daß einer der Vorzüge des Ro 80 – die Drehzahlfähigkeit des Motors – gleichzeitig zum Kritikpunkt Verbrauch führt. Die Nennleistung wird zwar bei 5500/min erreicht. Doch 7000/min und mehr lassen sich die totpunktfrei kreisenden Kolben des ventillosen Motors immer noch gefallen, ja, der Motor klingt mit zunehmender Drehzahl turbinenhaft schöner, gesünder. Es hält den Zwiespalt im Fahrer eines Ro 80 zwischen des Motors Ökonomie und der Freude an seinem Drehvermögen immer voll auf der Höhe.

Hohe Tourenzahlen bedeuten freilich bei jedem Motor höheren Verbrauch, nicht zuletzt wegen erhöhter Reibungsverluste im Motor. Beim Hubkolbenmotor, zumal beim 4-Zylinder, fährt man in aller Regel ohnehin mit tieferen Drehzahlen, um lästiges Brummen und Vibrieren zu vermeiden. Da die Dichtgrenze für den kreisenden Kolben länger ist als beim Hubkolben, sind auch die Reibungsverluste größer. Denn mit höheren Drehzahlen werden die Dichtteile durch den unter ihnen höher werdenden Gasdruck stärker bremsend an ihre Gegenfläche gedrückt. Das kostet viele Tropfen Benzin.

Auch Gaswechselverluste sind beim Hub- wie beim Kreiskolbenmotor unvermeidlich, je nachdem wie die günstigsten Steuerzeiten gelegt sind. Mit kreisenden Kolben – jedoch eher beim Umfangseinlaß des KKM 612 – muss ein gewisses Handicap dafür hingenommen werden, daß Ventile und ihre Antriebsteile entbehrlich sind.

Audi NSU erleichtert die Bemühungen um wirtschaftliches Fahren mit grünen Markierungen im Drehzahlmesser ab Modelljahr 1976: Sie zeigen die ungefähren Bereiche höherer Ökonomie für den 2. und 3. Fahrbereich mit 2000/min – 3500/min bzw. 2000/min – 4500/min.

Zu Großverbrauchern werden schaltfaule Fahrer oder gar jene, die sich dem schönen Glauben hingeben, einen Wagen mit Vollautomatik in Händen zu halten. Sie bleiben – menschliche Trägheit – gern im 3. Fahrbereich, dies auch beim Anfahren. Hier feiert der unvermeidliche Schlupf im Wandler ein Freudenfest.

Auch das Wagengewicht fordert seinen Tribut. Es ist durch Komfort-Verbesserungen und natürlich durch die Entgiftungsanlage seit Serienbeginn um über 70 kg auf knapp 1300 kg angestiegen.

Für den Ro 80 einen Durchschnittsverbrauch anzugeben, trifft freilich selten den Kern. Der Kreiskolbenmotor reagiert, wie erwähnt, stark auf die persönliche Fahr-Partitur seines Dirigenten und speziell beim Ro 80 auf den Umgang mit dem Wandler. Und von ebenso großem Einfluß sind die vorherrschenden Betriebsbedingungen.

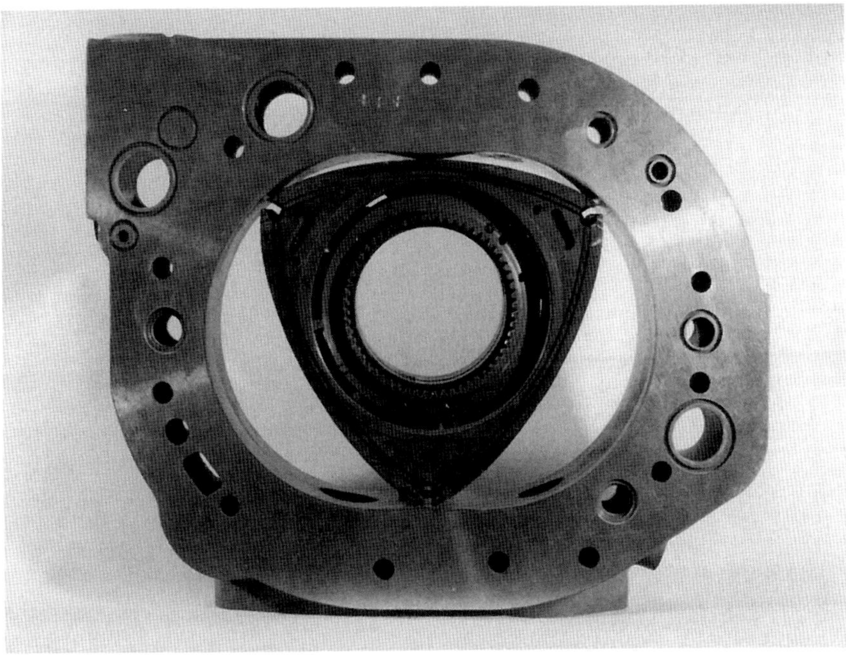

»Mövenschwingen« nennt Tierfreund Wankel die oben sichtbare, bei maximaler Verdichtung entstehende Form der Arbeitskammer. Sie ist durch die Mulde im Kolben verbunden (Mantel des Ro 80-Motors auf die Seite gelegt).

Daher ist es wohl richtiger, eine Verbrauchsspanne festzulegen. Sie kann von 12 bis 17 Liter/100 km reichen. Auch der Ölverbrauch liegt in einem weiten Bereich, etwa zwischen 1,1 und 1,8 Liter/100 km, und hängt vor allem davon ab, wie man den Motor jubeln läßt.

Normalbetrieb

Klugerweise gibt man dem Ro 80 einen Tank von 83 Liter Inhalt mit auf seinen Lebensweg. Ein solcher Großbehälter kann zwar bei ökonomischer Fahrweise den Aktionsradius erheblich strecken. Dennoch, ihn vollzutanken, bleibt ein ständig sich wiederholender Schmerz.

Mit der Zapfpistole in der Hand nimmt man indessen gern davon Kenntnis, daß der Einfüllstützen links angebracht ist. Denn auf dem Kontinent fährt man rechts und das soll ja auch an der Tankstelle so sein, von vielen Auto-Verfertigern allerdings gern ignoriert.

Immerhin verdauen die Brennräume des Kreiskolbenmotors – so durch den Wegfall heißer Ventile – das weniger klopffeste und billigere Normalbenzin, anstandslos auch das unverbleite. Der relativ hohe Anteil unverbrannter Kohlenwasserstoffe geht nur unwesentlich in die Verbrauchswerte ein: Er bleibt unter 1 %. Durch Superkraftstoff wird der Verbrauch nicht günstiger gestaltet

Es scheint, als lasse sich der Wettstreit der Systeme – hier rotierende, dort stampfende Kolben – auf die so verschieden geformten Brennräume reduzieren. Aber auf diese Formel läßt es sich doch nicht ganz bringen. Auch die Kammern des Kreiskolbenmotors machen damals Verbrauchswerte möglich, die sich jenen des Hubkolbenmotors annähern, sogar mit ihnen gleichziehen. Kapitel 12 informiert.

Gründliche Ro 80-Fahrer errechnen trotz höherer Verbrauchswerte maßvolle Betriebskosten: Durch Normalbenzin und anspruchsloses Öl, keine Ölwechselkosten, kaum Wartungsaufwand, geringe Störanfälligkeit und Werkstattkosten (nach der Konsolidierung des Motors 1970/71), hohe Motor-Lebensdauer, mäßiger Reifenverschleiß (durch Wandler), geringere Jahressteuer.

Was letzteres betrifft: Nach langen und mit Genuß geführten amtlichen Diskussionen über Hubraum und Kammervolumen wird die Steuer niedriger als bei vergleichbaren Hubkolben-Wagen angesetzt. Der Ro 80 wird in der Bundesrepublik Deutschland nach dem zulässigen Gesamtgewicht wie bei Nutzfahrzeugen zur fiskalischen Kasse gebeten. Er avanciert somit zum schnellsten Lastwagen der Welt.

Ende einer Ausfahrt

Die letzten Serienjahre

Die richtigen Voraussagen für die Auto-Industrie erfolgen oft von den falschen Experten. Die richtigen Fachleute – Marktforscher etwa – fallen eher durch falsche Prognosen auf. Ein Wunder ist das nicht, übt doch die Psychologie den uneingegeschränkten Vorsitz im Geschäft mit Automobilen aus, steht aber auf keiner Gehaltsliste

Der NSU Ro 80 verwirrt sowohl die richtigen wie die falschen Experten. Er läßt sich nicht in das neue Programmgefüge einordnen. Auch dem K 70 versagt man im VW-Vorstand bald die Herzlichkeit: Zu teuer in der Herstellung, der Motor paßt in kein anderes Konzern-Fahrzeug und der Verkauf enttäuscht. Wie sagt man schließlich in Wolfsburg?

„Es wird wohl nie genau zu ermitteln sein, wer die beschlagene Brille hatte und den K 70 forderte. Man hat ihn VW aufgeschwatzt!"

Lassen wir offen, ob das für NSU ein Kompliment ist oder nicht. Jedenfalls muß Lotz – ehemaliger Major, im Auftreten ganz Stratege –, wegen falscher Produkt-Strategie und sinkender Gewinne Ende 1971 den VW-Hochsitz räumen. Auf diesen steigt also Rudolf Leiding, als Chef-Mechaniker zur Reparatur schlechter Bilanzen berufen.

Leiding interessieren in erster Linie hohe Stückzahlen. Seine Beziehung zum Ro 80 ist daher gespalten. Diesen als Dienstwagen zu wählen, ist selbstverständlich, er schätzt den Wagen wegen seiner Technik.

Leiding rationalisiert, wo es nur geht. Der Vertrieb wird zum heftigen Bedauern der Ingolstädter nach Wolfsburg rationalisiert – Auftakt zu beständigen Kissenschlachten zwischen Nord- und Südpol des Konzerns.

Gelegentlich einer Besichtigung der Werksanlagen von Neckarsulm versucht Leiding engagiert einigen Vorstandskollegen den Bewegungsablauf des Wankelmotors zu erklären. Aber die Kollegen verstehen nicht, weshalb Kolben dreieckig sein müssen.

Aber Leidings größte Sorge ist nicht das Wohl und Wehe des Kreiskolbenmotors. Der neue Chef muß die eigentliche Urbarmachung von Wolfsburg versuchen, sprich, die endliche Trennung vom kostenintensiven VW Käfer. So gehört zu Leidings ersten Amtshandlungen die Anweisung, den bei Porsche auftragsgemäß entwickelten

VW Käfer-Nachfolger zu verschrotten. Er ist als Typ EA 266 in mehreren Prototypen im Versuch. Das technisch anspruchsvolle, aber teure Projekt, mit dem Motor unter der Rücksitzbank, steht unter der Leitung von Ferdinand Piech, Enkel des Auto-Pioniers Porsche. Im Versuch befindliche Panzer müssen die Prototypen zermalmen, zwei werden heimlich gerettet.

Piech scheidet bei Porsche aus und sucht seine Karriere vorausschauend im VW-Konzern. Er wird 1972 bei Audi NSU Hauptabteilungsleiter für technische Aufgaben. Mit dem Kreiskolbenmotor hatte Piech schon Kontakt. Das Wankel-System wird bei Porsche – Lizenznahme 1965, sozusagen in Vertretung von VW – bereits untersucht, doch ohne großes Interesse.

1973 wäre das Jahr des 100-jährigen Firmen-Jubiläums von NSU gewesen. In jenem Jahr übernimmt, als sich Kraus zurückzieht, Piech den Audi NSU-Gesamtversuch und wird 1974 Leiter der Technischen Entwicklung. Audi NSU-Chef ist W.P. Schmidt. Man verfolgt in Ingolstadt das Ziel, sich im Konzern mit eigener Technik zu profilieren.

Kreiskolben erreichen den Gipfel

Wankels Idee hat Jahr für Jahr an Bedeutung gewonnen, die Zahl der Lizenznehmer ist bis 1973 auf 27 gewachsen. Lizenzeinnahmen in zweistelliger Millionenhöhe werden verbucht. Auf der Hauptversammlung im Juni jenen Jahres hört man Audi NSU mit goldenen Worten: „Die Zukunft des Wankel-Motors beurteilen wir optimistisch."

Jetzt möchte auch BMW auf den zügig fahrenden Wankel-Zug springen. BMW-Hauptaktionär Quandt – langjähriger Wankel-Widersacher – nimmt in heroischer Selbstüberwindung Kontakt mit Daimler-Benz auf, um

Die kühne Ro 80-Form regt zum ebenso progressiven Design des Mercedes-Benz C 111 an. Nach dem Mercedes-Dreischeibenmotor 1969 kommt neuer Schub durch einen Vierscheibenmotor in der Coupé-Version von 1970. Das Kaufinteresse ist groß, ebenso groß der Wankel-Zwiespalt im Haus von Altvater Daimler.

Modellkleid: Der dem Ro 80 eigene Fortschrittsgeist hat auch andere Designer motiviert. Hier ein Entwurf von Bertone, genannt »Trapèze«, weil das kompakte Ro 80-Triebwerk als Mittelmotor zwischen den hinteren Sitzen vorgesehen ist. Ausgestellt auf dem Auto-Salon Paris 1973.

den C 111 zu fahren. Nach erfolgtem Probegalopp und schlecht verhehlter Begeisterung muß der BMW-Vorstand eine Kehrtwendung zur Kenntnis nehmen. Technik-Vorstand Oswald soll ein Kreiskolben-Team zusammenstellen. Wankel wurde von BMW schon 1934 unterstützt und hilft nun, Spezialisten für BMW zu finden, notfalls von NSU abzuwerben.

Im Sommer 1972 informiert man den Citroën-Chef Tayler im lauschigen Friedrichsruh im schon erwähnten Hotel gleichen Namens über die dritte für Citroën interessant Kreiskolben-Generation. Tayler ist mit dem Firmenflugzeug angereist und wird in Stuttgart mit dem Ro 80 abgeholt.

Da Tayler sich trotz mehrfachen Angebots zierte, den Wagen selbst zu fahren, erhält Georg Zorn von der Motor-Konstruktion von Praxl den Auftrag, dies auf der Rückfahrt zu erreichen. Jetzt übernimmt Tayler das Lenkrad. Begeistert von dem Fahr-Erlebnis, möchte er mit dem Ro 80 gleich nach Paris fahren statt fliegen.

Aber er läßt das Flugzeug nicht stehen, wendet sich an M. Louis, den Chef-Techniker des Hauses: „Wann lassen Sie ein solches Auto konstruieren?"

Aus dem Mund eines der Bauherren des Citroën DS 21 eine Frage, die das ehemalige Ro 80-Entwicklungsteam gern vernimmt.

Als Citroën in Anzeigen behauptet, man habe mit dem Modell ID/DS den Wagen mit dem günstigsten Luftwiderstandsbeiwert, klagt VW mit Hinweis auf den Ro 80 auf Unterlassung und erhält schließlich Recht. Dazu muß man wissen, daß VW der Gemeinschaftsgründung von NSU und Citroën – „Comotor" – , ablehnend gegenübersteht.

Mit der Wankel-Welle auf ihrem Höhepunkt stellt Citroën im September 1973 zur IAA Frankfurt den GS Birotor vor, einen modifizierten, aber teuren Citroën GS mit Zweischeibenmotor KKM 624. General Motor präsentiert in Frankfurt und in Paris die Corvette mit kreisenden Kolben. Toyo Kogyo läßt ohnehin kontinuierlich Mazda-Rotary-Modelle folgen.

Von nun an geht's bergab.

Das Jahr 1973 ist noch nicht zu Ende. Tief-Ausläufer nähern sich aus dem Nahen Osten. Wie im vorhergehenden Kapitel erwähnt, drosseln die dortigen Ölbarone die Förderung ihres schwarzen Goldes. Höhere Energiepreise und bald auch wachsendes Bewußtsein für die Schadstoffe der Zivilisation ändern die Haltung der Menschen.

Die motorisierte Gesellschaft fällt in einen tiefen

Wankels Baby wird oft in zukunftsweisender Verkleidung präsentiert. General Motors stellt zur Frankfurter IAA 1973 die Chevrolet Corvette »2-Rotor« vor. Kreiskolbenmotor quer vor der Hinterachse, 175 PS bei 6300/min, Kammervolumen großzügige 1090 cm³.

Zum Pariser Salon Oktober 1973 steigert sich General Motors mit seiner Chevrolet Corvette zu einem Vierscheiben-Wankelmotor. Der »Four Rotor« geht seiner ruhigen Arbeit ebenfalls quer vor der Hinterachse nach.

Vor dem Ölschock hatten schon 400 Einheiten des Audi 100 arbeitstäglich die Fertigungsanlagen in Neckarsulm verlassen. Davon kann der Ro 80 nur träumen. 1973 hielt sich die Stückzahl mit 4074 Einheiten (im großen Durchschnitt 19 arbeitstäglich) noch annähernd auf dem Niveau von 1972, als eine gewisse Erholung nach dem Einbruch von 1971 (mit 2916 Einheiten) zu verzeichnen war. Aber nun geht es drastisch nach unten: 1974/75 mit je 1286 und 1311 Einheiten.

Insider erstaunt das nicht. Die Stückzahlen des Ro 80 werden auch durch Konzern-Beschluß reduziert, damit der Audi 100 mehr Produktionskapazität erhält. Ingolstadts Wunschkind wartet ohnehin auf seine Stunde als anerkanntes Flaggschiff des Konzerns.

Preisvorstellungen

Wankel ist seit der Umwandlung seines Drehkolbenmotors zum Kreiskolben-System intensiv auf der Suche nach einer neuen Rotationsfigur. Doch der Ro 80 gehört für Tierfreund Wankel zu seinen „Lieblingstieren" und er nennt sein Exemplar „Silberlöwe". Über dessen Listenpreis befindet er 1975 ungnädig: „Abwürgepreis!"

In jenem Jahr kostet das Auto mit Wankels Motor-Idee 19 800 DM. Der etwa leistungsgleiche, aber nicht unbedingt vergleichbare Audi 100 kommt auf 14 565 DM, der Mercedes 230/4-Zylinder auf 16 539 DM und als 6-Zylinder 18 215 DM.

Schmücker, sonst eher schweigsam an der Pfeife saugend, legt denn auch bald, die Idee des Ro 80 auf seine Weise sehend, den Finger in die Wunde: „An diesem Wagen ist nichts verdient."

Die „Ölkrise" grassiert. 1975 Kurzarbeit bei Audi. Im VW-Konzern sollen gezielt nur noch sparsame Motoren entwickelt werden. Die „Formel E" für „Economy" wird gefunden. Man bereitet konzernweit ein Motor-Baukasten-System vor. Das exotische Ro 80-Triebwerk paßt nicht in diese Planung. Die Verkaufsförderung aus Wolfsburg lässt weiter nach. Mit ihrem Ro 80 zufriedene Besitzer senden Briefe der Entrüstung nach Wolfsburg. Einer davon nennt VW „...die Rabenmutter des Ro 80!"

Neuer Schub für den Ro 80?

Die Wellenbewegung hält an, der schlappe Auto-Markt wird wieder fester. Stolz verkündet Ingolstadt der Presse im Sommer 1975:

"Als Spitzenreiter des Audi NSU-Programmes präsentiert sich der exklusive und zukunftsweisende Ro 80. Der extrem laufruhige Wankelmotor hat einen Entwicklungsstand erreicht, der ihn dem Hubkolbenmotor in direktem Vergleich bezüglich Lebensdauer und Zuverlässigkeit ohne Einschränkungen gleichstellt."

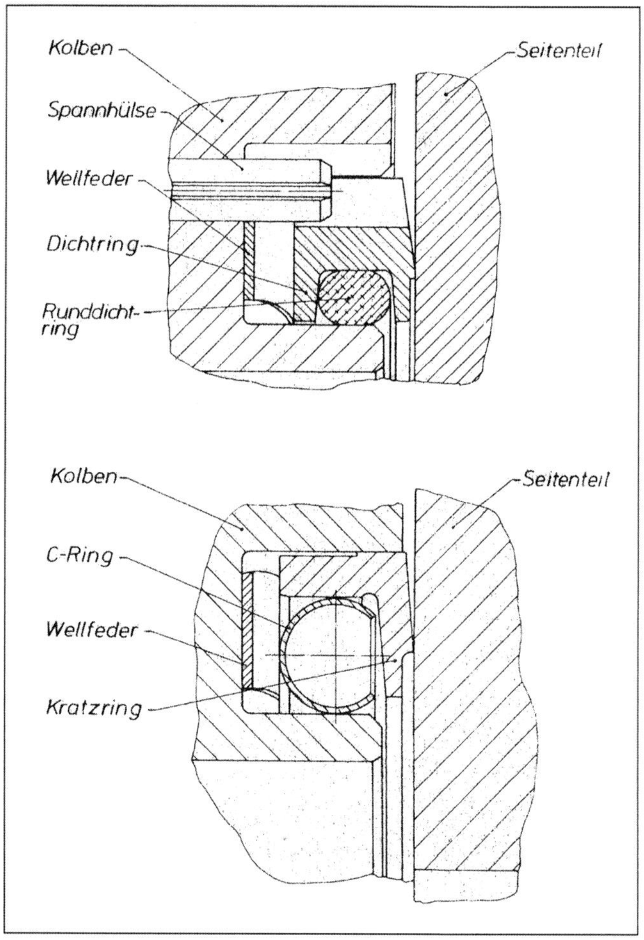

Verbesserte Standdichtung zum Modelljahr 76. Oben alte Ausführung mit Dichtring aus Gußeisen und Elastomer-Runddichtring. Unten L-förmiger Kratzring, darin C-förmiger, jetzt wärmefester Metallring. Das »Blauen« von Auspuffgas nach dem Starten wird besser unterdrückt.

KKM 887 (1976). Der intern angekündigte aber nicht mehr in die Ro 80-Serie eingeführte 130 PS-Motor. Breitere Kolben (73 statt 67 mm), Kammervolumen 543 cm³, Änderungen an Vergaser, Auspuffanlage und Gasdichtung.

KKM 887, rechte Seite. Trotz der breiteren Kolben nur 9 mm länger als der KKM 612 des Ro 80, weil das Mittelteil etwas schmäler wird. Das Reaktor-Rohr hinten, wie schon zuvor, mit Ausdehnungsmuffe und Kühlungsöffnungen. Unter den Vergasern ein Abschirmblech.

KKM 887. Bei abgenommenem Wandler- und Kupplungsgehäuse ist rechts die Mitnehmerscheibe für das Wandlergehäuse zu sehen. Verdeckt vom Mitnehmer die beim Kreiskolbenmotor nur kleine Schwungmasse. Der KKM 887 ist äußerlich nahezu identisch mit dem KKM 612 des Ro 80.

Rückenwind aus Ingolstadt? Im gleichen Atemzug teilt Audi NSU mit: „....deshalb ist zu begrüßen, daß es auch in unserer nüchternen Zeit der Vollmotorisierung Autos mit eigenständigem Charakter gibt. Autos also, die sich durch fortschrittliche Technik oder durch eine geglückte, zeitlose Form auszeichnen."

Dieser Kommentar oder ein fein gestalteter Verkaufsprospekt ("Ro 80 – ein schönes Stück Technik") sind ebenso vollmundig wie hintersinnig. Denn die KKM-Entwicklung ist reduziert und in Wolfsburg wird Anfang 1975 verfügt: Keine Modellpflege mehr, nur Produktion nach Auftragseingang.

Dann setzen doch im turbulenten Konzern-Nord-Süd-Dialog mit zwischenzeitlicher Ablehnung zahlreiche Änderungen zum Modelljahr 1976 ein (Bild und Kapitel 17) und werden, siehe oben, der Öffentlichkeit verkündet. Nur in der Planung bleiben Doppel-Rundscheinwerfer, ähnlich der US-Version. Durchgeführt werden auch Verbesserungen an der Nachverbrennungs-Anlage mit Verringerung des angestiegenen Verbrauchs.

Verkaufsfördender Rückenwind soll vor dem Serien-Ende für den Abfluß aller Bestände sorgen. Aber das Kaufinteresse am längst gesundeten Ro 80 wird größer. Zum Modelljahr 1976 war sogar die längst nötige Anhebung der Schubkraft geplant. Die Wettbewerber zeigen ja auch stärkere Muskeln. „Der Ro 80 bremst besser," so die Konkurrenz, „als er beschleunigt." Der Einsatz des umfangreichen Änderungspaketes (Kapitel 17) wird jedoch verschoben, dann dem Handel für März 1977 angekündigt.

Durch größere Kammer-Volumen ist im Werk Neckarsulm die Leistung auf 130 PS erhöht worden. Dazu sind die Mäntel und damit die Kolben von 67 auf 73 mm verbreitert. Das geschah versuchsweise schon Jahre früher, den Motor nannte Dr. Froede „Dicke Berta". Jetzt heißt sie EA 887.

Die interne Dramaturgie ist jedoch komplizierter. Tatsächlich war geplant, dem Ro 80 durch den inzwischen entwickelten KKM 871 mehr Triebkraft zu verleihen. Aber dieser Motor – verbessert und wie für den Ro 80 geschaffen – kommt nicht in die Herstellung (Kapitel 12 und 13) und so wird der 130 PS-Motor vorgesehen. Auch dieser Plan löst sich in Wolfsburgs undurchsichtiger Luft auf. Eine Zwischenlösung, so wird argumentiert, reiche aus: Ein Motor mit 70 mm-Mantelbreite und 125 PS. Tatsächlich noch eingebaut wurde zum Modelljahr 1977 ein verstärktes Getriebe.

Die Slalomfahrt der Absichten ist noch nicht beendet. Nun bringt die Hauspost die Nachricht, der Leistungsaufstieg sei ganz zu stoppen. Eines der Argumente: „Bei der kleinen Tages-Stückzahl rechnet sich das nicht." Andere weisen darauf hin, daß der Motor mit den breiteren Kolben thermodynamisch, im Verbrauch also, gelitten habe. Die Werkzeuge für diesen Motor, den KKM 887, waren schon angeschafft.

Allerweltsweisheit: Ansichten und Planungen ändern sich umso häufiger, je größer ein Konzern ist. Aber da argumentierten zum Wohl des Ro 80 auch einige wenige, die sich der Verantwortung eines Lizenzgebers bewusst waren, zumal die Gefahr der Anfechtung der Lizenzverträge bestand. Vergessen seien nicht in der neuen VAG-Organisation alte NSU- Händler, die sich nachdrücklich für den Ro 80 einsetzten.

Ein Abschied steht bevor

Zwar verlautet aus der Tiefe des Konzerns im Oktober 1976, daß NSU's letztes Auto „.... auch weiter im Konzern-Programm bleibt." Auch im Dezember 1976 wird in den „Mitteilungen für Audi NSU-Genuß-Schein-Inhaber" beruhigt. Doch beschreibt man in diesem Sprachrohr des Unternehmens die Zukunft des Wankel-Systems allmählich nachdenklicher.

Der pessimistische Ton ist insofern nicht erstaunlich, weil das im VW- Konzern die Weichen stellende, monatlich tagende PSK Wolfsburg (Produkt-Strategie-Komitee) schon im September 1976 endgültig entschieden hat: Ende der Ro 80-Fertigung im Frühjahr 1977.

Die Lizenz-Einnahmen gehen zurück. Die „Energie-Panik" hinterläßt ihre Spuren. Gerade jetzt kommen für den Ro 80 die Jahre der Zuverlässigkeit seines Motors. Erstaunlich hohe km-Leistungen – auf Grund der geringeren Zahl bewegter Teile – werden bekannt.

Audi NSU läßt die Medien noch von einem Ro 80 wissen, dessen Motor die Laufstrecke von 200 000 km störungsfrei bewältigt.

Die mittlere Lebenserwartung des Ro 80-Motors – so fand Audi NSU heraus – für die von August 1973 bis Mai 1975 produzierten Motoren liegt mit „Motor-Baustufe VI" bei etwa 60 000 bis 80 000 km. Ab dann, mit „Baustufe VII" und weiteren Verbesserungen am Dichtsystem – so mit den Dichtleisten-Eckstücken aus „Ferrotic" - erhöht sich die durchschnittliche Lebensdauer auf 90 000 km. Man ermittelte weiter, daß ein hoher Anteil der Motorschäden durch eine undichte Öldosierpumpe auftrat. Mit Behebung dieses Fehlers seien störungsfreie Laufstrecken von weit über 90000 km zu erwarten.

Das Finale

Unbefangen versichert noch im Januar 1977 eine Audi-NSU-Presse-Meldung: „Der Ro 80 bleibt auch weiterhin im Audi NSU-Produktprogramm".

Das ist zutreffend, wenn man den Zeitfaktor außer acht läßt. Am 4.März 1977 verlassen sogar – nie erreichter Rekord – 63 Einheiten die Endmontage. Aber die Hallen der Ro 80-Fertigung sollen freigemacht werden. Neu zu fertigende Audi-Modelle warten.

Das Werk sichert sich selbst zehn Ro 80. Davon werden einige von jenen Konzern-Spitzen nachdrücklich erbeten, die ihn ebenso nachdrücklich verurteilen halfen. Das bevorstehende Ende der Ro 80-Produktion war natürlich durchgesickert. Viele Mitarbeiter erwerben eines der letzten Exemplare. Interessierte Händler und Private decken sich ein. „Wer ihn noch nicht hat," so ein Enthusiast, „muß sich beeilen, wenn er nicht eine Liebesaffäre versäumen will!"

Im April 1977 verkündet der Audi NSU-Vorstand in besonders feiner Verschlüsselung in den „Mitteilungen für Audi NSU-Genuß-Schein-Inhaber": „Die Produktionsvorgaben für 1977 sind inzwischen erreicht; es kommt daher zu einer Begrenzung des Ro 80-Angebots hinsichtlich der verschiedenen Ausstattungsvarianten."

In der Tat, das „Ro 80-Angebot" ist ab 19.April 1977 „begrenzt": Die Ro 80-Fertigung hat ihr Ende gefunden. Nur noch 382 Einheiten haben 1977 das Fließband verlassen. Es war für eine Tagesproduktion von 70 Fahrzeugen eingerichtet. Erzielt wurden im Mittel maximal 30, vornehmlich noch in den „NSU-Jahren" 1968 und 1969 und noch 1970, um dann im Lauf der „Audi NSU-Jahre" bis auf rund 5 pro Tag abzusinken.

Nach den vielen schon von Beginn an sich errichtenden Hürden kann der Ro 80 selbst in fast zehn Produktionsjahren keine hohe Stückzahl erreichen: 37 402 Einheiten (Aufschlüsselung nach Baujahren Kapitel 17), dazu 2 375 NSU Spider – kleine Zahlen nach großen Hoffnungen.

Mit dem NSU Ro 80 verabschiedet sich auch das letzte Fahrzeug mit dem Firmen-Namen NSU vom turbulenten Marktplatz der Automobile. Allerdings wurde schon zuvor der Name NSU im Zusammenhang mit dem Ro 80 immer weniger in der Firmenwerbung verwendet. Im Hinblick auf die in der Branche kürzer werdenden Modell-Laufzeiten ist freilich jene des Ro 80 durchaus von respektabler Dauer. Aber es waren noch vorhandene Teile aufzuarbeiten und ihn schützten Lizenzgeber-Pflichten.

Aus restlichen Teilen werden bis zum Herbst 1977 noch einige Ro 80 montiert, doch ohne offizielle Eintragungen. Vorsichtig behält man in der Reparatur-Abteilung noch einige „Reserve-Motoren". Doch müssen viele Motoren und andere Teile verschrottet werden. Doch – kaum bekannt – fertigt man bis 1980 in kleinen Serien gelegentlich Motorteile, sogar ganze Motoren. Sie ließen sich gut verkaufen.

Die letzten Exemplare

In den edlen Wettstreit um die Fahrgestell-Nummern der letzten Serien- Ro 80 kann etwas Licht gebracht werden. Es gab verständliche Irrtümer, weil die letzten Nummern nicht die höchsten sind. Die Zuweisung der Fahrgestell-Nummern wurde praktisch nur nach dem Datum der Rechnungen vorgenommen (Kapitel 17).

Interessant ist die letzte Motor-Nr. XM 000 000. Ihre Bedeutung kann nur noch vermutet werden. NSU-Spezialisten glauben aber nicht, daß es sich um den letzten serienmäßig gefertigte NSU-Wankel-Motor handelt. Wahrscheinlich war es ein KKM 871 für den Ro 80 als „Aggregateträger".

Eine besondere Fahrgestell-Nummer trägt ein mit einem KKM 871 motorisierter Ro 80: Das Geburtsdatum einer Audi NSU-Führungskraft – das Zeichen der Wertschätzung des Wagens auch im Konzern-Bereich. So sind auch viele Ro 80-Dienstwagen über den Serienzustand hinaus exquisit ausgestattet, etwa mit Lederüberzug für Lenkrad und Armaturentafel.

Als habe die interne Flaschenpost noch nicht alle Adressaten erreicht, werden noch Mitte des Jahres 1977 ausgehende Firmenbriefe mit dem Aufdruck gestempelt „NSU Ro 80 – Das neue Fahren".

Ein Abgang eher nüchtern

Ein großes, international beachtetes Auto, Aushängeschild für Stärke und Innovationsgeist der deutschen Industrie, ist abgetreten, still und unfeierlich, wenig gemäß seinem technischen Anspruch.

Aber man hat den Ro 80 aus dem Blickwinkel des obersten Hausbewahrer des Konzerns, Schmücker, schon viel zu lange produziert. Er kann den Ro 80 nur als Verlustbringer erkennen, zumal die Wankel GmbH von jedem seiner Motoren (ca. 35 DM) und die Audi NSU-Genußs-Schein-Besitzer ihren Anteil erhielten (Kapitel 13). Es ist viel Geld, da man in der Kalkulation eines Autos mit Pfennigbeträgen rechnet.

Bei Audi NSU faßt man in einem internen Papier 1977 die Argumente gegen den Ro 80-Motor – der allerdings nicht der letzten KKM-Generation angehört – so zusammen: „Durch Abgasentgiftung für Europa mit thermischem Reaktor ist der Kraftstoffverbrauch ca. 15 % höher als bei Hubkolbenmotoren. Die Herstellkosten sind, bedingt im wesentlichen durch niedrige Stückzahl, mehr als doppelt so hoch wie bei Hubkolbenmotoren. Eine Abgasentgiftung für heutige US-Standards ist nur mit erheblicher Leistungseinbuße denkbar und daher nicht sinnvoll."

Die Absicht, die Produktion des Ro 80 ohne einen gleichwertigen Nachfolger einzustellen, läßt sich bis 1974 zurückverfolgen. Und es ist nicht nur die „Energie-Panik" aus jenen Jahren, die zu dieser Haltung führt (Kapitel 12 und 13).

1977, im Jahr der Verabschiedung des Ro 80, entsteht in Hiroshima mit einem neuen Konzept für den Motor und seinen Wagen der 1978 erscheinende und erfolgreiche Mazda RX-7. Hierzu sei aus einer Rede zitiert, die 1982 Kenichi Yamamoto, nun Präsident des Unternehmens, in Amerikas Auto-Metropole Detroit hält:

„Wir trugen eine besondere Verantwortung gegenüber unseren Kunden, die bereits ihr Vertrauen in uns gesetzt hatten. Wir wollten nicht die Glaubwürdigkeit als Auto-Hersteller verlieren."

Hoffnungsträger als Hürdenläufer

Für NSU fungierte der Ro 80 neben seiner Rolle als Aushängeschild des Hauptlizenzgebers auch als Programm-Erweiterung, wobei man freilich den zweiten Schritt vor dem ersten wagte. So wurde er auch zu einer Mutprobe, damals ein durchaus kalkuliertes Risiko: Eine ertragreiche Zukunft winkte. Doch der Spagat vom Altem zum Neuen erwies sich unternehmerisch als zu groß, zeigten sich doch die Umstände, die der Ro 80 im Laufe seiner Produktionsjahre antraf, als wenig günstig.

Die hervorragende Konstruktion ließ hohe Kosten entstehen, die sich nach dem Rückgang der Wankel-Euphorie nicht mehr rechneten. NSU konnte nicht hoch in die Produktion investieren, daher blieb der Automatisierungsgrad niedrig und auch das trieb den Verkaufspreis zum Nachteil der Nachfrage in die Höhe.

Die Marketing-Philosophie von NSU ging nicht auf, den Ro 80 als Ganzes und nicht nur wegen des Motors zu sehen und damit auch einen anspruchsvollen Preis für gerechtfertigt zu halten. Denn dieser Motor zog eben doch die Aufmerksamkeit auf sich – auch durch seine Anfangsprobleme. Ein angeschlagener Ruf hat bekanntlich ein zähes Leben. Im VW-Konzern sah man sich in seiner negativen Einschätzung des Kreiskolben-Prinzips bestätigt.

Der Listenpreis des NSU Ro 80 wird zum Ende seiner aktiven Laufbahn noch einmal kräftig erhöht. Stand er im August 1976 noch bei 22 695 DM, so wird er im März 1977 auf 23 620 DM festgesetzt, offensichtlich auch in der Vermutung, daß nun "Liebhaber-Preise" für die letzten Exemplare akzeptiert werden. Der Audi 100 GLS, ebenfalls mit 115 PS, steht in der Grundausführung mit 17 290 DM in der Liste,

Der Motor befand sich nicht lange genug im Brutkasten der Entwicklung. Im Licht freilich erst späterer Erkennntisse und mit Blickpunkt Verbrauch war wohl auch das gewählte Verhältnis Volumen/Oberfläche der Brennkammer ungünstig und hinsichtlich steigender Leistungsansprüche die Kammern zu klein. Im Zwiespalt Seiten- oder Umfangseinlaß entschied man sich unter Beibehaltung der inneren Geometrie für den letzteren, um die nötige höhere Leistung zu realisieren. Wider Erwarten machte das ein dämpfendes Zwischenglied erforderlich, den Drehmomentwandler, der nicht zum Charakter der angekündigten „sportlichen Limousine" paßte und den Verbrauch ungünstig beeinflußte.

Zu Zeiten des Ro 80 war auch die Motor-Laufruhe durchaus nicht so gefragt, wie man bei NSU erwartete. So galt noch immer die Erkenntnis, daß „selbsterzeugtes" Geräusch weniger stört. Dr. Froede, die akustische Feinkost des Ro 80 im Sinn, resignierte: „Die meisten Leute haben doch in jedem Ohr ein Trommelfell aus Leder."

NSU sprach mit dem Ro 80 eher den Individualisten an. Dieser stellt zwar eine feste Marktgröße dar, so hinsichtlich von Sonder-Modellen, zählt aber – wie überhaupt – nicht zur Mehrheit. Und ein Konzern, der unter dem Namen Volkswagen folgerichtig geistig und technisch auf Wagen für das Volk fixiert ist, hat diesen Käufer-Typ nicht im Visier. Schon ab 1973 plante der Konzern nicht mehr, die für ein Anschluß-Modell nötigen Werkzeuge zu beschaffen.

Auch diese Hürde spielte eine Rolle: NSU stand zwar für eine große Tradition, aber Assoziationen mit Fahrrädern, Motorrädern oder Autos bescheidenen Zuschnitts blieben mit dem Markennamen nun einmal nicht aus. Auch größere Hersteller mit vorzugsweise kleineren Autos, wie Fiat oder Renault, mußten erfahren, daß bei ihren Großen die anvisierte Kundschaft zugeknöpft bleibt.

Umgekehrt hatten viele Händler Probleme mit einer in ihren Augen anspruchsvollen Kundschaft. Auch bildeten sich Widerstände gegen den Verkauf des Ro 80 auf Grund der negativen Erfahrungen der ersten Produktionsjahre.

Inmitten von Dschungelkämpfen

Als die Beendigung der Produktion des Ro 80 bekannt wird, machen sich betroffene und empörte Ro 80-Freunde in Briefen an VW und Audi NSU Luft. In einem dieser Zuschriften heißt es: „...der Ro 80 ist durch nichts zu ersetzen."

Das ist in der Tat die bittere Wahrheit für viele auf den Ro 80 eingeschworenen Besitzer. Aber er hatte nicht nur schwere Anfangsjahre, er geriet nach der Firmen-Fusion auch in schwierige Verhältnisse. Sein Lebensweg der vielen Hin- und Her-Entscheidungen enthüllte auch eine Schwachstelle im VW-Konzern: Das von divergierenden Meinungen bestimmte Koordinaten-System zwischen Wolfsburg, Ingolstadt und Neckarsulm.

Drei VW-Konzern-Chefs läßt der Ro 80 über sich hinwegziehen. Bei Audi NSU ist das Stühlerücken noch heftiger. Hatte der Ro 80 bei NSU nur eine Vorstandsspitze, so muß er bei Audi NSU vier Vorstands- und drei Technik-Chefs hinnehmen.

Allen für den Ro 80 neuen Unternehmensspitzen ist gemeinsam: Sie können ihn im Konzern-Programm lediglich als verlustbringendes Objekt erkennen und nur mühsam als den Aktivitätsnachweis für die von den Lizenznehmern teuer zu bezahlenden Verträge. So wurde in dem Maß die Stellung des Ro 80 im Konzern schwächer, da die Bedeutung des Lizenzobjektes – der Motor – und die Lizenzeinnahmen zurückgingen. Ohnedies mußte der große NSU mit seinen progessiven Konturen

Nach der ersatzlosen Einstellung der Ro 80-Produktion 1977 weiß Audi NSU den Wagen und letzten Träger der Marke NSU im Museum gut aufgehoben. Audi NSU-Vorstandmitglied Dr. Habbel übergibt eines der letzten Exemplare – silbermetallic mit Rallye-Streifen – dem Deutschen Museum München.

gegen die Schwerkraft der Bravheit der Konzern-Modelle ankämpfen.

Ursprünglich sollte, wie geschildert, der Ro 80 ein Mittelklasse-Modell werden. Aber dann geschieht, was einer von NSU – stimuliert von diesem Projekt – so formuliert: „Der Wagen wuchs uns einfach zwischen den Händen heraus." Doch von der Verselbständigug einer Idee blieben schon große Rechenkünstler nicht verschont: Auch dem Mercedes 600, zu erhabenen Abmessungen mit feinster Technik gestreckt, blieben die anvisierten und rentablen Stückzahlen versagt.

Das Wachstum des Ro 80 muß nicht bedauert werden. Immerhin verdanken wir der optimistischen Einschätzung seiner Zukunft die Verwirklichung von Spitzentechnik und diese zeitlos gültig eingekleidet. Mut und Pioniergeist von NSU verdienen hohe Achtung, da man gegen die Ansichten der Hubkolben-Vorsänger das Rad der Technik-Geschichte weiter drehte, auch wenn es dabei manchmal knarrte.

Ins Museum geschickt

Gegen Ende des Jahres 1977 wird einer der letzten hergestellten NSU Ro 80 dem Deutschen Museum in München gestiftet. Nun findet er in einem Kommentar aus Ingolstadt hohe Anerkennung:

"Beim Debut auf der IAA Frankfurt 1967 hatte der NSU Ro 80 mit seinem neuartigen 115 PS-Wankel-Rotationskolbenantrieb und seiner futuristischen Karosserieform die Fachwelt begeistert.... Zehn Jahre danach hat der Wagen nichts an Aktualität eingebüßt, aber die niedrige TagesStückzahl ließ eine Weiterführung der Ro 80-Produktion wirtschaftlich nicht länger vertretbar erscheinen."

Nicht ohne beißende Ironie ist der Hinweis auf die „niedrige Tagesstückzahl" für jenen, der die Gründe dafür kennt, und ebenso die firmenoffizielle Überführung einer fortschrittlichen Konstruktion in ein Museum, während die Alltagskost aktiv auf den Straßen bleibt.

So gesellt sich denn NSU's Großer zu den ebenfalls dort schon zu nachdenklicher Betrachtung dargebotenen Motoren DKM 54 und KKM 125. Weitere Ironie des Geschehens: Die Exponate finden sich an jener Stätte wieder, wo aus dem Kongreß-Saal des Museums einst vor illustrem Fachpublikum die Kunde von kreisendem Kolben hinausging und ein Flächenbrand in der Welt der Hubkolbenmotoren drohte.

Die Lebensgeschichte des Ro 80 ist noch nicht vollständig. Er bekommt doch noch seine neue Quelle der Kraft, allerdings nur als Versuchsträger. Sehen wir auch, was aus der Motor-Idee wird, die den NSU Ro 80 entstehen ließ.

Generationen-Wechsel

NSU Ro 80 und KKM 871

Als sich NSU zu Audi NSU verändert, bleibt die Zusammenarbeit mit Citroën in der Gemeinschaftsgründung Comotor noch bestehen. Für diese wird 1970 die auf den Ro 80-Motor KKM 612 folgende dritte Motor-Generation entwickelt: Der KKM 620/621 als Einscheiben-, der KKM 620/622/624 als Zweischeiben- und der KKM 619 als Dreischeiben-Triebwerk. Letzteres liegt jedoch höher in den Kosten durch mehr Dichtteile, mehr Flächen-Bearbeitung und geteilte Exzenterwelle (Gleason-Verzahnung, ähnlich Hirth) und wird nicht weiterverfolgt.

Die vierte Generation

Während aus Kostengründen für die dritte Generation die innere Geometrie noch beibehalten wird, verändert man diese grundlegend für die vierte Motor-Generation. 1971 – der Ro 80 hat vier Jahresringe angesetzt – beschließt Audi NSU unter Absegnung durch den in diesem Jahr zum Audi NSU-Chef berufenen Leiding die Konzentration der Kreiskolben-Entwicklung auf diese Neukonstruktion. Noch scheint ihr die Zukunft sicher.

Der Motor mit Namen KKM 871 – nach dem VW-Entwicklungsauftrag EA 871 – ist ein Zweischeibenmotor und soll auch vorbildhaft für Lizenznehmer entwickelt werden. Immerhin verbucht man 1971 bereits 23,6 Millionen DM Lizenzgelder – doch der überwiegende Teil muß ja weiter verteilt werden (Kapitel 13).

Leiding wird Anfang 1972 zum Konzern-Oberen berufen. Seine Devise zum KKM 871 weiterhin: „Anpacken und sehen, was rauskommt!"

Was da in Neckarsulm angepackt wird, ist wieder für Frontantrieb und nicht nur für Audi NSU projektiert. Dieser Motor ist ein Wunschobjekt von Citroën für die im Werden befindliche CX-Modellreihe. Nicht ganz ausgeschlossen wird, daß der KKM 871 auch einen künftigen Audi 100 motorisieren könnte, in dem ein Reihen-6-Zylinder zum Bedauern der Ingolstädter keinen Platz findet.

Die Vorgaben: Kammergröße rund 750 cm^3, um in Motorgröße (doppeltes Kammer-Volumen mal zwei), Leistung und Laufruhe etwa einem 3-Liter-Hubkolben-

6-Zylinder zu entsprechen und dies mit Bauraum und Gewicht eines 2-Liter-4-Zylinders. Der Fahrverbrauch soll auf dem Niveau des vergleichbaren Hubkolbenmotors und die Herstellungskosten deutlich unter denen des Ro 80-Motors liegen.

Die wichtigste Maßnahme ist die Untersuchung für den Seiteneinlass. Die Entscheidung erfolgt allerdings erst nach den Prüfstands-Ergebnissen, bei denen zum Vergleich bei einer Einscheiben-Ausführung – KKM 866 – auch der Umfangseinlaß noch geprüft wird.

»Where's the engine?« Häufige Frage in den USA 1977 bei der Vorführung des Audi 100 mit KKM 871. Er läßt noch reichlich Platz im Motorraum und ragt nicht so weit über die Vorderachse hinaus wie die Audi-Hubkolbenmotoren. US-Version mit Benzin-Einspritzung (K-Jetronic) und Schaltgetriebe. Doppel-Kat mit motornahem Start-Konverter und Haupt-Konverter, beide mit Metall-Monolith.

Dreierpack, 1970. Die dritte Kreiskolbenmotor-Generation: Dreischeibenmotor KKM 619. Zählt zu den Nachfolgern des Ro 80-Motors KKM 612, hat noch dessen Kammergröße und Umfangseinlaß. Etwa 160 PS bei 5500/min. Einzelzündung. Blieb wegen zu hoher Kosten und zu starkem Verbrauchs Versuchsmotor. Wurde auch im Audi 100 gefahren. 10 Motoren gebaut.

Französische Seitenlinie, 1970. Ebenfalls dritte Generation: Zweischeibenmotor KKM 622, zum KKM 624 modifiziert, um ihn zwischen die Vorderräder des Citroën GS Birotor einbauen zu können. 107 PS bei 6500/min. Einzelzündung. Kühlwasserführung längs durch die Motorteile.

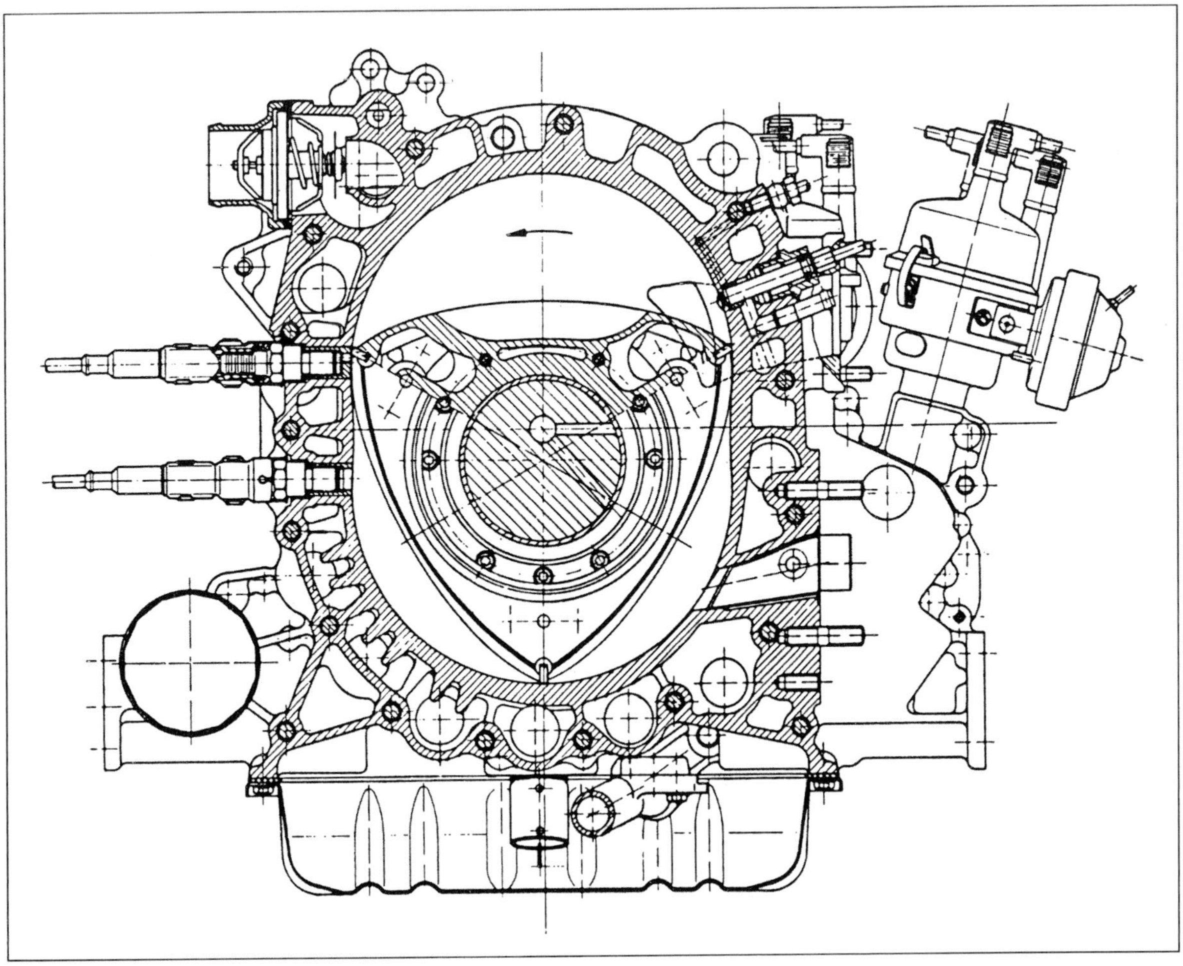

Der KKM 871 im Querschnitt. Rechts unten im Mantel der Auslaß. Der Seiteneinlaß erkennbar über der rechten Kolben-Ecke. Verdichtungsverhältnis 9,5/10,0 : 1. In der Version mit Benzin-Einspritzung Leistung 170–180 PS bei 6500/min.

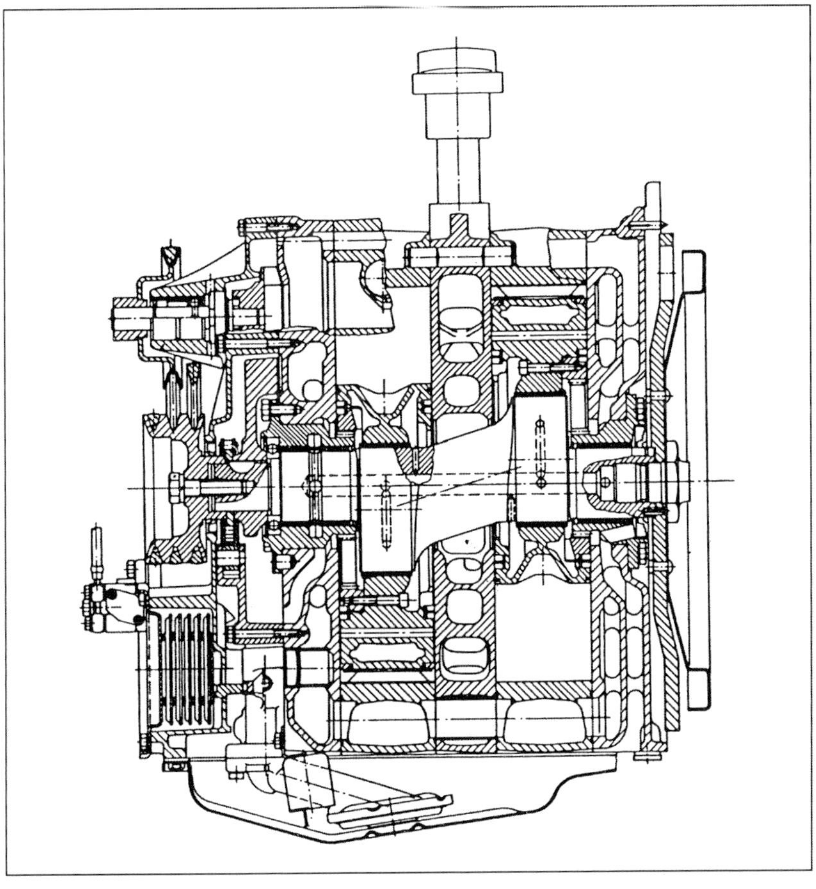

Der längsgeschnittene KKM 871 läßt die geschickte, auf kleinstes Längenmaß bedachte Konstruktion erkennen. Nur wenig länger als der Ro 80-Motor. Die beiden Exzenterwellen-Hauptlager sind näher zusammengerückt, um Durchbiegung der Welle zu vermeiden.

Keine obenliegenden Nockenwellen, keine Mehrventil-Technik, keine Kurbeltrieb-Mechanik. Darauf verzichtet der Zweischeiben-KKM 871 in bester und verbesserter Kreiskolben-Manier und das bei Spitzenleistungen und moderat gewordenem Verbrauch. Doppelter Seiten-Einlaß. Doppelzündung, Kammergröße 746,6 cm³. In der Vergaser-Version rund 170 PS bei 6500/min, 212 Nm bei 4000/min. Kreiskolben-Höhe- und Endpunkt (1979) in Deutschland.

Gewählt wird der Doppel-Seiteneinlaß, also zu beiden Seiten jeder Scheibe.

Die seitliche Beatmung des Motors bietet gute Voraussetzung für verringerten Verbrauch, erlaubt größere Gassteuer-Öffnungen und die Gas-Überschneidung ist reduziert. Die starken Pulsationen fallen weg. Das Ansauggeräusch ist kleiner. Die beim Ro 80-Motor notwendige Vakuumpumpe zur Bremskraft-Unterstützung wird entbehrlich.

Neue Kammerspiele

Um sich eine gute Ausgangsposition für verringerten Verbrauch zu sichern, richtet sich alle Aufmerksamkeit auf den Ort, wo über die Güte der Verbrennung entschieden wird, auf den Brennraum. Im Vergleich zum Ro 80-Motor muß die Oberfläche der Kammer im Verhältnis zu ihrem Volumen kleiner werden. So lassen sich Verluste an Wärme und damit in der Energie-Umsetzung minimieren.

Andererseits braucht man bei nur zwei Scheiben für höhere Leistung eine größere Kammer. Den Kompromiß für alle Wünsche findet sich in einer im Verhältnis zur Höhe schmalen Kammer. Sie wird – bei anderer innerer Geometrie – nur um 2 mm breiter als beim Ro 80-Motor. Mit dieser Auslegung hat man, wie sich bald zeigt, eine glückliche Hand bewiesen.

Von den Motoren der dritten Generation übernimmt man die neue Führung der Kühlflüssigkeit: Sie strömt jetzt in Motorlängsrichtung (axial) durch den Mantel und nicht mehr radial wie beim KKM 612 des Ro 80. Hier wird der „heiße Bogen“ zu wenig und der übrige Teil zu viel gekühlt, was zu Mantel-Rissen führte.

Mit dieser Änderung wird die Kühlung ausgeglichener, dennoch die Wasser-Temperatur etwas angehoben. Es wirkt sich günstig auf den Energie- Haushalt aus. Mazda hatte sich von vornherein für die axiale Strömungsrichtung entschieden.

Abdichtungsgrundlage Ro 80

Die Gasdichtung wird ebenso wie die Material-Paarungen Dichtleiste/Trochoide und Kolbenseite/Seitenteil vom Ro 80 der letzten beiden Baujahre übernommen, aber bis ins letzte Detail optimiert. So sind alle drei Teile der Scheitelleiste aus dem Titan-Verbundstoff „Ferrotic“ und laufen auf der Elnisil-Trochoide. Allerdings sind die Leistenteile schmäler: 4 statt 5 mm. Auch die Unterlegfedern werden leichter und damit der Anpreßdruck zugunsten reduzierter Reibung geringer. Und wie beim KKM 624 wählt man doppelte, 1,25 mm starke seitliche Dichtstreifen, Spezialstahl, unzerbrechlich, die Kuppe verchromt und in einer einzigen Nut.

Links Mantel des Ro 80-Motors: Das Kühlwasser folgt dem Umfang der Trochoide. Rechts Mantel des KKM 871. Der kühlende Strom läuft in Längsrichtung (axial). Es wirkt sich positiv auf Standfestigkeit und Wärmehaushalt aus.

Mit dem Seiteneinlaß wird der für das Anliegen der Dichtteile notwendige Druck im „Zwischendichtungsraum“ nicht im gewünschten Maß aufgebaut. Die zur Nachverbrennung nötige Luftpumpe sorgt für den Druck.

Die schon beim Ro 80 in den letzten Baujahren zur Kostensenkung verwendete preisgünstigere Öldosierpumpe von Mikuni, Japan, kommt auch beim KKM 871 zum Einsatz. Frühere Pumpen-Schwächen sind behoben.

Kühlöl heißer, Kerzen doppelt

Verbessert wird die Führung des Kühlöles im Kolben. Auch eine variable Kolben-Kühlung – wie bei Mazda – kann dabei helfen, den Verbrauch zu reduzieren: Dehnstoff-Wachselemente in der Exzenterwelle unterbinden den Zustrom des kühlenden Öles im Teillastbereich und bei niedriger Betriebstemperatur. So wird dem Verbrennungsprozess weniger Wärme entzogen. Die Öldichtung erhält doppelte Kratzringe.

Für das schnellere Durchbrennen der Ladung kehrt man zugunsten von Verbrauch und Leistung auf zwei Zündkerzen je Kammer zurück und zwar mit sorgfältig gewählten Kerzenpositionen. Die untere Kerze ist offen mit der Kammer verbunden, also ohne den 5 mm-Schußkanal. An dieser Stelle ist der Druck in den benachbarten Kammern etwa gleich, bei Überfahren der Scheitelleiste erfolgt kein Druckausgleich.

Verwendet werden Transistor-Zündung, kontaktlose, induktive Steuerung und Vorschalt-Widerstände, aber mit zwei unabhängigen Zündverteilern. Die Kerzen sind ein geänderter Gleitfunken-Typ und zünden zum gleichen Zeitpunkt. Verschieden Zündzeitpunkte bringen zu wenig Vorteile.

Beim Ro 80 ergab sich aus der gewählten Geometrie ein relativ kleines Ritzel (Zahnrad im Seitenteil), über das sich das innenverzahnte Hohlrad des Kolbens abwälzt. Theoretisch werden hier keine Kräfte übertra-

Motor KKM 871 gestrippt. Der Doppel-Seiteneinlaß: Je einer im Mittelteil für jede Scheibe und je einer in den beiden Seitenteilen. In den Mänteln unten je ein Umfangsauslaß. Gehäuse nach langer Lagerung mit Spuren von Korrosion.

gen, dennoch gab es Verzahnungsbrüche, offensichtlich durch Beschleunigungsstöße. Nun kann das Ritzel entsprechend der anderen inneren Geometrie des Motors größer und stärker werden (wie bei Mazda).

Um es nicht wie beim KKM 612 bei Überdrehzahlen zur Durchbiegung der Exzenterwelle kommen zu lassen, werden deren beide Hauptlager und die Gegengewichte der kreisenden Kolben näher zusammengerückt.

Vorgesehen wird eine Version mit dem Mehrstufen-Vergaser Solex 4A1 ("Quadrajet") wie damals auch bei BMW verwendet. Zwei Drosselklappen sind jeweils für die 1. und zwei Drosselklappen für die 2. Stufe vorhanden. Der Abgas-Reaktor zur Nachverbrennung ist von Anfang an vorgesehen.

Insgesamt ist der KKM 871 so raffiniert entworfen, daß er trotz größerem Kammer-Volumen und Mehrleistung nicht nur nahezu das gleiche Paketmaß aufweist wie der Ro 80-Motor, sondern etwa auch das gleiche, niedrige Gewicht. Auch der Antrieb eines Klima-Kompressors ist möglich. Der Motor stellt einen größeren Entwicklungssprung dar als jener vom KKM 612 des Ro 80 zum KKM 622/624 für Citroën.

Auf Prüfstand und Straße

Am 14.6.72 wird der erste Motor der neuen Generation in der erwähnten Einscheiben-Version auf dem Prüfstand in Neckarsulm installiert. Anfang 1973 beginnt der Versuchsbetrieb auf der Straße. Der Ro 80 wird „Aggregate-Träger" für die verschiedenen Motor-Varianten. Zur Entscheidungsfindung werden immerhin noch 25 Motoren mit Umfangseinlaß gebaut. Insgesamt kann schon die beachtliche Zahl von 90 Motoren auf Prüfständen und im Straßenversuch eingesetzt werden.

Wäre der KKM 871 produziert worden, hätte ihn auch der Ro 80 erhalten. Messungen auf dem Rollenprüfstand im »Wankel-Zentrum« Neckarsulm. Dieser Ro 80 erreicht 210 km/h auf der Straße. Fahrwerksaufwertung durch Stabilisatior auch hinten, breitere Felgen und Reifen. Diese bedingen eine Einbuchtung an den hinteren Schräglenkern.

Anfangs wird wegen des befürchteten Schieberuckelns eine Getriebe-Vollautomatik verwendet. Ein Normalgetriebe in der erforderlichen Stärke ist ohnehin nicht vorhanden. Doch können bald die Seiteneinlaß-Motoren problemlos mit Normalgetrieben kombiniert werden. Auch ist der Ölkühler im Luftstrom einsetzbar.

Die Dauer-Erprobung wird Mitte 1974 erfolgreich mit dem Motor-Typ 871 III B abgeschlossen. Von zehn Ro 80 bewältigen neun Fahrzeuge Laufstrecken zwischen 85000 und 150000 km. Sämtliche Prüfstandsmotoren – es sind zehn – laufen 800 Stunden („Düsseldorf-Programm"). Die Entwicklung eines verbesserten Kreiskolbenmotors (mit Benzin-Einspritzung) gilt für eine mögliche Produktions-Freigabe als erfüllt.

Rechnet man die insgesamt abgeleisteten Strecken – auch mit dem späteren neuen Audi 100 – und Prüfstandstunden, resultiert für den KKM 871 ein ansehnliches Programm von rund 2 Millionen km und 26 000 Stunden.

Entwicklungserfolg Verbrauch

Als Meilenstein in der Heranreifung eines Kreiskolbenmotors können Straßenverbräuche gemessen werden, die jenen vergleichbarer Hubkolben- 6-Zylinder entsprechen, sie im Teillast-Bereich sogar bis zu 10 % unterbieten. Es wird unter Aufsicht unter gleichen Bedingungen bei Tandem-Fahrten nachgewiesen, so mit einem 2,8 Liter-Mercedes und einem 3 Liter-BMW, beides 6-Zylinder.

Der wankelmotorisierte Audi 100 begnügt sich mit Normalbenzin, so daß nun die Kraftstoff-Kosten für den KKM 871 geringer sind. Als spezifisch günstige Verbräuche weist man sie auch auf dem Prüfstand nach.

Die Verbrauchssenkung ist ein großer Erfolg auch für die an dieser Entwicklung Beteiligten. Er ist um so höher einzuschätzen, da er nach Auffassung von Fachleuten wegen der thermodynamischen Gesetzmäßigkeiten im Hinblick auf die ungünstige Gestalt des Brennraumes nicht zu erwarten war.

Ein Indiz für die bessere Umsetzung von Energie ist das gegenüber dem Ro 80-Motor weniger heiße Abgas und das heißere Kühlöl für die Kolben. Die guten Verbrauchswerte werden mit Benzin-Einspritzung (K-Jetronic) erzielt. Der verbesserte Motor erhält den Namen KKM 871 „Optimo". Im Entwicklungsbereich Neckarsulm schätzt man, daß bei gleicher Stückzahl die Herstellungskosten eines vergleichbaren 6-Zylinders zu unterbieten sind. Aber die Kalkulationen hat sich Ingolstadt vorbehalten.

Ro 80-Aufrüstung geplant

Mitte 1973 wird der serienmäßige Einsatz eines 140 PS-KKM 871 im Ro 80 für Mitte 1974 geplant. Dabei muß das Wankel- Zentrum Neckarsulm nicht nur Entwicklungs-, sondern auch viel Überzeugungsarbeit leisten. Für die Fertigung des neuen Motors wird Neckarsulm vorgeschlagen – es wäre eine vielfältige Bereicherung für diesen Standort.

Aber die in Ingolstadt für den KKM 871 streng kalkulierten hohen Herstellungskosten (Kapitel 13) lassen die schönen Absichten versickern, zumal angesichts der Energie-Panik ab Ende 1973. Immerhin kann 1974 die Dauerhaltbarkeit in „Serien-Freigabeläufen" nachgewiesen werden. Der Anlauf des KKM 871 im Ro 80 – nun mit einem 160 PS-Motor – wird auf 1975 verschoben. Auch eine Planung für den Einsatz im neuen Audi 100 (ab 1976) mit dem KKM 871 existiert.

Leiding steht einer Produktion des KKM 871 positiv gegenüber. In seinem Dienst-Ro 80 fährt er den Motor mit Genuß. Citroën hatte ja auch einen großen Kapitalbeitrag für die Entwicklung des Motors geleistet. Für die Produktion von 200 Motoren je Arbeitstag wird eine heute bescheiden anmutende Investition von ca. 54 Millionen DM errechnet.

Praxl, Leiter des „Wankel-Zentrums", obwohl später dem Motor kritisch gegenüberstehend, auf die Frage, ob er dem Einsatz des KKM 871 im Ro 80 zustimmen könne: „Zweimal ja!"

Aber Leiding hört man auch mit diesen Worten: „Mit dem Geld, das zur Bedienung der Audi-NSU- Genuß-Scheine das Unternehmen verlassen hat, könnten wir die Fertigung aufnehmen." Er möchte Risiken vermeiden und wenig Eigenmittel einsetzen. Daher will man auch andere Firmen, so Comotor, zur Coproduktion gewinnen. Seit der "Energie-Panik" werden aber die

Möglichkeiten, den Verbrauch weiter abzusenken, kritischer beurteilt, desgleichen künftige US-Abgas-Normen.

Das nächste Hindernis ist schon programmiert. Leiding muß 1975 den VW-Vorstands-Sessel an Schmücker weiterreichen. Der KKM 871 bleibt auf den Prüfständen und im Ro 80 nur zur weiteren Erprobung.

Unter dem neuen Audi NSU-Vorstandsvorsitzenden Dr. W.P. Schmidt – nach Leiding folgte 1971 Dr. G. Prinz – übernimmt Ferdinand Piech im August 1974 die Leitung der Technischen Entwicklung. Im August 1975 (unter G.M. Strobl) beruft man ihn in den Vorstand für dieses Ressort.

Die Kreiskolben-Aktivitäten werden ab 1974 allmählich reduziert, dem „Wankel-Zentrum" Neckarsulm auch Hubkolben-Aufgaben übertragen. In Ingolstadt wird bereits ein 5-Zylinder-Otto-Motor entwickelt – -

Der Chronist fährt 1975 einen KKM 871-motorisierten Ro 80 auf der Landstraße und auf der Autobahn Heilbronn – Stuttgart. Beeindruckend die kräftige, dennoch kultivierte Art der Leistungsentfaltung, die nichts ihresgleichen hat, faszinierend das unnachahmliche Kreiskolben-Feeling, dabei der fühlbare Schub im Rücken durch verbesserten Durchzug aus niedrigen Drehzahlen. Dieser Ro 80 – mit verstärktem Fahrwerk – hält auch mit über 200 km/h den Kurs wie eingespeichert. Kann man, so die Gedanken hinter dem Lenkrad, diesem Auto und diesem Motor die Zukunft verweigern?

Einscheiben-Bruder KKM 866

Die Einscheiben-Version des KKM 871 motorisiert als KKM 866 versuchsweise einen Audi 80 (1975). Der Motor bietet sich auch für andere Zwecke an. Zusammen mit der Ruhrgas AG wird er für ein Wärmepumpen-Aggregat entwickelt und mit Gas betrieben. Der erschütterungsfreie Lauf macht ihn für die Verwendung in Gebäuden gut geeignet. Der Betrieb mit Gichtgas – nicht mit Erdgas – läßt die Dichtleisten früh verschleißen. So werden sie aus teurem Siliziumnitrid gefertigt, heißgepreßtem Keramik-Werkstoff. Reibungspartner ist eine mit einer Legierung aus Wolfram-Karbid und Kobalt beschichtete Trochoide.

Weil das für die Dichtleisten-Schmierung nötige Öl nicht mit Gas wie bei flüssigem Kraftstoff eingebracht werden kann, läßt man es mittels verschiedener untersuchter Systeme direkt ins Saugrohr tropfen. Im Trend der allgemeinen Energie-Sparwelle gewährt das Bundes-

Der vom Zweischeibenmotor KKM 871 auf eine Scheibe reduzierte KKM 866. Er ist für Wärmepumpen-Aggregate projektiert. Leistung im Dauerbetrieb mit Gas ca. 80 PS bei 6000/min. Der große Luft- und Ansauggeräusch-Dämpfer stammt vom KKM 871.

Forschungsministerium Förderungsmittel, die 1975/76 auch der KKM 871 erhält.

Reifere neue Generation

Während man die Entwicklung neuer Hubkolbenmotoren in Neckarsulm verstärkt, wird die Entscheidung für die Produktion des KKM 871 weiter aufgeschoben. Doch werden – man ist nun mal Hauptlizenzgeber – verschiedene Konzepte untersucht:

Schichtladung mit Teilmengen-Direkt-Einspritzung. Auch Abgas-Turbo-Aufladung wird praktiziert, die Leistung klettert auf rund 230 PS. Die Schwingungen der Ansaug-Gassäule lassen sich vorteilhaft ausnützen, wie es später beim Mazda RX-7 Turbo geschieht. Genannt seien auch neue Formen für die Kolbenmulde – eine „Kaskaden-Mulde" bringt gute Ergebnisse – , ferner Verminderung der Reibung der Gas-Abdichtung. Letzteres ist ein noch immer nicht ganz genutztes Potential.

Die Verringerung der Herstellungskosten wird auch durch modifizierte Dichtsysteme oder durch den Wegfall des „Ionitrierens" der Seitenteile versucht. Auch werden diese – auch die Kolben – wieder in Leichtmetall ausgeführt, doch ohne Erfolg.

Rotation im Sonder-Modell?

Inzwischen ist, wie erwähnt, der „Rechner" Schmücker zum VW-Prinzipal berufen. Unter seinem Vorsitz steht im Sommer 1975 im „Produkt-Strategie-Komitee" Wolfsburg das künftige C-Modell von Audi – das Audi-Spitzenmodell – zur Debatte. Es war schon 1973 für den KKM 871 vorgesehen.

135 PS und mehr werden als erforderliche Motorleistung gefordert. Die Chancen des KKM 871 steigen wieder, da man sich noch nicht für einen Audi-5-Zylinder mit Turbo-Aufladung oder einen neuen 6-Zylinder entscheidet. Um den letzteren unterzubringen, müßte der Audi 100 geändert werden. Das versuchte man auch mit einem verlängerten Motorraum, wodurch freilich die Wagenfront so gepfeilt wird, daß sie keinen Anklang findet. Für den so geänderten und kopflastiger werdenden Wagen stand schon der Modell-Name Audi 300 bereit.

Überlegt wird für den KKM 871 auch ein nobles Coupé, der Motor turbo-aufgeladen. Die Namen Horch oder Wanderer aus der Geschichte der Auto Union bieten sich an. Aber das Produkt-Strategie-Komitee Wolfsburg gibt sich reserviert. Für eine zugrundegelegte kleine Serie von 20 Stück pro Tag errechnet man in Ingolstadt Investitionen in einer Höhe, die als nicht rentabel angesehen werden.

Der KKM 871 bleibt lediglich Versuchsobjekt. Auf Grund der hoch kalkulierten Herstellkosten will sich Konzern-Lenker Schmücker nicht anders entscheiden. Die energie-geschockte Industrie hat sich ja auch erholt und man verkauft gut mit Hubkolbenmotoren. Doch eine gegen den KKM 871 gerichtete Entscheidung muß zwangsläufig gegen kreisenden Kolben überhaupt hinauslaufen. Sie muß verstanden werden – vor allem vom fleißig seine Gebühren zahlendem Mazda und den Genuß-Schein-Inhabern.

Rechnung mit dem Vorführ-Effekt

So wird zwar Ende 1976 beschlossen, in einer groß angelegten Aktion den gut gelungenen KKM 871 international vorzuführen. Aber es ist auch eine Möglichkeit, die neue Skepsis bei alten oder noch anzuwerbenden Lizenznehmern gegenüber dem Wankel-Prinzip zu demonstrieren. Da man ja selbst mit dem Zurücknehmen der eigenen Kreiskolben-Aktivität ab 1974 und mit der Stillegung des Ro 80 im April 1977 schon die Abkehr von der NSU-Wankel-Verpflichtung einläutete, erhält die Vorführung einen gewissen Alibi-Charakter.

Der Motor wird in einer kleinen Serie gebaut, je nach Vorführland modifiziert und ab Anfang 1977 in eine Flotte von 20 der neuen Audi 100 (C 2, ab 1976) installiert. Verzögerung entsteht, weil sich das Getriebe des Audi 100 als zu schwach erweist.

Für die geplante Vorführ-Aktion will man den Ro 80

Kreiskolben-Audi für Europa. Vorführwagen Audi 100 mit KKM 871 bei der IAA Frankfurt 1977. Der Prototyp wird Firmen auch für eigene Messungen überlassen. Thermischer Reaktor (Nachverbrennung) in Doppelausführung statt Rohr-Reaktor. Unter dem Luftfilter der Vergaser. Getriebe-Automatik oder 5-Gang-Schaltgetriebe.

Zukunftsorientierter Motor in althergebrachter Karosserie. Verladen des KKM 871-Audi 100 in Frankfurt/M 1977 in einen Jumbo-Jet zur Vorführung bei US-Autofirmen (12.-30. August 1977).

nicht mehr einsetzen. Das Ende der Produktion ist schon beschlossen. Dank seiner luftwiderstandsarmen Form hätte er mit noch günstigeren Verbräuchen aufgewartet. Aber wie sagt man im Audi NSU-Vorstand? „Ein neuer Motor passt nicht in eine alte Karosse." Aber wie neu ist der neue Audi 100? Vor den Stil-Elementen aus lange zurückliegenden Jahren kann man nur schwer die Augen verschließen.

Der Audi 100 mit KKM 871 wird in Europa, in den USA und in Japan vorgeführt und während der Auto-Ausstellung Frankfurt im September 1977. In Europa ist vorrangig Citroën das Ziel. Aber dort ist nun die hart rechnende Firma Peugeot der Übervater.

Die Aufmerksamkeit in den USA gilt vor allem General Motors. Immerhin war das Unternehmen auf dem Höhepunkt der Wankel-Woge bereit, pauschal 50 Millionen DM für den Nachbau zu zahlen, wenn auch in wohldosierten Raten. Eine Fabrik für 2000 Motoren pro Tag war bereits vorgesehen. Auch die ebenfalls lizenzmüde gewordenen Firmen Ford und American Motors stehen zur Animation an.

Die Vorführung in Übersee lassen sich die Audi NSU-Vorstandsmitglieder Dr. Habbel und Piech nicht nehmen. Auch der Bereichsleiter der Technischen Entwicklung Neckarsulm, van Basshuysen und der Leiter von Lizenz/Marketing, Dr. Caspari, gehen mit auf die Reise.

Bei Rudelführer General Motors zeigt man sich zwar

Die Besatzung des Audi 100 mit KKM 871 bewundert die Niagara-Fälle, nachdem US-Auto-Hersteller den KKM 871 bewunderten. Aber sie ließen sich nicht mehr, wie von Audi NSU vorhergesehen, für kreisende Kolben animieren.

vom erreichten Entwicklungsstand beeindruckt, zumal von den günstigen Verbrauchswerten, bleibt aber bedeckt. Dem wankel-geneigten Konzern-Chef Cole ist ohnedies der wankel-spröde Estes gefolgt.

Von der Wankel-Skepsis in den USA kann sich auch ein prominenter Genuß-Schein-Besitzer überzeugen, der zu dieser Reise eingeladen ist.

Im Rahmen des finanziell großzügig angelegten Unternehmens sind mit Luftfracht auch in Japan zwei Audi 100 mit KKM 871 eingetroffen. Einer der Wagen wird in Tokio nach der Vorführung bei verschiedenen Auto-Firmen im Saal eines großen Hotels auf einer Presse-Konferenz präsentiert. Ein Mitglied der deutschen Gruppe öffnet die Motorhaube, um auf den klein bauenden Motor aufmerksam zu machen. Aber Technik-Vorstand Piech, inzwischen mit dem Vorstandkollegen Dr. Habbel eingetroffen, schmettert die Haube zu und schließt den Audi 100 ab. Wie sagte Initiator Piech zu Beginn der Vorführ-Aktion? „Wir wollen die Lizenznehmer ermutigen, die etwas die Flügel hängen lassen."

Vorführung und Ausleihen der Kreiskolben-Audi werden 1978 fortgesetzt. Die Frage ist allerdings, wie überzeugend ein Industrie-Unternehmen argumentieren kann, das mit der ersatzlosen Produktionseinstellung des Ro 80 bereits Wankel-Abkehr demonstrierte und bei angesprochenen Firmen schon über einen Hubkolben-5-Zylinder-Otto-Motor diskutiert.

Die Arbeiten am KKM 871 gehen weiter zurück. Immerhin wird der Nachweis erfüllter US-Abgas-Bestimmungen bis 1983 bestanden. Dabei erweist sich auch der Vorteil der katalytischen Abgasreinigung, da der Gegendruck bei thermischer Nachverbrennung der Kohlenwasserstoffe durch den Reaktor eine gewissen Einbuße an Drehmoment zur Folge hat. Die katalytische Abgas-Nachbehandlung erweist sich auch deswegen günstiger, weil das Abgas des KKM 871 weniger heiß ist und die thermische Nachverbrennung nicht so rasch „anspringt".

Möglichkeiten

Wegen des vibrationsarmen Motorlaufs und den Vorteilen in Gewicht und Größe wird der Kreiskolbenmotor auch in der Luftfahrt erprobt. Vorteilhaft ist die Doppelzündung und die leichte Modifikation zur Kunstflugtauglichkeit, weniger erwünscht die Flüssigkeitskühlung. Auch der Ro 80-Motor wird mehrfach für Flugzeuge verwendet, so für den Versuchs-Helikopter BX-110 des Schweizers Berger.

1973 fliegt zum ersten Mal ein von der Firma Rhein-Flugzeugbau hergestelltes Flugzeug namens Fantrainer. Angetrieben wird es von zwei in Tandem-Form angeordneten KKM 871, die ihre Kraft auf einen siebenflügeligen ummantelten Rotor übertragen. Audi NSU hat vier der Motoren an die Firma geliefert, winkt aber für eine weitere Lieferung ab.

Der Widerstand gegen den Ro 80 im Konzern kam wohl eher von Audi NSU Ingolstadt als von VW Wolfsburg. Hier führte er zum ganz normalen Zwiespalt bei Führungskräften: Das Gute wollen, aber Kosten sparen. Ro 80 als bevorzugte Versuchs- und Dienstwagen mit 130 PS-Motor und breiteren Felgen im Werk Neckarsulm.

ihn noch vom Ruhestand – weiß diese Hilfe bei Technik-Vorstand Piech gut aufgehoben. Diesem wiederum scheint es geraten, die Verantwortungsbasis durch Gutachten von außen zu erweitern. So werden 1976 – also noch vor der internationalen Vorführung des KKM-Audi 100 – zwei voneinander unabhängige Gutachten für den KKM 871 in Auftrag gegeben.

Externe Bewertung

Mitte 1977 liegen die Schriftsätze vor, verfasst von den Professoren Dr. F.Pischinger, vormals Österreich, und Dr.H. May von den Universitäten Aachen bezw. Kaiserslautern. Dem Gutachten von Prof. Pischinger entnehmen wir unter anderem:

„...Im Vergleich zu einem durchschnittlichen 6-Zylinder-Reihen-HKM hat der KKM 871 etwa 2/3 der Masse und benötigt nur die Hälfte des Einbauraumes. Bezüglich der Drehmomentencharakteristik ist er dem HKM für den Fahrzeugeinsatz praktisch gleichwertig... .Der KKM 871 zeichnet sich wie alle KKM durch im Vergleich zum HKM ergeblich geringere Geräuschabstrahlung aus. Ein KKM-Fahrzeug mit gut abgestimmer Auspuffanlage bietet daher Vorzüge für den Fahrer und die Umwelt."

„Beim Kraftstoffverbrauch hatten sich die früheren KKM den HKM unterlegen gezeigt. Hier konnten im Zuge der Entwicklung des KKM 871 erhebliche Fortscheitte erzielt werden, so daß bei Erfüllung heutiger europäischer Abgasvorschriften etwa gleicher Verbrauch erreicht wird wie mit Vergaser-HKM."

„Der Abgasgeruch ist beim KKM unangenehmer, wenn nicht ein katalytischer Konverter verwendet wird.....Die Lebensdauer des KKM wird wie beim HKM durch den Verschleiß des Dichtsystems begrenzt....Nach vorliegenden Kalkulationsergebnissen liegen die Herstellungskosten erheblich über denen eines vergleichbaren 6-Zylinders-HKM. Durch konstruktive Weiterentwicklung lassen sich diese Mehrkosten zwar vermindern, jedoch nicht völlig vermeiden....Zur Erfüllung zukünftiger strenger US-Abgasforderungen sowie für eine kostengünstigere Konstruktion sind noch weitere Entwicklungsarbeiten erforderlich."

Das Gutachten von Prof. May kommt im wesentlichen zu den gleichen Erkenntnissen. Dort wird außerdem festgehalten: „...Der Wartungsaufwand ist eher niedriger als beim Hubkolbenmotor... Die durchgeführten Versuchsfahrten mit einem mit dem KKM 871 in Vergaserversion ausgerüsteten Fahrzeug Ro 80 bestätigen das günstige Verbrauchsverhalten."

„Im Hinblick auf die bestehenden und in Zukunft in Europa und den USA, speziell in Kalifornien, zu erwartenden verschärften Abgasgesetzen ist es erforderlich, weitere Entwicklung durchzuführen... Zum gegenwärtigen Zeitpunkt ist eine Serienreife im Hinblick auf die in den USA geforderte Standzeit der notwendigen katalytischen Konverter, mit denen die Abgasgesetze der 80er Jahre zu erfüllen sind, noch nicht gegeben."

„...Bei Abwägung aller diesbezüglichen Unterlagen muß gegenwärtig noch mit höheren Herstellungskosten als bei Hubkolbenmotoren gerechnet werden... Die an der Universität Kaiserslautern durchgeführten Versuchsfahrten mit einem mit dem KKM 871 in Vergaserversion ausgerüsteten Fahrzeug Ro 80 bestätigen das günstige Verbrauchverhalten."

Zweifel klingen in den Gutachten durch, ob die günstigen Verbrauchswerte bei der Abgas-Nachbehandlung zu halten sind. Die Vielstoff-Fähigkeit wird nachgewiesen und die Eignung für alternative Kraftstoffe (Wasserstoff, Methanol) betont.

Eigen-Analyse

Aber wie sieht man bei Audi NSU selbst die Möglichkeiten des Motors? „Wer über 15 Jahre an seiner Entwicklung arbeitet, muß ihn wohl am besten beurteilen können!"

Mit diesem Argument erhält das „Wankel-Zentrum" in Neckarsulm vom Vorstand in Ingolstadt den Auftrag, ebenfalls eine Beurteilung für eine Entscheidung vorzulegen – eine nicht ungeschickte Maßnahme, wie sich später hinsichtlich der Verantwortlichkeiten zeigt. So wird Anfang 1979 diese Werte-Skala der Eigenschaften des KKM 871 im Vergleich zum Hubkolbenmotor erstellt:

1.) Vorteile:
- Kleineres Gewicht (im Vergleich zum Grauguß-HKM)
- Geringere Einbaulänge (im Vergleich zum Reihen-HKM)
- Geringeres Geräusch und bessere Laufruhe

2.) Gleichheit:
- Kraftstoff-Verbrauch gegenwärtig
- Dauerhaltbarkeit
- Ölverbrauch
- Turbo-Aufladung
- Wartung

3.) Nachteile:
- Prinzipielles Ausscheiden eines konventionellen Dieselbetriebs aus Gründen nicht erreichbarer Verdichtungshöhe
- Kleineres Entwicklungspotential zur weiteren Senkung des Verbrauchs, da beim Hubkolbenmotor höhere Verdichtungsverhältnisse möglich sind
- Größerer Aufwand für die Schadstoff-Reduzierung wegen der gegenwärtig noch mehrfach höheren Kohlenwasserstoff-Emission
- Getrennter Nachweis der Unschädlichkeit für nicht-limitierte Abgas-Emissionen für USA (hoher Aufwand, hohes Risiko bei Nichterfüllung)

Grundsätzlich, so wird weiter geurteilt, kann der KKM 871 bezüglich des Basismotors als fertig entwickelt bezeichnet werden. Als nicht abgeschlossen wird die Dauerhaltbarkeit einzelner Varianten und Systeme (z.B. mit K-Jetronic) angesehen, ebenso die Abgas-Nachbehandlung für USA und künftige Europa-Grenzwerte.

Technisch gesehen liefern vor allem die ersten beiden Punkte von Position 3 dem Audi NSU-Vorstand eine Grundlage, sich gegen die Produktion des KKM 871 auszusprechen. Auch die Produkthaftung spielt eine Rolle.

Kosten-Analyse

Zwar achtete man bei der Konstruktion des KKM 871 bereits auf rationellste Fertigung. Dennoch errechnet man bei Audi NSU für den KKM 871 schon früh hohe Herstellungskosten. So sieht man sie 1973/74 – als die Serienproduktion bereits diskutiert wird – bei rund 2130 DM bei 200 Motoren je Tag. Als Vergleich zieht man den Audi 100-Motor – mit nur 115 PS - heran: 1440 DM bei allerdings 500 Motoren pro Tag. Beim Ro 80-Motor werden damals 2900 DM errechnet, falls 80 Motoren arbeitstäglich gefertigt würden.

Bei einer Erhöhung der täglichen Stückzahl des KKM 871 ließen sich die Kosten, so die Kalkulation, reduzieren, würden aber immer noch um etwa 20 % höher als beim Hubkolbenmotor liegen.

Der Gewinn eines leichteren, kompakteren und mit weniger Teilen arbeitenden Motor, so die Argumente, sei nur möglich durch höheren Aufwand in anderer Hinsicht, etwa durch Dichtteile aus "exotischem" Material, teurere Zündkerzen, Öldosierpumpe, Ölkühler, umfangreiche Ansaug- und Auspuff-Geräuschdämpfung.

Die damals errechneten höheren Herstellungskosten stützen sich vor allem auf die Mäntel, Seitenteile und Mittelteile: Die zu bearbeitenden Flächen sind größer, so durch Beschichtung und Schleifzeiten. Die Bestückung der Kolben mit den jeweils rund 50 kleinen Dichtteilen und Unterlegfedern wird als schwer automatisierbar angesehen. Die Teile sind in einem Auslese-Verfahren je nach Maßhaltigkeit auszuwählen. Bei der Fertigung der Kleinteile sind die Ausschußquoten relativ hoch.

Zu diesen Kosten addieren sich noch die Abgaben für konzerneigene Motoren an die Wankel GmbH und die Genuß-Schein-Inhaber.

Gestützt auf die Herstellkosten, die nicht nur von Wankel als reichlich hoch errechnet scheinen, sieht der Haupt-Lizenzgeber keine überzeugende Argumente mehr für die Aufnahme eines Fahrzeugs mit Kreiskolbenmotor in das Produktions-Programm.

Der Halbkugel-Brennraum des Hubkolbenmotors triumphiert über die „Mövenschwingen“ von Wankel. Daß freilich damals der Kraftstoff-Verbrauch des KKM 871 in der eigenen Werte-Analyse nicht mehr zu den Minus-Faktoren gezählt werden muß, stellt einen beachtlichen Entwicklungserfolg für das Kreiskolben-Team in Neckarsulm dar.

Unterrichtung der Lizenznehmer

Bei einer Aufsichtsrat-Sitzung Anfang 1978 in Wolfsburg sind praktisch schon die Würfel gefallen. Man spricht sich sozusagen offiziell auf der Basis der Bewertungen aus Ingolstadt gegen die Produktion des KKM 871 aus. Aber der Audi 100 mit KKM 871 steht noch für interessierte Firmen bereit, desgleichen eine für den Motor durchaus noch positive Aussage in der Firmen-Broschüre „Wankelmotor heute". Nicht auszuschließen ist, daß bei der „negativen Produktionsentscheidung“ schon die hohen Investitionen eine Rolle spielen, die für die bevorstehenden Jahre in Ingolstadt für die Erneuerung von veralteten Entwicklungs- und Produktions-Anlagen geplant sind.

Erforderlich ist die Zustimmung gegen eine Produktionsaufnahme durch den Mitlizenzgeber, der britischen Lonrho PLC. Das britische Unternehmen erwarb ja die Anteile der Wankel GmbH, um später einmal satt an den Lizenzeinnahmen zu partizipieren. Man hätte daher eigentlich das Einverständnis verweigern müssen.

Aber nach Schmückers offensichtlich auf die Zukunft des Motors hinweisenden Argumenten orientiert sich die Lonrho, wie es scheint, nach der Seite des größeren möglichen Ertrags und der VW-Konzern-Chef nimmt die Zustimmung entgegen. Nicht ungelegen kommt ihm, daß zu den vielen Aktivitäten der Lonrho auch der 1975 erworbene Vertrieb von VW/Audi in Großbritanien und Afrika zählt. Auch kann nun, so ist zu registrieren, eine notleidende Lonrho-Stahltochter dem VW-Konzern die immer benötigten Bleche liefern.

Anfang 1979 nimmt Dr.Habbel die Audi NSU-Vorstandsspitze ein. Er, der ungute Konsequenzen befürchtet und der die bevorstehende Verkündung wohl lieber noch aufgeschoben hätte, fliegt Anfang 1979 nach Japan. Der gelernte Jurist will den wichtigsten Lizenznehmer Toyo Kogyo (Mazda) über die Audi NSU-Entscheidung persönlich unterrichten. Auch weitere Erleichterungen von Vertragsbedingungen stehen zur Diskussion.

Ein weiterer Audi NSU-Abgesandter, ebenfalls der juristischen Wortfindung nicht unkundig, macht sich auf den Weg über den Atlantik zu dem Kreiskolben-Lizenzgeber für USA, Kanada und Mexiko, zu Curtiss-Wright.

Besänftigung ist zuvor auch anderswo angebracht. Eingedenk der allergischer Reaktionen von Wankel gegenüber Audi NSU wird ihm am 21.April 1979 - nur einige Tage vor der Veröffentlichung der Entscheidung – diese in einem Schreiben ausführlich begründet.

„... bevor Sie", so heißt es darin, „...unsere Entscheidung – möglicherweise nicht in objektiver Wiedergabe – aus der Presse erfahren." Unterzeichnet ist das Schreiben von Dr. Habbel und F. Piech, beide offensichtlich mit leidvollen Presse-Erfahrungen.

Am 24.April 1979 nimmt Audi NSU zur Glättung der zu erwartenden Wogen noch einmal eine „Sprachregelung" des Verkündungstextes vor, der an die Lizenznehmer verschickt werden soll. „Die Fassung berücksichtigt", so schreibt man an die Wankel GmbH, „auch weitgehend die Wünsche von Toyo Kogyo und Curtiss Wright."

Abgesang auf eine Hoffnung

Die Bahnkorrektur von Audi NSU bezüglich des Kreiskolbenmotors wird als „Produktionsentscheidung" den Lizenznehmern im März 1979, in einer gekürzten Fassung mit dem Datum vom 25.4.1979 auch den Medien und auf der Bilanz-Presse-Konferenz am 26.4. 1979 mitgeteilt. Der Wortlaut:

„Nach eingehender Prüfung der technischen und wirtschaftlichen Voraussetzungen hat Audi NSU beschlossen, die Produktion des zur Serienreife entwickelten Zweischeiben-Kreiskolbenmotors, Typ 871, zur Zeit nicht aufzunehmen."

„Wie Ende 1976 bekanntgegeben, wurde das Neckarsulmer Forschungszentrum für Wankelmotoren beauftragt, den KKM 871 mit einer Leistung von 125 kW (170 PS) auf dem Gebiet der Abgasentgiftung und Verbrauchsoptimierung weiterzuentwickeln und mit Prototypen die Dauerhaltbarkeit, insbesondere der Abgasentgiftungssysteme, zu erproben. Damit sollten die technischen Voraussetzungen geschaffen werden, um künftige Abgasgrenzwerte weltweit zu erfüllen und gleichzeitig die Entscheidung über eine Serienproduktion zu ermöglichen. Diese Entwicklungsarbeiten wurden inzwischen erfolgreich abgeschlossen."

„Die nunmehr erfolgte Entscheidung von Audi NSU beruht im wesentlichen auf wirtschaftlichen Erwägungen. Obwohl der Entwicklungsstand des KKM 871 unter heutigen Bedingungen dem eines vergleichbaren Sechszylinder-Otto-Hubkolbenmotors insgesamt ebenbürtig ist, ist Audi NSU bei Berücksichtigung der heute errechneten Herstellkosten sowie der erforderlichen Investitionen und, gestützt auf detaillierte Marktuntersuchungen, zu der Überzeugung gelangt, daß derzeit ein Audi-Fahrzeug mit dem Kreiskolbenmotor 871 nicht in einer Größenordnung abgesetzt werden kann, die eine Aufnahme der Serienproduktion wirschaftlich rechtfertigt."

„Die Audi NSU Auto Union AG, zusammen mit der Wankel GmbH Lizenzgeber, wird jedoch die Weiterentwicklung des Kreiskolbemotors fortsetzen. Die Möglichkeit, daß sich Audi später zu einer Produktionsaufnahme oder zur Teilnahme an einer Kooperation zur Herstellung von Kreiskolbenmotoren entschließt, hängt von der Marktentwicklung und den künftigen gesetzlichen Bestimmungen ab."

Mit diesem Statement ist eine seltsame und in der Technik-Geschichte einmalige Situation entstanden. Ein Lizenzgeber verwirft öffentlich das Lizenzobjekt, das ein zahlender Lizenznehmer in verbesserter Form ebenso öffentlich und zeitgleich vorstellt:

Audi NSU verkündet die negative Entscheidung nicht nur im gleichen Jahr, sondern auch im gleichen Monat und im gleichen Land und nur einige Tage, nachdem die Europa-Präsentation des ersten Mazda RX-7 ab 22.April 1979 auf dem Hockenheim-Ring begann. Angesichts des überzeugenden Eindrucks des Mazda RX-7 regen sich Zweifel an der Entscheidung von Audi NSU.

Kenichi Yamamoto, Technik-Spitze bei Mazda, damals auf Europa-Reise, wartet ab, ob Audi NSU tatsächlich diesen Termin wählen würde. Seine Befürchtungen haben sich bestätigt.

Zwar enthält die Verlautbarung Optionen auf die Zukunft und rein wirtschaftliche Gründe werden vorgegeben. Doch damit wird nur die Grundaussage gut anwaltlich verschlüsselt, sich ganz von dieser NSU-Hinterlassenschaft zurückziehen zu wollen. Beabsichtigt war es schon früher, doch sah man sich durch Lizenzgeber-Pflichten gebremst.

Die, wie erwähnt, sich bereits 1974 anbahnende Entscheidung gegen den KKM 871, lief praktisch schon auf eine solche gegen den Ro 80 hinaus. Denn eingedenk seines nicht dem letzen Entwicklungsstand entsprechenden und leistungsmäßig nicht mehr ausreichenden KKM 612 hätte er den KKM 871 bekommen sollen.

Die Oppositionsbank

Wankel, der die Rechte an seiner Erfindung längst gut verkauft hat, fühlt sich dennoch in seinem Land um sein Lebenswerk betrogen.

Er liefert der Presse scharfe Gegenkommentare. Vor allem will er der Industrie nicht abnehmen, daß der Motor seiner Eingebung in der Herstellung teurer sein muß als der mit mehr Teilen arbeitende Hubkolbenmotor. Ein Besuch von Dr.Habbel und Piech bei Wankel und Hutzenlaub in Lindau am Bodensee endet mit heftiger Verstimmung.

Zu Tumulten und verbalen Angriffen auf Piech kommt es im Juli 1979 auf der Hauptversammlung von Audi NSU. Die Inhaber der Audi NSU-Genuß-Scheine sehen sich nach dem früheren Höhenflug der Aktien und der Überzuckerung durch Genuß-Scheine um ihre erhofften Gewinne durch konzerneigene Wankelmotoren gebracht. Erbost erinnern sie daran, daß ohne sie die Fusion nicht zustande gekommen wäre.

Sie werfen den Vorständen vor, die Entscheidung gegen den KKM 871 noch vor dem erforderlichen Beschluss der Aktionärs-Versammlung getroffen zu haben. Weiter bemängeln sie, daß die Möglichkeiten des Motors heruntergespielt werden und daß hohe Investitionen noch kein Grund seien, die Wankel-Entwicklung, wie sie fürchten, total aufzugeben.

Konzern-Chef Schmücker, in Verantwortung und überzeugt von seiner doch recht bedeutsamen Entscheidung, gibt sich in seiner Entgegnung eher barsch, freilich ist er im Moment ohne seine Pfeife: „Wir müssen rechnen und können uns nicht den Luxus leisten, jedem Exemplar eines neuem Wankel-Autos 2000 Mark in das Handschuhfach quasi als Super-Extra zu legen."

Schmücker hat dabei sicher noch den Ro 80 im Auge, ungeachtet dessen, daß der Wagen als erster Repräsentant einer neuen Motor-Epoche galt und so noch ohne eine ausgeklügelte Kosten-Nutzen-Rechnung war. Insgeheim atmet man aber in der oberen Konzern-Etage auf. Man muß nicht die zweistellige Millionen-Reserve anbrechen, die vorsorglich für Forderungen der Genuß-Schein-Inhaber bereitgestellt ist.

Die Entscheidung von Audi NSU, den Motor KKM 871 serienmäßig nicht zu bauen, wird vom Unterlizenzgeber Curtiss-Wright und dessen Lizenznehmer Ingersoll Rand, USA, unter Protesten wegen Geschäftsschädigung entgegengenommen. Ingersoll Rand leidet mit seinen Erdgas-Großmotoren ohnehin unter dem Rückzug von General Motors von der Kreiskolben-Entwicklung und beendet später die Herstellung der Motoren.

Wankel läßt sich 1978, noch vor der Europa-Premiere des RX-7, diesen direkt aus Hiroshima liefern. Seinem Ro 80 gab er den Namen „Silberlöwe". Der RX-7 heißt nun „Silberpanther", auch der "Rächer" genannt.

Der halbierte KKM 871, der KKM 866, wurde von Audi NSU noch eine zeitlang für ein Wärmepumpen-Aggregat untersucht. Er kommt im Dauerbetrieb auf beachtliche rund 5000 Stunden. Eine Serienproduktion wird jedoch analog der Entscheidung gegen den KKM 871 verworfen. Offiziell wird erklärt, man möchte die Nähe zum Auto wahren. Doch wird das vorhandene VW-Programm für Hubkolben-Stationär- und Einbau-Motoren ausgebaut.

Produktion in Österreich?

Mit den guten Ergebnissen für den KKM 871 im Ohr gelingt ein der britischen Lonrho nahestehender Vermittler und Freund von Österreichs Bundeskanzler Kreisky diesen für das Projekt „Produktion des Rotationskolbenmotors KKM 871 in Österreich" zu erwärmen.

1977 wird eine Studie angefertigt, die eine Beteiligung namhafter Motoren-Abnehmer vorsieht. Tatsächlich zeigen Autohersteller wie Fiat, Ford, Chrysler oder Mitsubishi Interesse an einer Gemeinschaftsproduktion. So erhält Fiat schon zwei KKM 871-Motoren (mit K-Jetronic). Der eine dient Prüfstandszwecken, der andere der Erprobung auf der Straße im neuen Oberklasse-Modell von Lancia, dem Gamma.

1978 liegt die fertige Projekt-Studie vor. Die Herstellungskosten für den Motor sind für jeweils 200 und 500 Stück pro Arbeitstag kalkuliert. Sie werden mit ca. 2100 DM bzw. 1900 DM pro Motor genannt, wozu noch die Abschreibungen kommen. Auf Initiative von Kreisky wird bei Judenburg, nördlich Klagenfurt, ein 500000 m^2 großes Gelände für die Fertigungsanlagen ausgewiesen. Geeignete Gebäude sind schon vorhanden. Ein Zuschuß des österreichischen Staates wird in Aussicht gestellt.

Doch die Studie „KKM 871 Österreich" versinkt in der Registratur. Der Motor wird von Audi NSU für eine Produktion nicht freigegeben. Sie war für 1981 geplant.

Lager-Bestand

Die Gesamtzahl der hergestellten und einstmals zuversichtlich zu hohem Reifegrad entwickelten Kreiskolbenmotoren des Typs KKM 871 ist offenbar genau nicht mehr bekannt. Bis Dezember 1977 sind jedenfalls 376 Exemplare gebaut und erprobt worden. Nur wenige sind erhalten geblieben. Einige der mit dem KKM 871 angetriebene Ro 80 und Audi 100/200 werden noch als Dienstwagen genutzt. Bei fast allen Unternehmensspitzen, zumal in Wolfsburg, stand ein solches spurtstarkes Exemplar vor der Haustür.

Da keiner der Motoren verkauft oder verliehen werden darf, kann es nur ein Versehen gewesen sein, daß VW in Wolfsburg acht Ro 80 und zwei Audi 100 – beide mit KKM 871 mobilisiert – an Gebrauchtwagenhändler verkauft. Es kümmert diese wenig, was da an Forschergeist unter der Motorhaube steckt und auf dem Hof auf einen Altwagenkäufer wartet. Ende dieses Kapitels der deutschen Wankel-Epoche.

Bitteres Geburtstagsgeschenk

Audi NSU schenkt Wankel zu seinem 80. Geburtstag - 1982 – einen Audi 200 mit einem installierten KKM 871. Es war der ehemalige Dienstwagen der Vorstandsvorsitzenden Dr. Habbel. Nach Filets der Bodensee-Lachsforelle – der Chronist ist Zeuge dieser Feierstunde unweit Lindau – erhebt sich Dr.Habbel zu einer Würdigung.

„Bleiben Sie uns, sehr verehrter Herr Dr. Wankel," so der Tischredner am Schluß seiner Worte, „gesund und munter."

„Ich werde munter bleiben," Wankels Antwort, „und Ihnen noch viel Ärger machen."

Gequältes Lächeln des Tischpartners. Wankel ist nach wie vor der realistische Maschinenträumer, der bei allem Mißtrauen gegen die Audi NSU-Unternehmensspitze, die den KKM 871 in den Keller verbannte, durchaus beherrscht wirkt. Mit seiner Entgegnung meint er seinen neu erdachten Motor des Namens DKM 78. Es ist wieder ein „reinrassiger", also hochdrehfähiger Drehkolbenmotor, nun mit zwei auf parallelen Wellen drehenden und kunstvoll ineinandergreifenden, dabei variable Räume bildenden Kolbenläufern und mit einem neuartigen Dichtsystem.

Die wenigen Millimeter der Exzentrizität des NSU-Kreiskolbenmotors sind für Wankel stets ein Argument, nicht das Ziel seines erfindungsreichen Lebens erreicht zu haben. Aber die Industrie ist für Wankels Ideen, die sie schon einmal zu anstrengender Selbsterforschung zwangen, schwerhörig geworden.

Das Geschenk des Audi 200 mit den kreisenden Kolben läßt Wankel keineswegs Tränen der Freude in die Augen fließen. Bedauernd sieht er den aufs Altenteil gesetzten Motor und diesen in einem so kreuzbrav geschnitzten Auto. Er ahnt nicht, daß es eigentlich verschrottet werden sollte, was nur durch Zufall verhindert wird.

Die Lizenz-Verträge

Die Kreiskolben-Aktivitäten von Audi NSU enden im wesentlichen mit der Laufzeit der Lizenzverträge, die sich wieder an den von den Lizenznehmern nicht zu umgehenden NSU-Wankel-Basis-Schutzrechten orientieren, aber nicht davon abhängig sind. Die Gültigkeit der Patente läuft in Europa ab Anmeldedatum 20 Jahre, so in Deutschland, Großbritannien, Frankreich oder Italien. In den USA und Kanada 17 Jahre und in Japan und in der UdSSR 15 Jahre, jeweils nach Erteilungsdatum. Das letzte NSU-Wankel-Grundpatent lief am 27. April 1982 in den USA ab.

Von größerem Einfluß auf das Auslaufen der meisten der 29 Lizenzverträge seien jedoch – so betont man bei Audi NSU – die Energiekrisen 1973/74 und die auflebenden Schadstoff-Diskussionen.

In den „Mitteilungen für Audi NSU-Genuß-Schein-Inhaber“ sieht denn auch die Ingolstädter Firma die Zukunft des Kreiskolbenmotors immer skeptischer. Doch abrupt möchte man die Tür noch nicht zuschlagen. Ende 1982 formuliert man es so: „Der Kreiskolbenmotor wird voraussichtlich als Ergänzung zum Hubkolbenmotor – auch außerhalb der Automobilindustrie – seinen Platz behaupten können.“

Umverteilung

Haben die NSU-Wankel-Lizenz-Vertragswerke ihren Zweck erfüllt? Dazu sehen wir uns am besten die Aufschlüsselung der eingehenden Lizenzgebühren an.

Die Beträge wurden als „Brutto-Lizenzgebühren“ nach folgendem Schema für die bis Juli 1974 geschlossenen Lizenzverträge verteilt: Von 100 % der Summe erhält Curtiss-Wright 10 %. Danach bleiben entsprechend der Vereinbarung von NSU (Audi NSU) mit der Wankel GmbH von 60 %/ 40 % für Audi NSU noch 54 % und für die Wankel GmbH 36 %.

Daß den Amerikanern 10 % von allen Lizenzeinnahmen zugestanden werden (1964), hängt mit dem „Rückkauf der Exportrechte“ zusammen. Von den in die USA, Kanada oder Mexiko erteilten weiteren Lizenzen streicht Curtiss-Wright als „Unterlizenzgeber“ außerdem einen Löwenanteil ein.

Wankel steigt 1974 aus einem zwischen Audi NSU und der Wankel GmbH geschlossenen Vertrag aus. Der Schlüssel Audi NSU/Wankel GmbH ändert sich für ab Juli 1974 geschlossene Lizenzverträge auf 55%/45 %.

Audi NSU ist verpflichtet, von seinem Anteil die bei der Firmen-Fusion 1969 festgelegte Quote an die Inhaber von Audi NSU-Genuß-Scheinen abzuführen. Diese ist für die Jahre 1969-1978 auf 70 % angesetzt und fällt jährlich um 4 % bis auf 50 % im Jahr 1983 zur letzten Ausschüttung durch die Angleichung an die Laufdauer der Basis-Patente, bzw. der relevanten Verträge. Auch für die Eigenfertigung von Motoren, für den Ro 80 also, sind, wie erwähnt, Anteile an die Genuß-Schein-Inhaber und die Wankel GmbH zu zahlen. Abgezogen werden anteilige Ertragssteuern auf den Gesamtbetrag.

Von je 100 DM behält Audi NSU somit bis 1978 nach Abzug der Anteile von Curtiss-Wright, von der Wankel GmbH und der Genuss-Schein-Inhaber rund 16 DM (abzüglich Ertragssteuern).

Nach den Absatzeinbußen als Folge des Energiepreis-Schocks 1973/74, die Toyo Kogyo (Mazda) fast in die Knie zwingen, werden diesem nach und nach Vertrags-Erleichterungen zugestanden, etwa das weltweite Vertriebsgebiet (außer Curtiss-Wright-Bereich USA, Kanda, Mexiko) und Motoren jeder Art. Auch mit anderen Lizenznehmern werden Erleichterungen vereinbart.

Toyo Kogyo gelingt es,1977 weitere Vertrags-Verbesserungen durchzusetzen, so mit Hinweis auf die nachlassende Kreiskolben-Aktivität des Hauptlizensgebers Audi NSU: Erlaß der Umsatz-Lizenzgebühr für das 2. Halbjahr 1977 und für 1978 ganz. Audi NSU stimmt zu, um, wie man sagt, den Start des Mazda RX-7 zu fördern. Für die folgenden Jahre wird sie um 50 % bezw. 60 % reduziert und ab 1983 endgültig erlassen, da Mazda keine Schutzrechte mehr von Audi NSU/Wankel verwendet. Die Umsatz-Lizenzgebühren werden vom „Wertumsatz“ (gestaffelt von 3,5 % bis 7 %) und nicht von der Motor-Stückzahl erhoben.

Die mit 500 000 DM vereinbarte und mit der Umsatz-

Lizenzgebühr nach einem bestimmten Schlüssel verrechnete jährliche Mindestumsatz-Lizenzgebühr bleibt bis 1983 und wird bis 1985 auf die Hälfte ermäßigt. Ab 1986 Ende aller Zahlungen. Dem Audi NSU-Vorstand, so Dr.Habbel, gelang es – mit Entgegenkommen von Yamamoto – die Verträge bis Ende 1985 zu verlängern.

Unter Einschluß der nicht verrechenbaren Festlizenzgebühren – das „Eintrittsgeld" – von rund 3 Millionen DM (1961-1963) hat Mazda insgesamt ca. 42,6 Millionen DM für den Nachbau des NSU-Wankel-Motors nach Deutschland überwiesen. Legt man die Stückzahl zu Grunde, ergibt sich 1967-1985 bei insgesamt 1.479.100 „Lizenzmotoren" (davon ca.750.600 USA, Kanada, Mexiko) eine Belastung von durchschnittlich ca. 29 DM je Mazda-KKM.

Was in der Kasse bleibt

Forschung und Entwicklung lassen sich selten nach einer Gewinn- und Verlustrechnung bemessen. Sehen wir uns aber an, was finanziell bleibt, als NSU mit der Fusion auch auf die Förderung des Kreiskolben- Systems durch VW/Audi NSU setzt.

Audi NSU nennt für 1969-1983 Einnahmen an Brutto-Lizenzgebühren von 250.248.000 DM. Ein beachtlicher Betrag zwar, aber mehr als 90 % davon sind Festlizenz- bzw. Optionsgebühren, können also nicht einer tatsächlich schon erfolgten Produktion von Kreiskolbenmotoren zugerechnet werden. Audi NSU muß dieses Geld nun umverteilen.

Entsprechend der zeitlichen Abstufung für die „Genüsse" sieht schließlich Audi NSU nur noch auf einen Bodensatz, der mit 40.286.000 DM beziffert wird. Davon sind noch Ertragssteuern abzuführen.

Andererseits setzt Audi NSU an Aufwendungen für Entwicklung und Planung von Kreiskolbenmotoren für die Zeit von 1969 bis 1983 (ohne Verwaltung und Öffentlichkeitsarbeit) den Betrag 174.678.000 DM an.

Wenn es nicht das Ziel von Audi NSU gewesen ist, die Ausreifung des Kreiskolben-Systems als Investition für eine künftige Produktion zu betreiben, werden unter diesem Blickwinkel finanzielle Erwartungen enttäuscht. Auch die relativ langen Laufzeiten der Grund-Patente reichen für eine positive Bilanz nicht aus.

Ein Verlustgeschäft also, das aber – soweit es NSU angeht – einen so epochalen Wagen wie den Ro 80 entstehen läßt. Audi NSU muß sich mit dem Gewinn wertvoller technischer Erfahrungen und mit ersparten Steuern begnügen.

Diese „Minus-Bilanz" hat sicher nicht die Weiterführung des Kreiskolben-Systems beflügelt. Sie läßt sich auch als Spätfolge der von NSU und der Wankel GmbH in der Anfangszeit trotz aller Trumpfkarten ungünstig ausgehandelten Vertragsbedingungen mit dem ersten Lizenznehmer und späterem Unterlizenzgeber Curtiss-Wright sehen.

Aber NSU befand sich in einer Zwangslage. Durch jenen ersten Vertrag mit Curtiss-Wright erhielten Idee und Entwicklung des Kreiskolben-Prinzips wichtige, wenn nicht ausschlaggebende Impulse. Aber erst danach richtet NSU die Rechts- und Lizenzabteilung unter Dr.Henn ein, der denn auch befindet:

„Die Fehler, insbesondere der Lizenzverträge mit Curtiss Wright und Toyo Kogyo, haben wir später schwer bezahlen müssen." Verträge mit weiteren Lizenznehmern werden anders ausgehandelt. Dr.Henn, als Experte des Lizenzwesens hinter der beidseitigen Erfüllung der NSU-Wankel- Lizenzverträge stehend, verläßt die Firma Ende 1975, wird Industrie- und Wirtschaftsberater und erhält, so auch als Autor grundlegender Fachliteratur, 1991 den Ehrentitel Professor.

Entgangener Nutzen für Audi NSU?

Wer das Kreiskolben-System für einen von NSU hochgejubelten Flop hält, sehe sich die Produktions- und Verkaufszahlen der Mazda-Rotary-Modelle an. Bis 1985, dem Jahr der letzten Lizenzgebühren-Zahlungen, wurden 1,4 Millionen hergestellt – knapp die Hälfte der Mercedes-Dieselfahrzeuge seit 1936. Bis 1992 verließen rund 1,7 Millionen Mazda-Kreiskolbenwagen das Fließband.

VW unternimmt nicht ohne Ehrgeiz im Wettstreit mit Wankel eine eigene Entwicklung rotierender Kolben (1973–1977, Dr. Fiala/Hofbauer): 4-bogiger Kolben in 5-bogigem Gehäuse. Nach Erprobung auf Prüfstand und Straße wird das Projekt verworfen.

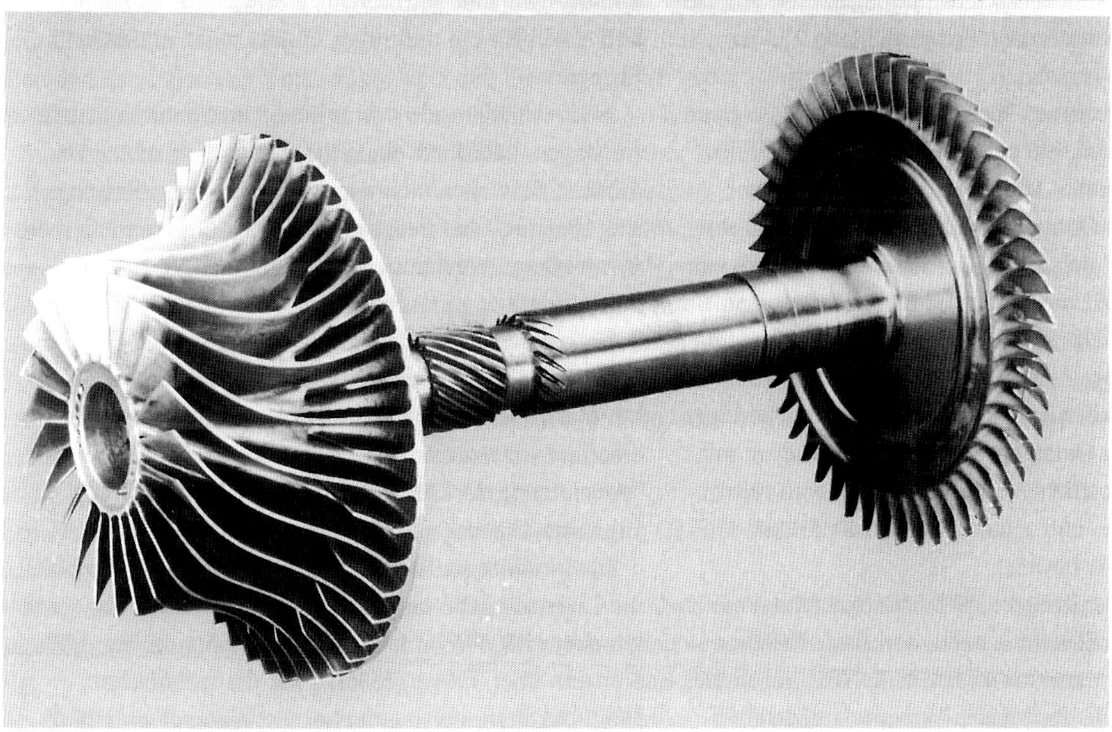

Ein bei VW weiterhin intern gern gefahrener Ro 80 als Versuchsträger für eine Verbrennungsturbine. Dazu wird er auf Heckantrieb umgebaut (1981). Der Versuch scheitert. Die Turbine ist im Personenwagen und im Straßenverkehr nicht praktikabel und der Verbrauch erweist sich als zu hoch. Unten das Verdichter- und Turbinenrad.

Erster Mazda RX-7 (ab 1978). Audi NSU zieht sich 1979 von den Kreiskolben-Aktivitäten zurück, Mazda erneuert sie. Hier neben seinem Ro 80, beide silbermetallic, Felix Wankels RX-7, bereits 1978 aus Japan angeliefert. Zweischeibenmotor (12A), Doppelseiteneinlass, Doppelzündung, Größe einer Kammer 573 cm^3, 115 PS (85 kW) bei 6000/min, 153 Nm bei 4000/min.

Nachdem er ein Markstück auf die Motorhaube des Mazda RX-7 stellt und es bei laufendem Motor stehen bleibt, demonstriert Wankel mit seinem Taschentuch dem Verfasser den gleichmäßigen Strom des Auspuffgases.

Mazda RX-7 (1985). Nach dem Verkaufserfolg des ersten RX-7 folgt sieben Jahre später die zweite Version. Zweischeibenmotor (13B), Kammervolumen 654 cm³, 150 PS (110 kW) bei 6500/min, 182 Nm bei 3000/min, 6-Kanal-Einlass. Mit Turbo-Lader 180 PS (133 kW) bei 6500/min.

Die Produktion beträgt 1973 rund 233 500 Einheiten (etwa 120 000 gehen in die USA). So viel wird nie wieder erreicht. 1974 sinkt der Absatz von Kraftfahrzeugen weltweit drastisch, nicht zuletzt jener der Mazda-Kreiskolben-Fahrzeuge. Ursache hier vor allem zu hoher Verbrauch durch ungünstige Zündeinstellung bei der Nachverbrennung der Kohlenwasserstoffe.

Die Produktion sinkt stetig bis auf den Tiefpunkt von zirka 44 000 „Rotarys" 1977. Davon können nur noch zirka 5000 Einheiten in Nordamerika verkauft werden. Bewundernswert, wie damals die japanische Firma die Krise bewältigt. Mit einem neuen Konzept für die Anwendung des Motors wird neues Firmenkapital gefunden. Und mit dem für das japanische Marketing charakteristischen System des Sammelns von Informationen für in Aussicht genommene Exportgebiete hat man auch Bedarf für das neue Modell erkundet. Es ist der Mazda RX-7.

Seine Garantie: 100000 km oder drei Jahre für den Motor. Das Attribut Zuverlässigkeit wird durch das der Preiswürdigkeit ergänzt nach der Devise: „Man vergleiche nicht die Kosten für den Motor, sondern die für den ganzen Wagen." Der Verkaufspreis für den Mazda RX-7 liegt nach seiner Markteinführung April 1978 unter dem der Konkurrenz von Porsche.

Kostendeckend produzierte man schon das Coupé RX-5 (1976). In den Gewinn fährt man beginnend mit dem RX-7, allen Unkenrufen aus der Kfz- Industrie zum Trotz. Allerdings schreibt man in Japan Investitionen üblicherweise über längere Zeiträume ab. Damit können auch langwierige Entwicklungs-Objekte in die Gewinnzone überführt werden.

Der RX-7 kann die Verkaufszahlen bald nahezu wieder verdoppeln. 1979: Rund 80 000, davon für Nordamerika 54 000. Das Vertrauen in die kreisenden Kolben hatte keineswegs gelitten. Es ist der Erfolg des einstigen

„Rotary"-Projektleiters Kenichi Yamamoto, der denn auch zur Unternehmensspitze aufsteigt. Seit 1979 ist Ford mit 25 % beteiligt.

Nach der erfolgreichen Marktaufnahme des RX-7 sei noch einmal aus der Rede von Kenichi Yamamoto im amerikanischen Detroit zitiert:

„Neue Ideen bedeuten, ausgetretene Pfade zu kreuzen. Die Scharfschützen behalten dich im Auge, während sie in sicherer Entfernung sitzen. ....Wir bedienten uns der Wissenschaft und der Versuche, um die traditionellen Grenzen zu überschreiten. Aber wir erfuhren, daß wir ohne Enthusiasmus und unermüdliche Hingabe niemals die unmöglich erscheinende Aufgabe bewältigt hätten."

Als Audi NSU bekannt macht, Kreiskolbenmotoren nicht zu produzieren, stellt sich Mazda geschickt als weltweit einziger Automobil-Hersteller vor, der für jeden Zweck das jeweils beste Motor-Konzept offeriert. Die Otto- und Diesel-Varianten sind schon im Haus.

1981 treffen sich Repräsentanten des „Wankel-Clubs" – Lizenzgeber und Lizenznehmer – zu ihrem alljählichen Meeting, diesmal in Cannes, Südfrankreich. Angehörige von Audi NSU begegnen dem Lizenz-Objekt jetzt – da man sich von diesem entfernt hat – mit unverhohlener Skepsis. Der teilnehmende Yamamoto ist außer sich, überweist doch Mazda hohe Lizenzbeträge an Audi NSU. Nach der Zusammenkunft vertraut er sich einem ihm Nahestehenden an: „Wir fegen sie in Amerika vom Markt!"

Damit meint er den 1977 erschienenen Porsche 924, dessen Verkauf in den USA durch Mitbewerber Mazda RX-7 tatsächlich auf ein Minimum reduziert wird. Es ist der Porsche, der vom Audi 100 den 4-Zylinder-Motor übernimmt, an dem also auch Audi NSU verdient – oder auch nicht.

Das RX-7-Konzept wird Basis einer Modell-Reihe, jedoch – anders als etwa beim Porsche 911 – mit immer völlig neuen stilistischen, aber auch technischen Kaufanreizen, um abfallende Verkaufszahlen wieder anzuheben. Sportlichkeit und Motorlauf-Kultur, so führt Mazda vor, müssen sich nicht ausschließen.

Mazdas Kleinkunst-Virtuosen

Um den Verbrauch in Grenzen zu halten, bleibt Mazda beim Seiteneinlaß. Bei der Gas-Abdichtung beweist man die traditionelle Beherrschung kleiner Teile. So kann 1974 die alu-imprägnierte Hartkohle-Leiste

Zeitweilig hohe Kolbengeschwindigkeit. Das Rad mit dem Kreiskolben-Symbol war seinerzeit lieferbar für den Mazda RX-7 ab 1985. Die radialen Dichtleisten und der Ölabstreifring (Kratzring) sind nicht vergessen.

Mazda RX-7 Cabriolet (1989). Erweiterung des Rotary-Programms. Gestillter Lufthunger in der Oben-ohne-Version. Das Dach ist elektrisch zuklappbar. Gleicher Zweischeibenmotor, zweistufiger Turbo-Lader, 200 PS (147 kW) bei 6500/min, 265 Nm bei 3500/min.

durch zweigeteilte Stahlguss-Leiste ersetzt werden (1 Hauptteil und 1 Eckstück). Die Kuppe der nur 3 mm starken und leichteren Scheitelleiste ist im „Elektronenstrahl“ gehärtet. Dadurch wird es nötig, ein Stahlband zwischen die Chromschicht auf der Trochoide und den Alu-Guß des Mantels zu legen, um letzteren nicht einzudrücken.

Mit dem 13B-Motor für den Mazda RX-7 ab 1985 geht man auf eine dreiteilige, leichtere Scheitelleiste über. Sie besteht nach wie vor aus Spezial-Stahlguß und bietet einen Spezial-Effekt:

Das Dichtleisten-Hauptteil ist der Länge nach – mit schrägem Schnitt – in ein oberes und ein unteres Teil gespalten. Während das obere Teil beim Überfahren der „Wespentaille“ der Trochoide etwas kippt, um sich dem notwendigen richtigen Schwenkwinkel anzupassen, verharrt das untere Teil in gerader Lage und dichtet jetzt auch in der Leisten-Nut seitlich ab. Hier blies Gas zuvor durch.

Echte Miniaturen entstehen, sind doch die Leisten jetzt nur noch 2 mm stark. Die geschickten japanischen Finger sind ganz in ihrem Element. Auch die Kolben werden leichter, so durch schmalere seitliche Dichtstreifen (0,7 mm, vorher 1 mm) und Unterlegfedern. Die Seitenteile werden durch Plasma-Nitirierung gehärtet. Verwendet werden auch Zündkerzen mit drei Elektroden – eine immer mit dem besten Funken.

Ein anderes Kleinkunstwerk ist die neue Öldosierpumpe, elektrisch angetrieben und elektronisch kennfeldgeregelt: Vom Kolben her wird die Temperatur der Dichtleiste erfasst. Je nach deren Erwärmung dosiert ölsparend die Pumpe.

Im Versuch ist u.a. der „wärmedichte“, die Verbrennungswärme besser haltende Kreiskolbenmotor, Keramik eher bereit, die „Mövenschwingen“ des Brennraumes und damit den Kraftstoff-Gegenwert, zumal für hohe abverlangte Leistungen, zu akzeptieren. Es bleibt freilich dem Fahrer überlassen, sich aus dem typischen breiten Verbrauchsband den ihm angemessenen und auch moderat möglichen Verbrauch ohne wesentlichen Leistungsverzicht herauszusuchen. In die Bilanz der laufenden Kosten gehen vorteilhaft die große Dauerhaltbarkeit und die geringen Service-Kosten ein.

Mit dem Mazda RX-7 der dritten Generation (1991) hat sich der Motor nach Felix Wankels Eingebung und Kenichi Yamamotos Unbeirrbarkeit nach einer bis dahin 34-jährigen Entwicklung deutlich auf sportliche High-Tech-Fahrzeuge einreguliert. Keine Anwendung also im Normal- oder Gebrauchswagen. Aber das muss nicht so bleiben.

Der Wasserstoff-Test

Der Motor mit dem magischen Dreieck – immer gut für Zwiespalt der Meinungen – hält eine neue Überraschung bereit: 1991 stellt Mazda in Tokio mit dem Versuchsauto HR-X einen mit Wasserstoff betriebenen Kreiskolbenmotor vor. Abgas ist nur noch Wasserdampf mit Spuren von Stickoxyd aus der Ansaugluft. Praktisch alle Eigenheiten, die dem Kreiskolben-System als Nachteile angerechnet werden, erweisen sich bei der Anwendung von Wasserstoff als deutliche Vorteile gegenüber dem Hubkolben-System.

Die gestreckte Kammerform, die mit Otto-Kraftstoffen einen weniger spontanen Verbrennungsablauf bewirkt, ist für das leicht entzündliche Wasserstoffgas wie geschaffen. Günstig ist das Ansaugen im „kalten“ Teil des Motors, somit auch das Wandern der Ladung und das Verbrennen in einer anderen Kammer. Vorteilhaft die größeren wärmeabgebenden Wandflächen. Auch heiße Ventile als vorschnell und fast explosiv wirkender Entzündungsherd ("backfire") fehlen. Die längere Taktdauer, freilich schon immer gut für gleichmäßigere Drehmomentabgabe, dient hier auch der besseren Vermischung des völlig anderen Anteils von Gas (sehr großes Volumen) zur Ansaugluft.

Wie schon bei dem in Le Mans 1991 bewährten Vierscheibenmotor werden für die Dichtleisten und für die Seitenscheiben-Beschichtung Keramik- Werkstoffe verwendet.

Wegen der Bedeutung des Wasserstoff-Betriebes ließ Audi NSU noch 1983 mit Fördermitteln über ein Hochschulinstitut eine vergleichende Untersuchung für den Hub- und Kreiskolbenmotor vornehmen. Testobjekt war der KKM 871. Letzterer ließ sich wesentlich einfacher und kostengünstiger auf das vielversprechende Gas umstellen.

Erdgas, Methanol und Wasserstoff sind feste Optionen für künftige und umweltverträglichere Kraftstoffe. Mazda erprobt mit dem Prototyp HR-X bereits den Wasserstoffbetrieb. Dafür erweist sich der Kreiskolbenmotor besonders gut geeignet, hier als Zweischeiben-Version (499 cm³ Kammergröße, 100 PS) in Verbindung mit einem Elektromotor.

Höhenluft. In jener des VW-Konzerns gilt er als »ungeliebtes Kind«, doch VW bewilligt ab Herbst 75 Modellpflege: Größere Rückleuchten, Nebelschlußleuchte, gummibewehrte Stoßstangen, Kennzeichen hinten über der Stoßstange, Gepäckraumschloß im Deckel, auf diesem ein anderer Ro 80-Schriftzug. Geplante Leistungsanhebungen entfallen.

Demonstration von Konsequenz. Mazda entwickelt Wankels Erbe weiter und verdient. Prototyp Mazda MX-03, vorgestellt in Frankfurt 1985, Vorreiter für einen Dreischeiben-Kreiskolbenmotor, Vierrad-Antrieb, Vierrad-Lenkung.

Eunos Cosmo (1989), abgeleitet vom Mazda MX-03. Serien-Modell für Japan. Dreischeiben-Kreiskolbenmotor, 280 PS (206 kW) bei 6500/min. Satelliten-Navigation. Und Image-Gewinn.

Mazda RX-7 (1991). Dritte Generation in völliger Neukonstruktion, Betonung des sportlichen Charakters. Neue Styling-Elemente. Volumen einer Kammer 654 cm^3, 239 PS (176 kW) bei 6500/min. 294 Nm bei 6000/min. Zweistufen-Turbolader. Ladeluftkühlung. Mazda mit »Rotarys« führend als Sportwagen-Hersteller.

Posaunenchor – längenverstellbare Saugrohre – für den Mazda-Vierscheiben-Kreiskolbenmotor des Siegerwagens von Le Mans 91. Größe einer Kammer 654 cm³, rund 700 PS bei 9000/min. Kreiskolben-Pionier Kenichi Yamamoto hat signiert. Im Bild oben die 4 Scheiben des Motors – kompakter geht es nicht.

Anstrum zum Sieg beim 24 Stunden-Langstrecken-Rennen von Le Mans 1991. Der Mazda 787 B mit einem Vierscheiben-»Rotary«. Auf den Rängen zwei, drei und vier folgt Jaguar, auf Platz fünf ein nicht ausgefallener Mercedes. Als 6. und 8. zwei weitere Mazda 787 B im Ziel.

Mit vielen Aktivitäten, so mit Bildern wie diesen, bringt das rührige NSU-Presse-Team den Ro 80 der Öffentlichkeit näher. Doch im VW-Konzern wird der Ro 80 als Auto letzter Träger der Marke NSU. Als »Licence NSU-Wankel« findet man die drei Buchstaben noch eingeprägt auf den Mazda-Kreiskolbenmotoren.

Unwiederholbar das bei keinem anderen Auto je wieder realisierte »Ro 80-Feeling«: Harmonie in den Linien, turbinenartige Motorlaufruhe und langer Radstand. Gelungene Kombination für ein neues Fahr- und Besitzergefühl.

Wankel doppelt: Sein schlankes, neuartiges Gleitkufen-Schnellboot (»Zisch«) wird möglich durch seinen kompakten Motor. Zunächst ein aufgeladener Ro 80-Motor (ca. 200 PS), dann macht es ein Mercedes-Vierscheibenmotor (gedrosselt auf 265 PS) beachtliche 100 km/h schnell. Im Wasser des Bodensees (1976) und an Land vor seiner »Technischen Entwicklungsstelle Lindau« (ab 1986 Forschungsvertrag mit Mercedes).

Wankel-Effekt: Staunendes Publikum. Besichtigung eines 100 PS-Zweischeibenmotors vom Motorrad Van Veen OCR 1000 im NSU Spider (durch Dr. M. Fabritius, Bad Soden). Das Triebwerk ist abgeleitet vom KKM 624 des Citroen Birotor auf der Basis des Ro 80-Motors.

Unmöglich, ihn bei Oldtimer-Veranstaltungen als Oldtimer einzuordnen. Er verkörpert zeitlose Eleganz und der erste Zeichenstrich erfolgte schon 1963. Diesem Ro 80, Baujahr 1976, in original Schwarz, gab Eigner R. Klein, Neuwied, den von Kennern geschätzten Alu-Grill der Baujahre 67/69, ergänzt mit den dazugehörigen Scheinwerfern, doch mit Halogenlicht.

Gut belüftet nun der Ro 80 von Simon Cremer, England. Das selbsgeschaffene Cabriolet ist im Radstand verkürzt. Zumindest der Besitzer des Rechtslenkers ist glücklich.

Darf's eine Achse mehr sein? Ro 80 von Eamon Hurley, Coventry, England, als dreiachsiger Schnell-Transporter für eine ebenbürtige Last: Dragster-Motorrad mit hochfrisiertem Ro 80-Motor. Der Wankel-Spezialist bearbeitet alles, was Kolben kreisen läßt.

NSU Ro 80 exklusiv, Baujahr 1985. Als später Hersteller amtlich eingetragen: Heinrich Afflerbach, Kreuztal, Besitzer eines NSU-Privatmuseums. Neue Originalteile zum »fabrikneuen« Wagen zusammengebaut, Innenraum und Sitze mit feinem, weißem Leder veredelt.

Einer der heute wertvollen und bei Wettbewerben vielfach ausgezeichneter Preisträger, ein aktiv gehaltener Ro 80, Modelljahr 76, Farbe Tizianmetallic, Interieur Samtvelours in Bernstein. Besitzer Walter Lang, Schweiz.

Im Blick zurück ein außergewöhnliches Auto, das nur durch ein ebenso innovativ wie wagemutig handelndes Unternehmen entstehen konnte.

NSU erwirbt mit Konzeption und Gestaltung des Ro 80 eine Kompetenz, für die andere Hersteller Jahrzehnte brauchen. Die Konkurrenz – auch im eigenen Konzern – übernimmt die nach hinten ansteigende Karosserielinie.

Groß ist noch der Aufwand für die Wasserstoff-Speicherung, zumal in einem Straßenfahrzeug. Dabei sind Raum- und Gewichtsvorteile des Kreiskolbenmotors ebenfalls willkommen. Wasserstoff wird industriell schon immer erzeugt oder fällt als Nebenprodukt an. Mazda arbeitet bereits mit dem großen Stahlhersteller Nippon Steel zusammen, um ein Pipeline-Netz vorzubereiten. Günstig ist das leichte Fließvermögen von Wasserstoff, weswegen man mit kleinen Rohrdurchmessern auskommt.

Reiner Wasserstoff ist vorläufig noch schwierig zu handhaben. Die großtechnische, energiemäßig sinnvolle und kohlendioxydfreie Herstellung ist noch nicht gegeben. Aber beides ist lösbar. Der Grundstoff Wasser steht unbegrenzt zur Verfügung. Für die mötige strom-intensive Gewinnung bietet sich Sonnen-Energie an. Mit dem höheren Wirkungsgrad der in Entwicklung befindlichen kostengünstigeren Dünnschicht-Solarzellen könnte ein Durchbruch gelingen, der unumgänglich ist.

Wasserstoff ist die wohl aussichtsreichste Alternative für den Kraftstoff des 21. Jahrhunderts. So kann sich die Pflege der „Mövenschwingen“ für Mazda als Glücksfall erweisen.

Andere Aktivitäten

Auch die erwähnte „Wankel GmbH“ in Lindau/Bodensee ist weiterhin tätig. Die seinerzeitige Firmentochter des Mitlizenzgebers Lonrho baut und untersucht Ein- und Zweischeibenmotoren für Stationärmotoren, etwa Aggregate für Wärmepumpen, Kältemaschinen, Stromerzeuger oder Kompressoren von Klima-Anlagen. Lizenzen wurden erteilt.

Vielversprechend ist ein „fremdgezündeter“ Diesel. Dabei erweist es sich als günstig, daß der Kreiskolbenmotor im Vergleich zum Hubkolbenmotor für einen Takt länger braucht (270° Wellenwinkel gegenüber 180°). Das bedeutet mehr Zeit für die Gemischbildung. Der Motor ist hochdrehfähiger, dennoch laufruhiger, leichter und kompakter.

Norton, britischer Zweirad-Pionier, befaßt sich ebenfalls mit Entwicklung und Bau von Kreiskolbenmotoren. Hingegen hat der US-Landmaschinen-Hersteller John Deere, der 1985 das gesamte Kreiskolben-Paket von Curtiss-Wright übernahm, die relevante Tätigkeit eingestellt. Die Hoffnung auf Rüstungsaufträge hatte sich nicht erfüllt. Immerhin konnte die Vielstoff-Fähigkeit des Motors nachgewiesen werden. Lizenzgebühren waren schon an Mazda zu zahlen.

Gut einsetzbar ist der Motor als stationäre, laufruhige Kraftquelle, betrieben mit Erdgas, Flüssiggas, Methanol oder, wie erwähnt, mit Wasserstoff. Bei Gasbetrieb entstehen keine Verbrauchsnachteile.

Bei einem leistungsgleichen kleineren Motor ist der Fortschritt wohl besonders im Detail zu suchen. Möglichkeiten bieten etwa ein optimales Motor-Management oder verbesserte Dichtsysteme, letztere auch im Hinblick auf die noch nicht ausgenutzte Hochdrehfähigkeit des Motors. Nötig wäre die Verringerung der Reibleistung der Dichtteile. Wie schon erwähnt, wirken sie – mit hoher Drehzahl und höherem Gasdruck stärker angepresst – , als eine den Verbrauch steigernde „Bremse”.

Doch sollte Wankels Motor nicht nur im Vergleich zum Hubkolbenmotor gesehen werden. Zwischen dem letzterem und der Verbrennungsturbine wurde durch Wankels Suchen die neue Art einer Wärmekraftmaschine entdeckt. Neue Anwendungsgebiete können sich öffnen, wie ja schon der Wasserstoff-Betrieb, zumal im Verbund mit dem Trend zu leichteren und kompakteren Autos und den zu erwartenden Bestimmungen zur Geräusch-Eindämmung.

NSU wegrationalisiert

Im April 1984 teilt man aus Ingolstadt mit ("Audi schafft klare Verhältnisse"), daß zur Jahres-Hauptversammlung im Juli des gleichen Jahres die Änderung des Firmen-Namens in das freilich leichter zu handhabende „Audi AG“ zum 1. Januar 1985 vorgeschlagen werde. Der Vorschlag wird angenommen. Einzige Marke sind wieder die vier Ringe aus frühen Zeiten, das Symbol, daß vier Firmen einzeln nicht überleben konnten.

Damit beginnt für den Markennamen NSU firmenoffiziell die Vergangenheit. Zwar beteuert Hausherr Dr. Habbel auf der Hauptversammlung, man werde auch in Zukunft die Entwicklung des Wankelmotors betreiben. Aber dieses Objekt ist längst „schubladisiert". Der Firmensitz wird nun offiziell nach Ingolstadt verlegt.

Eine neue NSU GmbH Neckarsulm wird unter der Geschäftsführung von Peter Lutz gegründet. Die Tradition des 1873 begonnenen Firmenweges soll gepflegt werden. Audi verpflichtet sich, Aktivitäten, die mit der Verwertung und Würdigung des Namens NSU verbunden sind, zu unterstützen.

Der Oberbürgermeister von Neckarsulm, Dr. Klotz, die Wahrung der Stadt-Geschichte im Herzen, lässt mit einem feinen Schachzug – sehr im Einklang mit der Einwohnerschaft – zur Erinnerung einen Teil der Felix-Wankel-Straße in NSU-Straße umbenennen. So lautet die Postanschrift nun: Audi AG, Neckarsulm, NSU-Straße. Der Name NSU ist dem Firmen-Nachfolger – zumindest in diesem Zusammenhang – geblieben.

Seit 1985 nennt sich das Zweiradmuseum von Neckarsulm „Deutsches Zweirad-Museum + NSU-Museum", da mit einer gewissen Unterstützung des Werkes im Untergeschoss eine NSU-Abteilung eingerichtet wird. Das im Deutschordensschloss würdig untergebrachte Museum – unter der Leitung von Friedhelm Raatz – wird 1991 prächtig renoviert. Zwar zeigen sich dort in ihrer Heimatstadt manche NSU-Raritäten, so der NSU Spider oder der NSU Ro 80, doch eine größere Ergänzung mit NSU-Wankel-Exponaten war nicht vorgesehen.

Von den frühen Kreiskolbenmotoren haben ohnehin nicht viele überlebt. Ein Teil ist – da in Kellerräume ver-

Der auf dem Ro 80-Motor aufbauende, für Citroën entwickelte, KKM 624 wird von dem Holländer Van Veen 1976 Grundlage für eine eigene Motorrad-Marke. 100 PS, Spitze 200 km/h. Die kleine Serie hat keinen Bestand, Comotor (Citroën/NSU) liefert die Motoren nicht mehr. Dahinter die Suzuki RE-5, ganz hinten die Hercules W 2000, beide 1974 serienmäßig mit kreisenden Kolben.

bannt – mit vielem Dokumentations-Material den Überschwemmungen von 1970/71 zum Opfer gefallen. Audi NSU drohte damals mit Schließung des Werkes Neckarsulm, falls das Flüßchen Sulm nicht gebändigt würde. Von den nicht hoffnungslos durch das Hochwasser verrosteten Versuchsstücken sind etwa 20 erhalten, die restlichen verschrottet.

Ende eines Lizenz-Geschäftes

Vorbeugend berichtet Audi NSU schon im Dezember 1983 in Nr.23 der „Mitteilungen für Audi NSU-Genuß-Schein-Inhaber": "Unser Lizenznehmer Toyo Kogyo Ltd. benutzt zur Zeit keine Schutzrechte mehr von Audi und der Wankel GmbH in seinen Kreiskolben-Fahrzeugen. Dementsprechend hat er die Zahlung von Umsatzlizenzgebühren eingestellt. Dieser Umstand und das Ausscheiden der Firma Toyota aus dem Lizenznehmerkreis haben zu einem Rückgang unserer Lizenzeinnahmen um 74 % im Vergleich zu den Einkünften des Vorjahres geführt."

"Unsere Lizenzeinnahmen 1983 setzen sich aus Lizenzgebühren-Zahlungen der Firmen Toyo Kogyo, Croco Engines (Rotaco Motoren GmbH), Curtiss-Wright und Graupner zusammen. Außer Toyo Kogyo hat nur Graupner nach zweijähriger Unterbrechung Kreiskolbenmotoren für ihre Modellflugzeuge in geringem Umfang hergestellt. Die Firma ist auch das einzige Unternehmen, das 1983 Umsatzlizenzgebühren gezahlt hat. Alle anderen zahlenden Lizenznehmer haben jährliche Mindestlizenzgebühren an uns entrichtet.... Neben Toyota wird Rolls-Royce Motors Ltd. zum Jahresende 1983 aus dem Lizenznehmerkreis ausscheiden."

Im Anschluß an die Audi NSU-Hauptversammlung 1984 werden zum letzten Mal – für 1983 – die Anteile an die Besitzer der Audi NSU-Genuß-Scheine ausbezahlt. Deren Rechte sind erloschen. Die Börsen-Notierung läßt man – durch die Dresdner Bank – auslaufen. Entsprechend der drastisch abgesunkenen Brutto-Lizenzeinnahmen kann je Genuß-Schein nur noch ein Betrag von 5 bis 6 Pfennig ausgezahlt werden.

Einer der Betroffenen erbittert: „Genuß-Scheine? Die können wir an die Wände kleistern!" In den erwähnten „Mitteilungen" von Audi NSU ist weiter zu lesen:

"Enttäuschungen über die Entwicklung des Kreiskolbenmotors und des Börsenkurses der Genuß-Scheine sind nicht durch verpasste Chancen beim Einsatz von Kreiskolbenmotoren, sondern durch die beiden Energiekrisen in den 70er Jahren, durch spekulative Überhitzung des Börsenkurses und übersteigerte Erwartungen an die technische und wirtschaftliche Konkurrenzfähigkeit des Kreiskolbenmotors ausgelöst worden."

Nach diesen Worten der Erklärung und wohl auch der Rechtfertigung erklärt man weiter: „Neue Lizenzverträge werden voraussichtlich bis auf weiteres nicht geschlossen werden können." Unterschrieben wird von Firmen-Chef Dr. W. Habbel und Technik-Vorstand F. Piech, die neben Konzern-Chef Schmücker als Exponenten der Wankel-Abkehr gelten. In einer Presse-Erklärung von Audi NSU nach jener Haupt-Versammlung heißt es in ganz eigener Beurteilung: „Das seinerzeit von NSU-Wankel entwickelte Kreiskolbenmotor-Konzept hat sich gegenüber der neuen Motorgeneration von Audi nicht durchsetzen können." Aber wie war diese neue Generation beschaffen?

Der Ehrgeiz von Audi NSU/Audi

Zwar paßt der Kreiskolbenmotor in den Motorraum des Audi 100, nicht aber ein wünschenswerter 6-Zylinder-Reihenmotor. Noch während man am KKM 871 arbeitet, aber sein Ende intern bereits besiegelt ist, wird daher dem vorhandenen 4-Zylinder ein 5. Zylinder hinzugefügt. Der Kühler findet seinen Platz neben dem Motor. Doch der Überhang vor der Vorderachse fällt noch mehr ins Gewicht und der Begriff „Nasenbär" bleibt dem Audi treu.

Der 5. Zylinder ist für den Otto-Motor ein Novum, ein aus der Verlegenheit geborener technischer Vitaminstoß. Aber die Bewältigung der unausgeglichenen Massen des Kurbeltriebs ist nur bis zu einem bestimmten Drehzahl-Niveau möglich.

1976 erscheint der mit 136 PS so motorisierte Audi 100. Damit wissen auch außenstehende aufmerksame Beobachter, zumal Lizenznehmer Mazda, daß man im VW-Konzern vom KKM 871 und damit von Wankels Idee abrückt. Für den Käufer ist es ein Leistungs- aber kein Klassen-Aufstieg. Doch werden von Audi für den 5-Zylinder um 500 DM verringerte Herstellungskosten genannt. 1979, im Jahr der „negativen Produktionsentscheidung" für den 170 PS- KKM 871, erscheint wie mit einem Regie-Einfall in einem Audi 200 auch der 5-Zylinder mit 170 PS. Aber diese Leistung, die der KKM 871 mindestens und einfacher, sozusagen locker aus dem Ärmel schüttelte, können nur mit einer teuren und ehrgeizigen Gewaltkur erreicht werden:

2,2-Liter Hubraum, Abgas-Turbolader mit Ölkühlung, gebläsegekühlte Einspritzdüsen, Natrium-Auslassventile, Zusatz-Ölkühlung, doppelter Wasserkühler, Ladeluftkühlung, großer Schwingungsdämpfer. Der Verbrauch liegt in weiten Bereichen höher als beim KKM 871. Geplant waren schon vier Ventile je Zylinder. Die Laufruhe im oberen Bereich enttäuscht. Dieser Motor und dieser Wagen lassen sich – technisch und formal gesehen – schwerlich als Alternative betrachten, weder zum KKM 871 noch zum Ro 80.

Zwölf Jahre muss sich Audi mit dem 5-Zylinder begnügen, teure Jahre, die dem angepeilten Klassen-Aufstieg fehlen. Erst 1988 – Ferdinand Piech ist zur Vorstandsspitze der Audi AG berufen – kann der erste der neuen Hubkolbenmotoren vorgestellt werden. Es sind anspruchsvolle Konstruktionen, auch hinsichtlich der Kosten.

Verbesserte Laufruhe wird durch Erhöhung der Zylinderzahlen und die für den Einbau nötige Kompaktheit durch die V-Anordnung der Zylinder erreicht. Hubkolbenmotoren werden auch in Neckarsulm entwickelt, so der V8-Motor (3,6 Liter, 250 PS, 184 kW). Auch Teile der Fahrzeug-Entwicklung kommen an die Sulm zurück. Gebaut werden dort der Audi V8 und weiterhin der Audi 100.

Dort, wo man einst mit einem einfachen, ventillosen Motor triumphierte, pflanzt man nun vier Ventile je Zylinder ein. Zu ihrem Antrieb sind 132 Teile nötig, einschließlich vier Nockenwellen und 32 Hydro-Stößel, dazu kommen ein Zahnriemen und zwei Antriebsketten mit Zahnrädern. Der Motor hängt vor der Vorderachse und so besteht der Block aus Gewichtsgründen aus Leichtmetall. Da es den Schall stärker abstrahlt, ist umfangreiche Geräuschdämpfung erforderlich.

1990 rollt der Audi 100 mit einem V-6-Zylinder (2,8 Liter) vom Band. Der Motor baut recht kurz, das breit auseinandergewinkelte „V" (90°) macht ihn niedriger. Mit 174 PS (128 kW) bei 5500/min liegt er auf dem Leistungsniveau des KKM 871. Im Verbrauch maßvoll, läuft ein V-6 nicht so ruhig wie ein Reihen-6-Zylinder. Und so kommen zu seinem Gewicht von ca. 161 kg – der KKM 871 bringt es auf 142 kg – noch etwa 23 kg an Schalldämpfungs-Material hinzu. Gewicht heißt auch Kosten. Doch Audi ist im Rahmen seines Gesamtprogramms und mit einem aufnahmebereiten Markt auf dem Weg zu guten Bilanzen. So wird auch das teure Projekt der Diesel-Direkteinspritzung angefaßt. Aber so anerkennenswert es ist, mit dem kammerlosen Diesel Verbrauch und Kohlendioxyd zu minimieren, so gerät man allgemein mit immer weiteren Dieselmotoren im Personenwagen doch in einen Zwiespalt:

Zu nennen sind die umweltbelastenden und schwer zu bewältigenden Diesel-Eigentümlichkeiten wie Start- und Vollastqualmen, Ruß, Schwefel, Geräusch und Geruch. Der Diesel ist schwerer und teurer, zumal der Direkt-Einspritzer – ein Zusatzgeschäft für den Hersteller, für den Anwender ein reduzierter, wenn nicht oft illusorischer Spar-Effekt.

Bedenklich auch, Dieselkraftstoff als eines der ersten Rohöl-Destillate – wie schweres und leichtes Heizöl – zunehmend im Auto zu verfeuern. Verschwendet werden volkswirtschaftlich höher wertschöpfende Rohstoff-Komponenten, etwa Benzine, Alkohole, Wasserstoff oder die lange Kette petrochemischer Produkte wie Kunst- und Farbstoffe, Arzneimittel oder Faserstoffe.

So gesehen, ist es wohl kaum zu bedauern, daß sich Wankels Motor nicht auf direktem Weg zum Dieselmotor eignet.

Audi-Technik grenzenlos: Das 1991 mit der Sportwagen-Studie Avus Quattro vorgestellte Projekt des

6-Liter-W-12-Zylinders: fünf Ventile je Zylinder, sechs Nockenwellen, zusammen rund 250 Teile, ferner zur nötigen Beruhigung des Kurbeltriebs zwei kettengetriebene Ausgleichswellen. Damit stellt Audi den bis dahin größten Kontrast zur Einfachheit eines Kreiskolbenmotors vor.

Man wird an Wankels Vergleich von den "übertakelten Segelschiffen“ erinnert, so auch andernorts durch Mehrventil-Technik, Ventil-Verstellung oder zusätzliche Ausgleichswellen (Mitsubishi, Porsche).

Traumhafte Synthese

Wer durch den niemand belästigenden Klang des teileeinfachen Ro 80- Motors auf den Geschmack gekommen ist, bemüht gern einmal die Phantasie. Gemeint ist die Synthese der Laufkultur eines Kreiskolbenmotors plus Hydropneumatik-Federungskomfort und gleichfalls langer Radstand der großen Citroën-Modelle.

Es sah durchaus nicht nach Phantasie aus. Die Vorbereitungen zu dieser Vereinigung waren weit gediehen. Zu der Eleganz der Citroën-Hydropneumatiker paßten ja nie die brummigen 4-Zylinder. 6-Zylinder fanden keinen Platz. 1974 wird im Zuge der Zusammenarbeit von NSU und Citroën in einen CX der KKM 871 eingepaßt. Vergleichsfahrten überzeugen. Geplant wird die Präsentation zum nächsten Pariser Auto-Salon. Das Urteil von Citroën-Vorstand Tayler, der schon den Ro 80 mit KKM 871 fuhr: „Traumhaft!"

Als dieser 1977 den Audi 100 mit KKM 871 fährt, aber hört, daß Audi NSU selbst den Motor serienmäßig nicht einsetzen will, wird er mißtrauisch und reagiert mit diesem firmen-klassisch gewordenen Spruch:

"Ihr seid wie ein Koch, der ein hervorragendes Essen zubereitet aber seinen Kunden empfiehlt, ein anderes Restaurant aufzusuchen."

Peugeot als neuer Firmenherr läßt Citroën nur noch bis etwa 1977 am Kreiskolbenmotor arbeiten. Immerhin wird die Hydropneumatik beibehalten und so eine aktueller werdende Komfort-Klasse. Erwähnenswert: Mazda importiert unter seiner Marke Eunos den Citroën XM nach Japan.

Das klassische Muster wird deutlich. Die Branchen-Kleineren sind eher bereit, neue Ideen auf den Wickeltisch der Entwicklung zu nehmen. Häufig müssen sie aber ihre Pionierleistungen – wie NSU und Citroën – mit dem Abschied von ihrer Unabhängigkeit bezahlen: Das Gesetz eines auf maximale Homogenität, sprich Eintönigkeit, getrimmten Marktes. Mazda gelang es durch kluge Strategie, diese Gesetzmäßigkeit zu durchbrechen.

Die Großen erreichen mit üblicher Rezeptur die hohen Stückzahlen und können ihren Platz am gedeckten Tisch behaupten. Nur ungern investieren sie den Gewinn in ihrer Ansicht nach schwer überschaubare Projekte, klagen aber die japanischen Hersteller an, die es tun. Was dem interessierten Käufer entgeht, zeigt das mögliche, aber nicht realisierte Beispiel Citroën CX plus Audi NSU-KKM 871.

Man sollte den Kleinen, aber kreativ Großen – wie Citroën oder NSU – alle Achtung erweisen. Wir verdanken ihrem Mut zur Verwirklichung neuer Ideen, die anderen Firmen wesentliche Denkanstöße geben, mehr als uns bewußt ist.

Chronik der Widersprüche

Felix Wankel kann sich in einnehmender Art geben, zeigt aber auch, weshalb man vor seinen Arbeitsräumen das Schild „Burglöwe“ anbrachte. Er ist in der Tat von widersprüchlichem Wesen und es ist, als setze sich dies – analog des Verwirrspiels seltsamer Ereignisse seines Lebens – auch mit der Verwirklichung seiner Motor-Idee fort.

Der Motor ist einfach im Aufbau, doch schwer zu begreifen. Er besitzt weniger Teile und gilt dennoch als teuer in der Produktion. Wankel ist nicht unbedingt ein Menschenfreund, aber sein Motor dient durch vibrationsarmen Lauf dem Menschen. Der Motor arbeitet ungewöhnlich ruhig, aber sorgt für stetige Unruhe. Viele, die sich mit ihm intensiv beschäftigen, wissen schließlich nicht, ob er eher zu bewundern oder abzulehnen ist. Des Motors Grundzüge sind mathematisch schwer zu berechnen, doch Wankel ist nach eigenem Urteil mathematisch nicht begabt. Wankel nimmt Einfluß auf die Motorisierung, besitzt aber selbst keinen Führerschein. Er wird mit der Idee reich, aber NSU macht sie arm.

Eine Bilanz

Der NSU Ro 80 hinterläßt eine unverwischbare Spur. Er ist einer der letzten in individueller Kreativität gezeichneten Wagen, ist Wegbereiter für kühnes, doch von den Launen der Moden ganz entbundenes und somit unverwechselbares Design

Er ist die Entdeckung einer neuen Ästhetik auf der Straße. Mit der tiefen Schwerpunktlage des kompakten Motors, mit seinem kurzen vorderen Überhang und der totpunktfreien Bewegung seiner Kolben im Zusammenwirken mit dem langen Radstand – mit dem er einsame Größe bleibt – wird auch ein totpunktfreies, unvergleichlich angenehmes Fahren möglich, animierend, ohne angriffslustig zu machen. Mobile Harmonie, hohe

Höhen und Tiefen hinter sich, letztere durch Kapitalmangel (1964/65), großem Termindruck, Motorschäden oder Umwelt- und Energie-Fragen, fuhr der Ro 80 wachsender und anhaltender Bewährung und Geltung entgegen. Er gibt der Frage neue Impulse, ob der steigende Aufwand für die Hubkolben-Technik noch seine Berechtigung hat.

Sicherheitsqualität eingeschlossen.

So gesehen, ist die deutsche Episode des Wankelmotors, speziell des NSU Ro 80, auch zivilisatorischer Fortschritt. Kein Zufall ist es, daß der Kreiskolbenmotor mit seinem harmonischem Arbeitsablauf und seiner natürlichen Laufkultur dorthin fand, wo vor allem die Harmonie zählt, nach Japan. Erst aus dieser, so die waltende Lebensphilosophie dort, entsteht wahre und dauerhafte Leistung – wie es uns ja im industriellen Bereich ständig demonstriert wird.

Um einen Wagen in allen Bereichen so günstig wie möglich zu schaffen, gedeiht der Ro 80 nicht nur ausnehmend gut, sondern zu gut für eine bestehende Markt- und Technik-Ordnung, für die er denn auch zu einem gelungenen, aber auch notwendigen Störenfried wird.

Perfektion erhält man auch in der Welt des Autos nicht vor die Tür gestellt. Auch beim Ro 80 sind Zugeständnisse einzugehen. Er zählt nicht zu den preisgünstigen Angeboten, aber sein Geld ist er wert. Sein Verbrauch – entsprechend des Entwicklungsstandes – hätte nicht mehr in spätere Jahre gepaßt. Aber es ist dieser Verbrauch, der zu der viel bewunderten und oft nachempfundenen aerodynamischen Gestaltung führt.

Mit dem Motor der vierten Generation, dem KKM 871, hätte der Ro 80 zu seiner Reife gefunden. Eine Getriebe-Halb- oder Voll-Automatik wäre zwar möglich, aber nicht mehr nötig gewesen. Aber der „Optimo" - wie seine Schöpfer den KKM 871 nannten – ist für den Ro 80 einige Jahre zu spät oder dieser für den "Optimo" zu früh erschienen. Doch so, wie er war, hat der NSU Ro 80 schon die Parade außergewöhnlicher Autos bereichert.

Nach wie vor dient er als lehrhaftes Anschauungsobjekt. Sein Motor provoziert den Hubkolben-Vetter zu Anstrengungen, es mit umständlichen Mitteln besser zu machen,

Da dem NSU Ro 80 kein Nachfolger zuteil wird und er auch ohne Vorgänger ist, zieht er als wahrhaft einmaliges Auto in die Geschichte der Automobile ein. Weder unter der Marke VW noch Audi war ein Auto mit diesem Gedankenreichtum vorzuweisen. Daß NSU die Rotation insgesamt nicht bewältigt, ist angesichts der gewaltigen Aufgabe keine Tragödie, wohl aber nach dem großen Anfangsfieber von einem Hauch von Tragik durchweht.

Zu wertvoll zum Vergessen

Der NSU Ro 80, inspiriert durch zwei planetarisch kreisende und fleißige Kolben – sie sind mit drei Seiten gleichzeitig an der Arbeit – , hat mehr als große Erlebnisse des Fahrens vermittelt. Er machte auch nachdenklich, gab mit seinem zukunftsweisenden Entwurf im Vergleich zu seinen mobilen Zeitgenossen allzu deutlich Anlaß zu der Frage, was Fortschritt ist und was nicht.

Dieser Frage kann noch weniger ausweichen, wer je ein Vierscheiben- Kreiskolbentriebwerk betrachtete und einen Begriff davon erhielt, wie auch vier Kolben in einem Gehäuse der Größe eines handlichen Postpaketes direkt auf ihrer Welle rotieren und umweglos das Feuer von 700 PS auf die Räder schicken.

Dieses Paket leistete, wie erwähnt, für den Mazda-Sieg 1991 in Le Mans 24 Stunden lang gleichmäßig seine Arbeit. Und es hat nichts gekocht außer der Konkurrenz.

Man kann nicht umhin, angesichts der Logik des Masse, Verschleißteile und Raum sparenden Kreiskolben-Systems den Hubkolbenmotor trotz aller Weiterentwicklung als ein Fossil aus dem Urstromtal der Dampfmaschinen anzusehen: Schwergewichtig, ungefüge, totpunktbelastet, unrationell in der Mechanik, so mit einem notwendigerweise großen, schweren Schwungrad und kostspielig beruhigt – überreichliche Gaben auf dem Opfertisch der Thermodynamik.

Soweit es die Kraftstoff-Ökonomie des immer mehr aufgerüsteten Hubkolbenmotors betrifft, müßte man ohnedies wohl eher von Erfolgen der vordergründigen Art sprechen. Der Verbrauch wird doch sehr durch die Herstellung des zusätzlichen Materials, so für die Mehrventil-Technik oder die nötige Geräusch-Isolierung, in andere Bereiche verlagert. Zum höheren Energie-Verbrauch im Vorfeld addieren sich höhere Kosten.

Daß man dennoch für den Gebrauchsmotor nichts anderes vorzuweisen hat als die Hubkolben-Mechanik, ist auch ein Hinweis darauf, daß wir zu Lasten von

Auf dem Bonneville-Salzsee, USA, 1989, erringt ein speziell vorbereiteter Mazda RX-7 den Geschwindigkeits-Weltrekord für Fahrzeuge der Klasse C/Grand Touring mit 238,4 mph oder 383,7 km/h. Der aus der Serie stammende Zweischeiben-Kreiskolbenmotor 13B entwickelte rund 500 PS bei 8000/min. Mechanische Bosch-Benzineinspritzung, Hitachi-Doppelturbolader.

Mensch und Klima schon viel zu lange auf den falschen Kraftstoff gesetzt haben. Er ist zu leicht verfügbar und zu praktisch in der Handhabung. Das Erscheinen des Kreiskolbenmotors hat diese Zusammenhänge deutlicher gemacht.

Die industrielle Zukunft verlangt nach innovativer, intelligenter Technik. Aber so viele praktikable Eingebungen wie die auf künftige Möglichkeiten noch nicht ausgelotete Kreiskolben-Idee werden nicht geboten, um sie – wie im Erfinderland im VW-Konzern geschehen – in den Papierkorb der Technik zu werfen. Nach aller Erfahrung ist es schwerer, das Einfache zu ersinnen als das Komplizierte einfach am Leben zu halten oder es mit unbestimmter Zielsetzung noch komplizierter zu machen.

Ein Funke sprang über und glüht weiter

Die Freunde des NSU Ro 80

Zu jung, um ihn Oldtimer zu nennen, doch alt genug, ihn als Junggebliebenen zu bezeichnen – so läßt sich noch immer der NSU Ro 80 sehen. Er wirkt in Form und Linien auch heute noch nicht veraltet, was sich von den meisten anderen Autos aus seiner Serien-Zeit wohl kaum behaupten lässt. Für den Ro 80 müßte der Begriff Youngtimer erfunden werden und nicht nur, weil sein Maßanzug die Moden überdauert.

Zwar sprießt die Oldtimer-Liebe allenthalben, sieht man doch in ihnen oft die Zeugen einer vermeintlich besseren Zeit. Doch der Ro 80 und NSU Spider sind nicht nur rollende Antiquitäten. Diese Autos verblühen nicht.

Die Art, wie das Herz in ihnen schlägt, wie ein Dreieck mit bogenförmigen Flanken kreist und dabei – um sich selbst drehend – variable Räume schafft, das zieht Menschen nach wie vor in seinen Bann.

Allerdings haben auch die Begleitumstände, mit denen sich Audi NSU vom Gedankengut Wankels löste – mit nur knappen und oft zynischen Kommentaren – , viel dazu beigetragen, die Beziehung zum Ro 80 und seinem Motor zu stärken. Der Eindruck drängte sich auf, deutsche Technik schaffe nicht, was japanischer Kunstfertigkeit gelingt. VW und Audi NSU gaben Spekulationen Raum, die bis in persönlichen Bereiche zielten. Legenden entstanden.

Beziehungssache

Auch eine nicht unbeträchtliche Schar jener Ro 80-Freunde ist gewachsen, die den Ro 80 ebenso wie den Spider ganz einfach schätzen so wie er ist – ohne alle Gedankenspiele rund um seine Antriebsquelle. Es sind die Puristen, die eigentlich kein anderes Auto mehr fahren wollen. Schon die erste Bekanntschaft mit einem Ro 80 genügte, um ihm – selten bei einem Auto aus der jüngeren Vergangenheit – zahllose und enge Freunde zu sichern.

Die relativ kleine Zahl der produzierten Ro 80 haben ihn zu einem exklusiven Wagen werden lassen. Ohne Modell-Varianten ist er ein Unikat, das immer seinen Wert behalten und noch steigern wird. Und noch immer ist er ein sympathischer Revoluzzer, ein Individualist,

NSU Spider und NSU Ro 80 – bei diesen Wankel-Autos bleibt es in Deutschland. Sie sind heute Kristallisationspunkte einer nach wie vor großen Zahl von Bewunderern des Kreiskolben-Prinzips, hier zu sehen im Museum der Wankel-Stiftung in der Schweiz unweit Rorschach am Bodensee.

von dem sich auch seine Besitzer gern zum Individualisten machen lassen.

Man sucht und findet sich

Wie sehr nach wie vor Fahrkultur und Technik des Ro 80 ansprechen und wie eng die Bindung zu ihm werden kann, zeigt sich auch nach dem Ende seiner aktiven Laufbahn. Ro 80-Besitzer beginnen damit – wie zuvor schon mit dem NSU Spider – , sich zu freien Gemeinschaften oder zu fest eingetragenen Clubs in Deutschland und in anderen Ländern zusammenzufinden:

Der „Verein für Kreiskolbentechnik, Ro 80-Club Deutschland“ unter dem Vorsitzenden Peter Rußwurm mit der Zeitschrift „Die Trochoide“, der „NSU Ro 80-Club“ von Roland Werner, die „Ro 80-Wankel IG“ von Wilhelm Wormland und der „Ro 80-Kreis Südliches Westfalen“ mit den Initiatoren Werner Stüve und Dr. Gerhard Müßener. Den Kontakt zum Kreiskolbenmotor pflegen viele „Ro 80-Stammtische“.

Gemeinsamkeiten ergeben sich mit dem „NSU Wankel Spider-Club Deutschland“ unter Dr. Michael Fabritius. Er befaßt sich in seiner Wankel-Spezialfirma Rotech, Bad Soden, mit Arbeiten an Motor- und Dichtteilen und Tuning. Aus der früheren Citroën-NSU-Gründung Comotor beschaffte sich der Club eine Trochoiden-Schleifmaschine. Ein Ro 80 wird mit einem Dreischeibenmotor, ein anderer mit dem KKM 871 unter Dampf gesetzt. Mazda RX-7-Dichtteile werden für den Ro 80 modifiziert.

Auch der in Deutschland ansässige „RX-7-Club Europa“ mit dem 1. Vorsitzenden Dietmar Schmitz und dem Club-Magazin „Rotary Drive“ wird zum Sammelpunkt jener, die flotte Fahrt mit kreisenden Kolben schätzen.

In der Schweiz gründet man den „Ro 80-Club der Schweiz“, Präsident Oscar Weiss, die Zeitschrift „Die

Ro 80 mit KKM 619. Einen der wenigen hergestellten Dreischeibenmotoren eingebaut von Garagist und Präsident des Schweizer Ro 80-Clubs Oscar Weiß. Nach schwieriger Anpassung: „Der Wagen besitzt einen Zug wie eine Seilwinde!"

Ro 80 mit KKM 871. Wolfgang Schäfer, Kiel, holt nach, was der VW-Konzern plante, aber nicht verwirklichte. Langwierige Beschaffung von Teilen ist für den Zusammenbau des 170 PS-Motors nötig. Der Bauherr muß auch Teile von anderen Motoren verwenden.

Wankelscheibe", von Hans-Peter Lang redigiert, berichtet vielinformiert aus der Welt des Kreiskolbenmotors.

Ro 80-Eigner, die ja zusammen mit ihrem Besitz an Jahresringen zulegen, bestimmen keineswegs allein die Szene. Jüngere Jahrgänge kommen hinzu, beweisen wachsendes Interesse am Ro 80, am Spider, staunen, was diese mobil macht, was an Technik-Leistung möglich ist.

Pflege der Idee

Aktionen zur Verfestigung der gemeinsamen Idee stehen auf jedem Jahresprogramm. Zu solchen Gelegenheiten treffen sich Ro 80-Eigner aus allen Teilen Europas. Überall dorthin ist man unterwegs, wo in Sammlungen den Spuren des Autos, speziell des Rotationskolbenmotors, nachgegangen wird.

Anlaß zu Jubiläumsfeiern ist immer gegeben, so der „30-jährige Geburtstag" des NSU-Wankel-Motors 1987 oder das 20-Jahr-Jubiläum des Erscheinen des Ro 80. Zu Lebzeiten von Felix Wankel fährt man nach Lindau, um den „Vater der Idee" an seinem Geburtstag zu ehren. 1981 parken dabei nicht weniger als 120 Ro 80 bei Wankels „Technischer Entwicklungsstelle" (TES). An der Straße Lindau-Bregenz ist rechts das moderne Gebäude hinter Laubbäumen zu sehen.

Felix Wankel bei einer dieser Treffen: „Der Ro 80 spricht den nervus sympathicus der Frau an."

Anlässlich jener Besuche damals bei Wankel steht auch die Besichtigung seiner privaten Sammlung auf dem Programm. Da ihm das Land Bayern – zuständig für einen kleinen Bodensee-Zipfel – und die Stadt Lindau den Bau eines kleinen Museums auf seinem Grundstück am Bodensee-Ufer verwehren, lädt ihn die Schweiz dazu ein. Er kann für seine Kreiskolben-Exponate am gegenüberliegenden Schweizer Ufer, unweit Rorschach, die Sammlung einrichten – wieder das Ausland, das, wie Japan, Wankel seine Achtung erweist.

Nach dem Tod von Felix Wankel am 9. Oktober 1988 veranstaltet man vom „Ro 80-Kreis Südlichen Westfalen" aus eine Sternfahrt mit acht Ro 80 und vier Mazda RX-7 zur offiziellen Trauerfeier nach Lindau. Leben und Werk des Erfinders wird durch viele Abgesandte von Ämtern und Firmen gewürdigt, so von Mazda und Mercedes-Benz. VW und Audi waren dabei nicht vertreten.

Verfestigen der Erinnerung

Die Ro 80- und Spider-Gemeinde ermüdet nicht, den Gedanken an die Rotation wachzuhalten. Dazu stehen die Vorführung von Filmen und Videos ebenso auf dem Programm wie Vorträge von Mitwirkenden aus der aktiven Kreiskolben-Zeit. Man stellt Souvenirs aller Art her, Collagen, Fotos, Poster, Wimpel, sammelt Briefmarken mit dem Ro 80, so von der Karibik-Insel St.Lucia. Sehr gefragt sind Ro 80-Modelle. Deren kundige Sammler überraschen mit immer neuen Fundorten und Fundstücken bis hinunter zum Maßstab 1:120 aus Hongkong. Eigengefertigte Modelle werden präsentiert.

Umfangreiche Archive entstehen oder private Sammlungen mit Kreiskolbenmotoren oder dessen Teilen. Man sammelt jedwede Literatur, die sich mit dem Spider, dem Ro 80 oder dem Wankelmotor überhaupt befaßt. In manchen Fragen kann die NSU GmbH, Neckarsulm, helfen.

Auf Oldtimer-Veranstaltungen ist der Ro 80 ein gern gesehener Gast. Sein Auftritt hat insofern immer eine besondere Note, weil er in seiner zeitlosen Gestalt nie wie ein Auto aus der Vergangenheit wirkt. Seine Antriebsquelle ist ohnehin stets Gegenstand tiefgehenden Interesses.

Man hilft sich selbst

Kurse werden veranstaltet, um Arbeiten am Wagen und am Motor in Selbsthilfe zu lernen. Man zeigt dem Nichtprofi, wie der Motor in erstaunlich kurzer Zeit zu zerlegen und wieder zu montieren ist. Man organisiert Abgas-Tests, demonstriert, wie der Motor auf Gasbetrieb umgestellt werden kann.

Vielfach wird in Eigeninitiative die Entwicklung des Kreiskolbenmotors fortgesetzt, Tuning inbegriffen.

Erstaunlich, wie es immer wieder Freunden der Rotation gelingt, sich Kreiskolben-Triebwerke aufzubauen, sei es mit mühevoll eingepaßten Fremd- oder Originalteilen. W. Wormland, Mülheim/Ruhr, baut den marinisierten Ro 135 in seinen Ro 80 ein. Auch vor Karosserie-Umbauten scheut man nicht zurück. G.-P. Ferring, Hamburg, verwandelt seinen Wagen in ein Cabriolet.

In Coventry, England, ist Eamon Hurley in seinem Kreiskolben-Spezialbetrieb an der Arbeit, etwa mit Modifizierung und Tuning des Ro 80-Motors oder mit 3-Scheibenmotoren für Speedway-Rennen. Bemerkenswert die Implantation eines aus Mazda-Teilen aufgebauten Dreischeibenmotors in einen Mazda RX-7, den er RX-777 nennt. Auch aus Mazda-Teilen wird ein 4- Scheibenmotor aufgebaut.

Denkmalspflege

Natürlich nehmen Gespräche und Aktionen einen breiten Raum ein, die zur Erhaltung der Substanz des Ro 80 und – darauf legt man Wert – des Originalzustandes beitragen. Restaurierung, Ersatzteile-Beschaffung oder Stillegung stehen ganz im Vordergrund. Geeignete Werkstätten werden vermittelt, der gemeinsame Besuch von Oldtimer-Auktionen und Teile-Märkten organisiert. Der Schweizer Ro 80-Club unternimmt Sammelbestellungen für neue und rostfreie Auspuff-Anlagen, Gummidichtungen für Front- und Heckscheibe oder Türdichtrahmen – in eigener Regie neu angefertigt.

Jürgen Witzelmaier, Inhaber einer Ro 80-Werkstatt, stellt dem Wagen ein Lob aus seiner Sicht aus: "Seine Ersatzteile sind für praktisch alle Baujahre zu verwenden."

Auch wenn nach Auflösung der Ro 80-Teile-Bestände im zentralen VW-Ersatzteillager Kassel noch manchem Ro 80-Besitzer geholfen werden konnte, allmählich nähert sich die Teile-Verfügbarkeit ihrem Ende. Und das bedeutet oft hohe und höchste Preise für noch vorhandene oder neu anzufertigende Teile. Spitzenreiter sind etwa Bremsscheiben, die es wohl bald nicht mehr gibt.

Die starke Verbundenheit, die man zum Ro 80 findet, demonstriert auch – wie kaum bei einem anderen Avantgarde-Modell –, daß immer ein Käuferpotential existiert, das ein vom Üblichen abweichendes, progressiv geprägtes Auto besitzen möchte.

Donnerbolzen. Kurzzeitig fast 400 PS aus dem Ro 80-Motor. Modifiziert von Eamon Hurlex, England, für sein Dragster-Motorrad (1/4 Meile-Beschleunigungsrennen). Aufladung mechanisch, 25 % Nitro-Anteil im Benzin.

Exklusivität in Form und Antrieb machen es zu einer ebenso wertvollen wie lohnenden Aufgabe, den Ro 80 in gutem Zustand, zumal fahrfertig zu halten, Ro 80-Clubs und viele freie Gemeinschaften vermitteln Erfahrungen über Instandhaltung und Teile-Versorgung.

1. *Karosserie*

- Hohlraum-Konservierung durchgeführt?
- Radläufe aller vier Kotflügel.
- Fensterschächte dort, wo die Eloxal-Zierleisten aufgesteckt sind.
- Frischluftgitter vor der Frontscheibe. Unter dieser das Windlaufblech vorsichtig demontieren, um die Abläufe zu prüfen. Gitter unterhalb des Scheibenwischermotors.
- Umgebung der Türgriffe und Druckknöpfe.
- Reflektoren der Scheinwerfer, besonders der Nebellampen.
- Schloss-Funktion des Kofferraumdeckels.
- Umgebung der Heckleuchte.
- Bei Autos mit Schiebedach besonders aufpassen: Wasser kann bei Undichtigkeiten in den Fenstersäulen nach unten sickern und dort Verrostung verursachen.

2. *Kofferraum*

- Federbeinholme (Stoßdämpferdome, Verkleidung demontieren).
- Reserverad-Mulde (Wassereintritt durch undichte Heckscheibe oder spröde Heckleuchten-Einfassungen).
- Boden- und Isolationsmatte entfernen. Bauartbedingtes nach innen Rosten der Halterung des Nachschalldämpfers.

- Kofferraum-Ecken unten, Heckverstärkung und Radhäuser verraten Unfallschäden und unsachgemäße Reparaturen.
- Beide Haltebügel des Kraftstoff-Tanks lösen. Tank anheben und Boden auf Rost kontrollieren.

3. *Fahrzeug-Innenraum*

- Hintere Sitzbank entfernen. Mittlere Erhöhung auf Durchbrennen vom Auspuff her prüfen.
- Am Einstiegs-(Längs)schweller vorn und hinten die Lüftungsrosetten vorsichtig demontieren. Mit Lampe Hohlraum ausleuchten und evtl. mit Teleskop-Spiegel auf Rost kontrollieren.
- Bodenteppich entfernen, Isolationsmatte anheben, Bodenpartie prüfen.
- Hutablage hinten. Wenn Oberhaut (Kaliko-Belag) geschrumpft oder fleckig, bedeutet es undichte Heckscheibe mit Wassereintritt in den Kofferraum. Aus der undichten Heckscheibe kann auch Wasser nach unten in den Filz der Tank-Unterlage sickern und den Tank verrosten (der Tank wurde später mit Kunststoff beschichtet).
- Instrumentenbrett-Verkleidung. Oberhaut links und rechts. Lautsprecherbereich Mitte auf Risse ansehen.

4. *Wagen-Unterseite*

- Alle vier Wagenheber-Aufnahmen prüfen.
- Längsträger, besonders im Bereich des Achswellen-Durchgangs (mangelhafte Versiegelung und schlecht plazierte Abfluss-Bohrungen), besonders beim Jahrgang 74. Entlüftung ab Werk mit Gummistopfen verschlossen? Diese entfernen, auf Rost achten.
- Messpunktzapfen für Richtbank-Arbeiten im vorderen Bereich.
- Montage-Aufnahmeteller im hinteren Bereich.
- Schwellergummi entfernen, Längsschweller-Innenraum mit Lampe und Spiegel kontrollieren.
- Abschirmblech der hinteren Bremstrommeln (Handbremse).
- Federbeine: Befestigungsaufnahme oben, Gummimanschette, Dichtheit, Federteller.
- Federbein-Holme innen oben (Schweißlaschen).
- Bodenwanne im Kühler-Bereich und vor den Vorderrädern.
- Kotflügel hinten und vorn unterhalb der kurzen Zierleisten.
- Türen unterhalb der Zierlisten.

5. *Mechanik*

Motor:
- Kompression messen (gibt nicht unbedingt Aufschluß).
- Motorleistung ist gut, wenn bei betriebswarmem Motor im Leerlauf bei eingelegter 1. Fahrstufe, getretener Fußbremse und voll eingeschlagener Lenkung der Motor nicht abstirbt.
- Bei eingelegter 1. Fahrstufe sollte zudem die Motordrehzahl nicht um mehr als etwa 300/min abfallen.
- Festbremsdrehzahl: 2200-2500/min
- Blauer Ölrauch nach dem Starten des Motors ist leider eine Eigenart der Wankel-Technik des Ro 80. Verschwindet normalerweise nach wenigen Kilometern. Starker Ölrauch ist ein Hinweis auf einen möglichen Defekt der Standdichtungen oder eine defekte Membran in der Vakuumpumpe (Öl gelangt in das Saugrohr).

Drehmomentwandler:

- Handbremse anziehen, 1. Fahrstufe einlegen, Gas geben. Drehzahl darf 2800/min nicht überschreiten. Vorsicht: Maximale Prüfzeit nur 8 Sekunden!

- Manschetten der Antriebswellen überprüfen. Undichte Manschetten weisen auf mögliche Schäden durch Nässe und Schmutz hin (ausgeschlagene Gelenke). Knackende Geräusche beim Fahren?
- Federbein-Kopflager vor allem ab Jahrgang 73 (mangelnde Schmierung). Knacken beim Lenken, beim Einparken oder im Stand?
- Kühler. Wegen seiner exponierten Lage vielfach unten „durchgefault".

Das Ringen des Menschen um Perfektion – auch das ist die Geschichte des Wankelmotors. Man bestaunt die ungewöhnliche, aber präzise Geometrie, die den Viertakt ermöglicht. Der Ro 80-Club der Schweiz führt vor, wie leicht dennoch Demontage und Montage sind.

Den Wert erhalten

Sachkundige Pflege erhält der Ro 80, wenn die folgenden Ratschläge beherzigt werden:

- Regelmäßig fahren. Alle paar Wochen sollte der Motor auf Betriebswärme gebracht werden, namentlich nach Stadtverkehr, also Kaltverschleiß vermeiden.
- Kerzen regelmäßig wechseln (alle 10 000 km), sonst Gefahr der Glühzündungen, wodurch die seitlichen Dichtstreifen brechen.
- Motor in kaltem Zustand nicht über 3000/min drehen lassen.
- Nicht zu niedrigtourig fahren. Den betriebswarmen Motor streckenweise in der 1. oder 2. Fahrstufe hochdrehen lassen, damit sich Verbrennungsrückstände von Dichtleisten und Zündkerzen lösen.
- Motor möglichst mit synthetischen oder teilsynthetischen Ölen fahren, da diese rückstandsfrei verbrennen.
- Überdrehzahlen vermeiden, besonders wenn der Wagen nicht mit dem akustischen Drehzahlwarner ausgerüstet ist. Überdrehen kann zu verschiedenen Schäden an Motor und Wandler führen (Kapitel 7).
- Wird der Wagen nach Fahrt bei Nässe in der Garage abgestellt, Fenster, Motor- und Kofferraumhaube zum Austrocknen öffnen, auch damit sich keine Feuchtigkeitsnester bilden können.
- Stark verschmutzten Wagen sofort waschen. Je nach Gebrauch den Lack einmal im Jahr konservieren. Polieren nur bei stark verwittertem Lack.
- Kühlerlamellen von Zeit zu Zeit mit Druckluft reinigen.
- Alle Gummiteile regelmäßig mit Glyzerin, Talkumpuder oder Melkfett einreiben. Türfensterführungen mit Talkum pflegen.
- Türschlösser, Schlossfallen und Türscharniere gelegentlich auf Verschmutzung prüfen, notfalls reinigen. Sitzschienen fetten.
- Ist der Kühlwasser-Ausgleichbehälter aus Kunststoff (ab Modelljahr 74), mit Silberfolie gegen UV-Strahlen abdecken, die durch den Haubenspalt dringen.

- Im übrigen gilt für den Ro 80 der gleiche Grundsatz wie für jedes Auto: Nur wenn es gut gepflegt ist, macht es Freude.

So legt man ihn still

Zwar ist der Ro 80 ein typisches Fahrer-Auto, das aktiv und oft bewegt werden will. Dennoch gibt es Gründe, den Wagen irgendwann einmal stillzulegen, z.B. über den Winter. Dann sei folgendes geraten:

- Reifendruck allseitig auf ca. 2,5 bar erhöhen.
- Wenn möglich, Fahrzeug auf vier Böcke aus Holz oder Metall stellen.
- Alle Fenster mindestens halb offen lassen.
- Batterie ausbauen. Minuspol zuerst lösen. Beim Einbau Pluspol erst festschrauben. So wird Kurzschluss beim Berühren der Bremsleitung mit dem 13-, beziehungsweise 15 mm-Schraubenschlüssel vermieden.
- Batterie an einen gleichmäßig temperierten Ort (17 – 20° C) abstellen. Alle 2 Monate mit wenig Ampere oder mit einem Ladegerät mit Ladespannungs-Begrenzung laden.
- Fahrzeugboden dick mit Zeitungspapier auslegen. Es bindet Feuchtigkeit.
- Gummidichtungen der Fenster, unter der Motor- und Kofferraumhaube, sowie die Tür- und Schwellergummis mit Talkumpuder, Silikon oder Melkfett behandeln.
- Eventuell Kühlwasser bis – 20° C frostfest machen.
- Chromteile gut reinigen und mit geeignetem Mittel konservieren.
- Fahrzeug-Unterseite gut waschen, Salz- und andere Rückstände beseitigen.
- Fahrzeug mit Hülle abdecken. Falls nicht vorhanden, mehrere Leintücher zusammennähen (vorzugsweise Baumwolle). Kein Kunststoff-Material (darunter kann sich Kondenswasser bilden oder der Lack stirbt ab). Wagen muss gewaschen sein, sonst durch Staub Scheuerspuren auf dem Lack. Im Freien abgestellte Wagen: Abdeckung kann sich im Wind bewegen und auf dem Lack scheuern.
- Falls Lack-Konservierung beabsichtigt wird, diese erst nach Stillegung ausführen.
- Tank auffüllen, um Kondenswasser und damit Innenverrostung zu vermeiden.

Beachtenswert: Die Hochspannungs-Kondensator-Zündanlage (HKZ) ist nicht ungefährlich. Daher bei allen Arbeiten am Motor Batterie abklemmen bzw. nicht die Zündung einschalten. Beim Starten ohne Zündkerzen das Kabel von Klemme 1 am Zündverteiler abziehen und isoliert ablegen. Starthilfe nicht mit Schnellader vornehmen. Bei laufendem Motor keine Zündkabel berühren oder abziehen.

Zahlen erzählen

Auch Zahlen und Daten berichten über den Lebensweg des NSU Ro 80, so bei der Aufzählung der Änderungen während der Serien-Produktion. Zunächst der letzte technische Steckbrief (Modelljahr 1977).

Technische Daten NSU Ro 80

NSU „Typ 80", VW/Audi Typ 12 (080), EA 877

Motor

Motor-Typ	Zweischeiben-("Zweiläufer")-NSU-Wankel-Kreiskolbenmotor, KKM 612
Arbeitsverfahren	Viertakt
Arbeits-Volumen	je 2 x 497,5 cm^3
Leistung	84,6 kw (115 DIN PS, 130 SAE PS) bei 5500/min
Drehmoment max.	162 Nm bei 4500/min (16,0 mkp)
Mittlerer Arbeitsdruck	max. 9,4 bar
Verdichtungsverhältnis	9,0:1
Geometrie:	
Exzentrizität (e)	14 mm
Trochoidenerzeugender Radius (R)	100 mm
Aequidistantenabstand	2 mm
Mantelbreite (B)	67 mm

»Viereckiges Licht« kommt damals auf. Das Gesicht des Ro 80 wird Beispiel unverwechselbarer und markanter Frontgestaltung und läuft auch heute manchem neueren Auto den Rang ab. NSU's Schöpfung auch als Sammlung interessanter Daten und Zahlen.

Motor-Abmessungen:	
Länge	475 mm
Breite	660 mm
Höhe	555 mm
Motor-Gewicht	143 kg (trocken, komplett mit Lüfter und Abgas-Reaktor)
Exzenterwelle	2 um 180^0 gegeneinder versetzte Exzenter, gesenkgeschmiedet (53 Mn Si 4), 2 Kolbenlager, 2 Mehrstoffgleitlager (Glyco 40), 1 Axialrillen-Kugellager (DIN 625)
Drehrichtung	gegen Uhrzeigersinn (gesehen in Fahrtrichtung)

Leistungskurve des NSU Ro 80 (oben) und Verlauf des Drehmomentes (unten). Es bleibt in einem Bereich von 3000/min bie 4500/min verhältnismäßig konstant, ist also schon in diesem Bereich nutzbar, auch wenn der günstigste Wert erst bei 4000 – 4500/min erreicht wird.

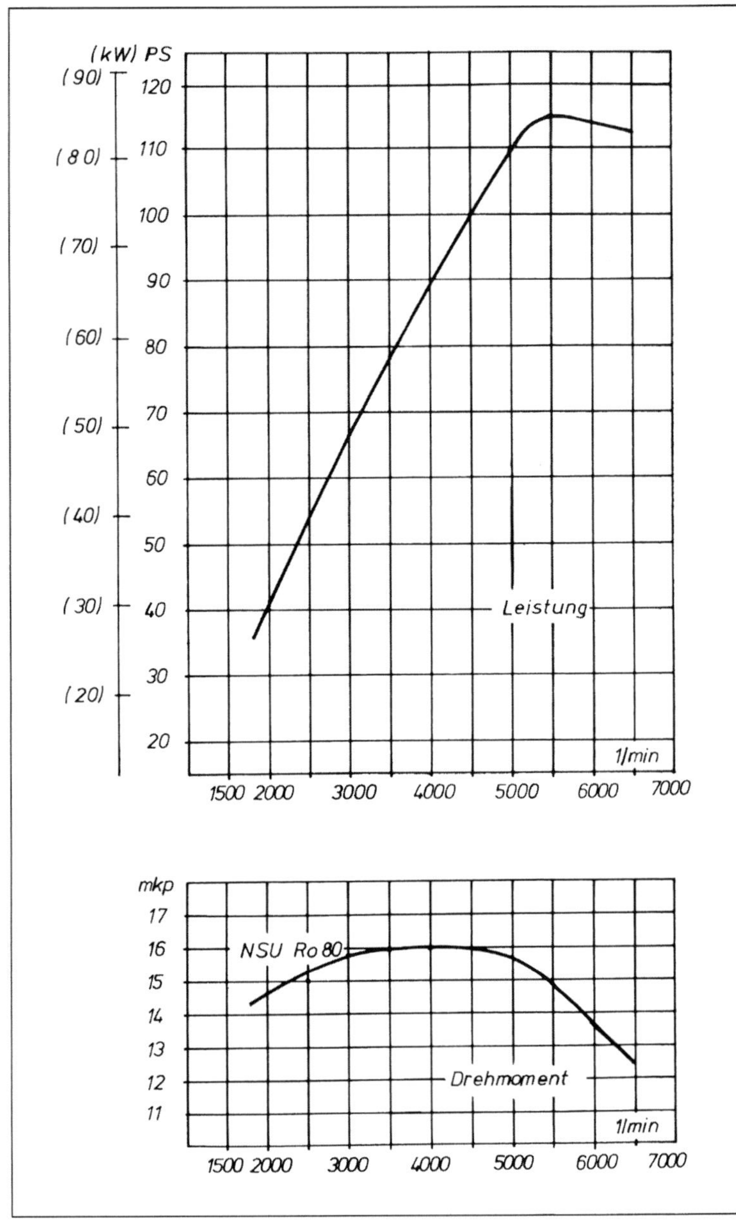

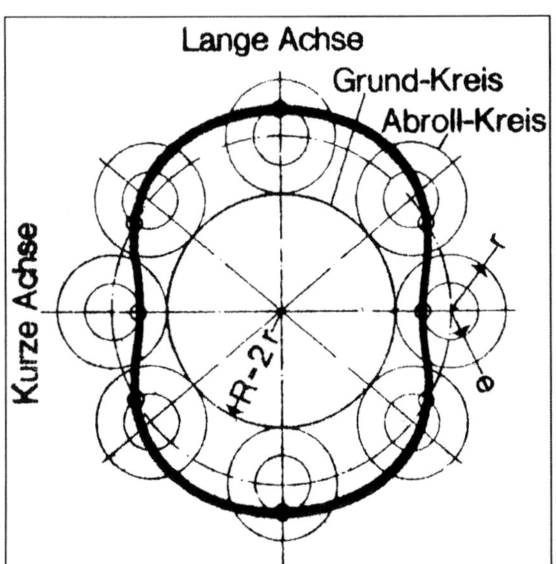

Erzeugung einer Epitrochoide durch Abrollen eines Kreises auf einem Grundkreis. Gewählt wird ein innerhalb des Abrollkreises liegender Punkt, dessen Lage sich beim Abrollen ändert. Die Verbindung dieser Punkte ist die Epitrochoide, beim Wankelmotor kurz Trochoide genannt. R = erzeugender Radius, e = Exzentrizität. Wankels Definition seines Motors: »dreibogiger Läufer in zweibogiger Hüllfigur«.

Kolbenmulde	symmetrisch, 160 mm Durchblasequerschnitt Ölkammern: Radialrippen
Kompressionsdruck	8 – 10 bar
Leerlaufdrehzahl	1100 – 1200/min
Steuerzeiten	Gaswechsel-Steuerung durch Kolben
(Umfangsein- und Auslaß)	Einlaß Anfang 108^0 vor „OT“ Ende 40^0 nach „UT“ Auslaß Anfang 63^0 vor „UT“ Ende 71^0 nach „UT“
Umfangseinlaß	Querschnitt 8 cm^2
Umfangsauslaß	Querschnitt 6 cm^2 (5,3 cm^2)
Kolben (Läufer, Rotor)	Gewicht je nach Gruppierung 4,048 – 4,288 kg (mit innenverzahntem Hohlrad, ohne Lagerbüchse), Temperguss (GTS 65) auf Exzenterwelle um 180^0 gegeneinander versetzt
Hohlrad	mit Paßschrauben verschraubt (41 Cr4)
Gehäuse (Mantel)	Leichtmetallguss (GK-AlSi10 Mg,Fe max.0,18%) „Lange Achse“ 232 mm, „kurze Achse“ 176 mm
Kolbenlaufbahn (Trochoide)	Beschichtet mit „Elnisil“ (0,25 mm-Nickel-Auflage mit Einlagerung von Silizium-Karbid-Korn, SiC, ca, 2,5-3%)
Seitenteile und Mittelteil	Grauguss (GG 25 Cr 0,3-0,4%) partielle Ionitrierung, Oberflächenhärte 400 HV 2
Kolben-Gasdichtung radial, Scheitelleiste	3-fach geteilt ("Glieder-Teilung"), Mittelstück und Eckstücke „Ferrotic P 310", Titan-Karbid in Stahlmatrix, 4,94 mm stark, 8,3 mm hoch, Unterlegfeder Duratherm 600, Nut 5 mm
Kolben-Dichtung axial	je 1 Dichtstreifen 1 mm, IKA S 9, Unterlegfedern Superflex
Dichtbolzen	Länge 5 mm, Durchm. 10 mm, Feder Duratherm
Kolben-Öldichtung radial	Kolbenringpaar jeweils seitlich: auf Exzenter und „Schleuderscheibe", sowie zwischen dieser und Seitenteil, IKA S 9
Öldichtung und Standdichtung, axial	L-förmiger Kratzring jeweils seitlich am Kolben (IKA S9), mit C-Metallring
Motorlagerung	4 Punkt-Gummi-Lagerung, beidseitig mit Schwingungsdämpfern abgestützt
Kühlung	Flüssigkeitskühlung (Querstrom-Kühler) mit Thermostat und mechanisch angetriebenem, drehmomentgeregeltem Ventilator, Kolben-Innenkühlung durch Umlauföl
Wasser-Füllmenge	ca. 9,5 l
Thermostat	Dehnstoff, Öffnungstemperatur ca. 80^0 C
Wasserpumpe	Kreiselpumpe, Fördermenge ca. 110 l/min bei 6000/min, Übersetzung Exzenterwelle-Wasserpumpe 1:1,095

Kraftstoff-Anlage

Tank	vor der Hinterachse 83 l Inhalt, davon 18 l Reserve,
Einfüllstutzen	seitlich hinten links
Kraftstoff	Normalbenzin
Oktanzahlbedarf	rund 90 ROZ

Förderung	Membranförderpumpe mit Filter (mechanisch), elektrische Pumpe, Filter (zugänglich nach Aushängen der linken Rücksitzlehne)
Vergaser	Solex 32 DDITS, Doppelfallstrom-Vergaser mit Startautomatik elektrisch-/wasserbeheizt
Bestückung	Hauptdüse x125 Lufttrichter 27 Luftkorrekturdüse 100 Leerlaufdüse 55 Leerlaufluftdüse 1,2 Vollastanreicherungsdüse x100
Abgas-Nachverbrennungsanlage (für CH) mit Reaktor	Keilriemenangetriebene Luftpumpe (Saginaw Flügelzellenpumpe, Lizenz General Motors) Lufteinblasung in Auslaßkanal, Nachverbrennung in Reaktorrohr, Vor-, Haupt- und Nachschalldämpfer, 1-Rohr-Auspuffanlage

Schmierung

System	Druckumlaufschmierung mit Öl/Wasser-Wärmetauscher, zusätzliche Frischölschmierung für die radialen Dichtleisten durch Öldosier-Kolbenpumpe im Verhältnis 1:120 bis 1:160, durch Vergaser-Drosselklappe gesteuert, Eintritt vor Kraftstoffpumpe
Öldosierpumpe	Kolbenpumpe Bosch (für Dichtleisten)
Ölfilter	Micronic-Feinstfiler im Hauptstrom
Ölpumpe	Doppelzahnradpumpe für Motor- und Drehmomentwandler-Ölkreislauf, Fördermenge 30 l/min bei 5000/min, Öldruck 0,6 – 3,5 bar zwischen 1000 und 5500/min bei ca. 100^0 C Öltemperatur
Ölfüllmenge	7,6 l, Differenz zwischen Min. und Max. 2,2 l, Ölwechsel entfällt, jedoch Filterwechsel alle 20 000 km, Wechselmenge mit Filter 4,4 l, HD SAE 30 (Winter 20W/20) oder 10W/40, Ölverbrauch ca. 0,13 – 0,18 l/100 km

Elektrische Anlage

Generator	12 Volt-Drehstrom-Lichtmaschine 770 W/55 A
Anlasser	Bosch GE (L) 12 V 2 PS, Doppelkeilriemen
Batterie	12 V/60 Ah
Zündanlage	transistorisierte Hochspannungs-Kondensator-Zündung (HKZ) mit Einzelimpulsaufladung (Bosch)
Einkreis-Zündverteiler	Bosch PFU 2
Kontakt-Abstand-Unterbrecher	0,4 mm, Schließwinkel $61\text{-}65^0$ (68-72 %)
Zündzeitpunkt	Fliehkraft- und Unterdruckgesteuert, 9^0 vor „OT" (statisch) 27^0 vor „OT" bei 5000/min (ohne Unterdruckschlauch)
Zündspule	Zündtrafo, Bosch 0221 121 002

Zündkerzen	Gleitfunkenkerze mit Hilfsmasse-Elektrode, eine je Scheibe, Beru G 3/18 EA 07, (1-Kerzen-Motor)
Elektroden-Abstand	0,7 mm
Kraftübertragung	
Antrieb	Front-Antrieb, Antriebswellen mit homokinetischen Gelenken
Kupplung	Hydraulischer Drehmomentwandler (Fichtel & Sachs, „Selektiv-Automatik"), im Ölkreislauf des Motors, Festbremsdrehzahl 2200 – 2500/min, Wirkungsgrad ca. 87%
Kupplungsdrehzahl	3500/min bei Vollast
Wandlungsfaktor	2,2 bei Stillstand Turbinenrad und Fahrzeug Elektrisch-pneumatisch betätigte Einscheiben-Trockenkupplung (mit Steuerventil und Servo-Motor SM 125 x 60, unterdruckbetätigt durch Vakuum-Membranpumpe mit Stößel- und Exzenter-Antrieb), Tellerfeder,
Kupplungsspiel	Abstand Lochmitte Kupplungshebel bis Lochmitte Servomotorgestänge 30 – 35 mm
Unterdruck-Behälter	5 – 6 Schaltungen möglich bei stehendem Motor
Getriebe	Zahnrad-Wechselgetriebe (NSU), 3 sperrsynchronisierte Vorwärtsfahrbereiche, 1 Rückwärtsfahrbereich und Parksperre
Füllmenge Getriebe	2 l (Hypoid-Getriebeöl SAE 90), Wechsel alle 20 000 km
Untersetzungen	1. Fahrbereich 2,056:1 2. Fahrbereich 1,208:1 3. Fahrbereich 0,788:1 Rückwärtsfahrbereich 2,105:1
Achsantrieb	4,857:1
Fahrwerk	
Vorderachse	Einzelradaufhängung, symmetrische Dreiecklenker und McPherson-Federbeine, progressive schräggestellte Schraubenfedern, Querstabilisator und Gummizusatzfedern
Radfederweg gesamt	188 mm (Einfederweg unbeladen 104 mm)
Hinterachse	Einzelradaufhängung mit Schräglenkern, über Silent-Blocks an Traverse befestigt, Anlenkwinkel 10^0, Schraubenfedern und Gummi-Zusatzfedern
Radfederweg gesamt	257 mm (Einfederweg unbeladen 148 mm)
Stoßdämpfung	Vorn und hinten hydraulisch doppelseitig wirksame Teleskop-Dämpfer
Bremsanlage	vorn und hinten Festsattel-Scheibenbremsen (Ate-Dunlop), vorn innenliegend, Bremsfläche vorn/hinten 196 cm^2 /83 cm^2 Scheibendurchmesser vorn/hinten 284 mm/272,5 mm, Scheibenstärke vorn/hinten 12,7 mm/9 mm, Nachschleifen 0,5 mm pro Scheibe, 2-Kreis-Anlage, lastabhängiger Bremskraftregler hinten, Bremskraftverstärker Ate T 51/8 (Unterdruck durch zusätzliche Vakuumpumpe wie für Kupplungs-Servo), Tandem-Hauptbremszylinder

Bremskreise	2 unabhängige Kreise auf 4 oder 2 vordere Radbremsen (2 Bremsflüssigkeits-Behälter)
Bremsflüssigkeitsmenge	430 cm^3
Feststellbremse	Mechanische Duo-Servo-Topf-Innenbackenbremse hinten (in der Bremsscheibe), Durchmesser Bremstrommel 160 mm, Backenbreite 25 mm
Lenkung	Kurze Sicherheitslenksäule, wartungsfreie, nachstellende Zahnstangenlenkung mit hydraulischer Lenkhilfe (rechtsdrehende ZF-Flügelpumpe), Füllmenge 110 cm^3
Lenkrad-Duchmesser	400 mm, spielfrei am Lenkrad-Umfang
Übersetzung	18,3:1, von Anschlag zu Anschlag 3,7 Lenkrad-Umdrehungen
Spurkreis	minimal 11,1 m
Wendekreis	minimal 11,8 m
Max. Radeinschlag	innen 41^0 außen $33^0 30$‘
Radsturz vorn/hinten	30‘/-45‘ (leer)
Vorspur vorn/hinten	0/0 mm (leer)
Nachlauf	0 mm
Spreizung	8^0 30‘
Lenkrollhalbmesser	18 mm
Räder	5J x 14 Lochscheibenräder, Tiefbett-Stahlfelgen (LH 1B) mit Innenzentrierung, wahlweise geschmiedete Alufelgen 5J x 14 H-B
Radbefestigung	Anzugsdrehmoment 75 – 80 Nm
Achsmuttern	Radnabe vorn 400 – 440 Nm
Reifen	Stahlgürtelreifen 175 SR 14, 175 HR 14, (mit Schlauch)
Reifendruck	vorn 2,0 bar hinten 1,7 bar (2,0 bei Schnellfahrt und Vollbelastung)

Karosserie

Selbsttragender Ganzstahlkörper (grundiert mit Elektrophorese) definierte Knautschzone vorn/hinten, Seitenteile vorn und Mittelteil über dem Kühlergrill abschraubbar, Frontscheibe stark geneigt (54^0), Armaturenbrett dreiteilig, Dachhimmel Formteil (abwaschbar), 4-türig, 5- sitzig.

Abmessungen und Gewichte

Länge	4780 mm
Breite	1760 mm
Höhe	1410 mm
Radstand	2860 mm
c_W-Wert	0,355
Bodenfreiheit	114 mm
Spurweite	vorn 1480 mm hinten 1434 mm
Leergewicht	1290 kg
Zuladung	450 kg

a	985 mm	f	490 mm
b	980 mm	g	290 mm
c	1100 mm	h	460 mm
d	410 mm	i	1200 mm
e	300 mm	j	520 mm

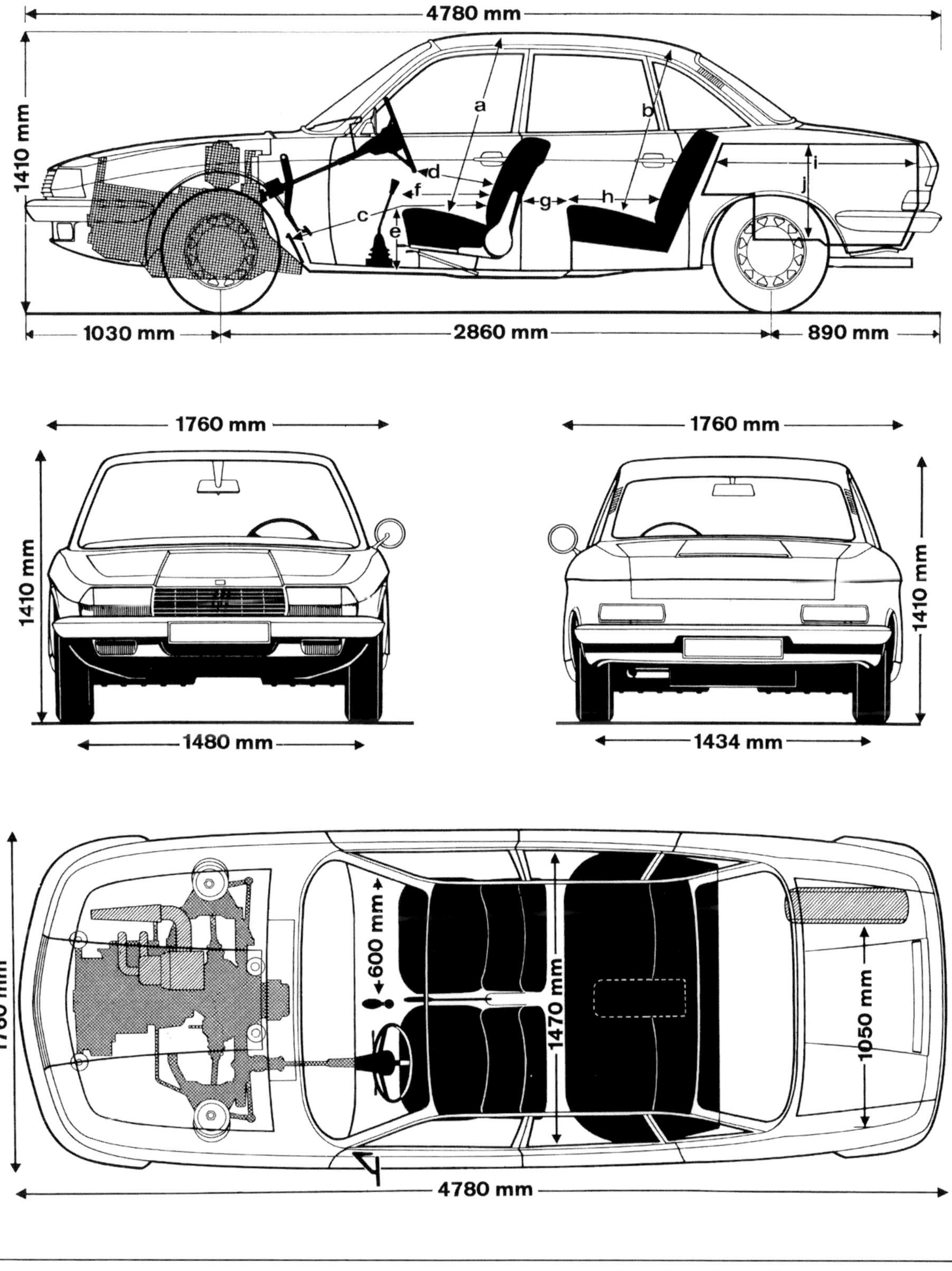

zul. Geamtgewicht	1740 kg
Achslastverteilung	(leer) 62%/38% vorn/hinten (besetzt 51%/49%)
zul. Achlast	vorn 950 kg hinten 850 kg
zul. Anhängelast	ungebremst 640 kg gebremst 1200 kg
zul. Dachlast	60 kg
Kofferrauminhalt	ca. 580 Liter

Fahrleistungen

Höchstgeschwindigkeit	ca. 180 km/h
Beschleunigung (Werksangaben)	0 – 100 km/h 14,2 s 0 – 120 km/h 18,5 s 0 – 140 km/h 27,0 s 0 – 1 km 33,5 s
Leistungsgewicht	10,5 kg/PS
Kraftstoff-Normverbrauch nach DIN 70030	11,2 l/100 km
Straßenverbrauch	14 – 16 Liter/100 km
Inspektion	alle 10000 km

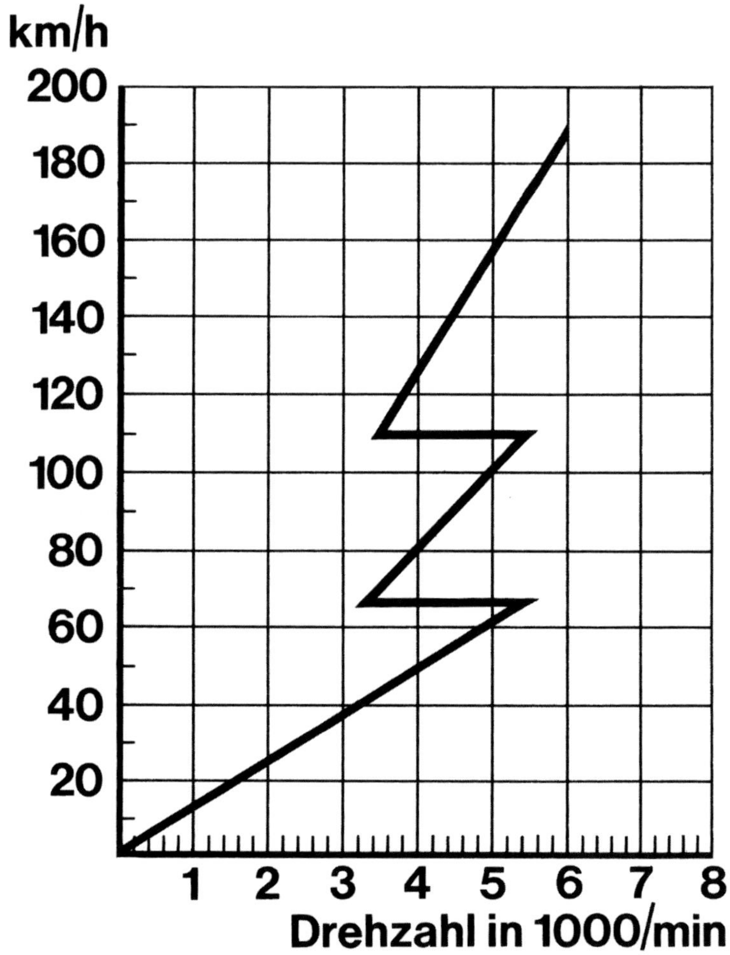

NSU Ro 80, Drehzahl-Geschwindigkeits-Diagramm. Die schräg aufsteigenden Linienzüge geben jeweils für den 1., den 2. und für den 3. Fahrbereich die mit der Fahrgeschwindigkeit wachsenden Drehzahlen an. Sie sind hier für die ersten beiden Fahrstufen auf die Nenndrehzahl von 5500/min begrenzt.

Serienausstattung
3-Punkt-Automatik-Sicherheitsgurte vorn
Dreispeichen-Lenkrad mit gepolsterter Nabe
Tachometer mit Tageszähler
Drehzahlmesser (ab 6450 /min Warnton)
Elektrische Zeituhr
Zweiklanghorn
Scheibenwischer 2-stufig, Intervall-Schaltung
Scheibenwasch-Anlage (Wasserinhalt 2 Liter)
Instrumenten-Beleuchtung regelbar
Heckscheibenheizung mit Kontrolleuchte
Seitenscheiben-Belüftung
Frontscheibe eingefärbt (Verbundglas)
2. Außenspiegel
Spriegelfreier Fiberglashimmel
Sonnenblenden schwenkbar
Parklichtschaltung
Automatische Rückschaltung auf Standlicht beim Starten und Abstellen des Motors
Handschuhkasten (abschließbar), Motor- und Kofferraum beleuchtet
Halogen-Licht für Haupt-, Abblend- und 2 Nebelscheinwerfer
Nebelschlussleuchte
2 Rückfahrscheinwerfer
Vordersitze: Liegesitzbeschläge, horizontal verstellbar
Rücksitze mit ausschwenkbarer Armstütze, 2 einzeln abnehmbare Rückenlehnen für Durchlademöglichkeit
Mittelarmlehne hinten ausklappbar
Haltegriff
Kindersicherung an hinteren Türen
Verschließbarer Tankdeckel
Stoßstangen vorn/hinten und Radkappen rostfreier Stahl
Auspuffblende
Abschleppösen vorn und hinten
PVC-Dauer-Unterbodenschutz
Bedienungsanleitung mit elektrischem Schaltplan
Garantiezeit 1 Jahr ohne km-Begrenzung
Farben (Lack-Nr.): polarweiß (L 90 A), ceylonbeige (L 13 H), bahiablau (L 50 A) aquablau (L 54 Y), brokatrot (L 32 A), schwarz (L 41).
Sonderlackierung Gruppe I: Signalgrün (L 62 Y), marsrot (L 31 B), rallygelb (L 10 A), inselgrün (L 13 Y).
Sonderlackierung Gruppe II, metallic: Diamantsilber (L 97 A), kupfer (L 95 F), resedagrün (L 95 E), bahamablau (L 99 F).
Sitzbezüge Samtvelours: Bernstein, flaschengrün, marineblau, Schwarz. Kunstleder: Schwarz, marineblau, bernstein, chromgrün

Letzter Listenpreis: 23.620 DM, Austauschmotor 3.900 DM, Neumotor komplett 6.950 DM
Sonderausstattung (Beispiele): Stahlschiebedach 819 DM, dto. elektrisch 1.218 DM, geschmiedete Leichtmetall-Felgen 923 DM, Sonderfarbe 217 DM, Metallic-Lackierung 543 DM, Rundumverglasung grün 251 DM

Versteuerung und Einstufung

Deutschland: Nach zulässigem Gesamtgewicht wie für Nutzfahrzeuge (je 200 kg 22 DM. Beim zulässigen Gesamtgewicht von anfangs 1660 kg demnach 198 DM).
Schweiz: Multiplikation des gesamten Motorvolumens mit 2, daraus Berechnung der Steuer.
Frankreich: Entsprechend vergleichbarem Audi 100 (11 cv = 11 Steuer-PS, 2 Liter Hubraum).
Österreich: Errechnung aus 2/3 der Summe der beiden Kammer-Volumen.
Italien: Nach komplizierter Formel mit Motor-Leistung und Volumen einer Kammer.
Japan: Für die Jahressteuer in der 1,5 Liter- und für die Verkaufssteuer in der 2-Liter-Hubkolben-Klasse eingestuft.
Von den Sport-Behörden wird das Kammer-Volumen verschieden eingestuft, so je Scheibe mit Faktor 1,7, mit 1,8 oder 2 multipliziert.

Änderungen während der Serien-Produktion

Kein Auto, gleich welchen Modells oder Fabrikats, entgeht Nacharbeiten oder Verbesserungen während der Serie. Entwicklung und Fahrversuch können nicht alle Praxis-Bedingungen reproduzieren. Auch Fertigungs-Verbesserungen zwingen zu Änderungen. Wie diese Liste für den Ro 80 zeigt, ging wohl vor allem sein Motor zu früh in die Serienfertigung. Entsprechend mehr war zu ändern und weiterzuentwickeln.

Die Daten stützen sich auf Angaben von NSU, beziehungsweise dankenswerterweise auch auf jene der späteren NSU GmbH, sowie auf eigene Nachforschungen.

Die zeitliche Zuordnung der Änderungen gestaltete sich oft schwierig, da zwischen Baujahren (Kalenderjahren) und Modelljahren zu unterscheiden ist. Die ersteren liefen von 1967 bis 1970, die letzteren ab Sommer-Werksferien 1970 mit Modelljahr 1971 und weiterhin jeweils ab den Werksferien des Vorjahres. Dennoch gibt es für die Bau- und Modelljahre keine klaren Abgrenzungen. Fahrgestell- und Motor-Nummern springen oft ins nächste Jahr. Manche Wagen gingen ohne Fg.-Nr. auf Lager, was Abweichungen von der Statistik gab. Ab Ende 1968 Notieren der Fg.-Nr. am Ende des Bandes und nicht mehr an dessen Anfang.

Die Aufstellung weist jeweils die niedrigste, bzw, höchste Fg.-Nr. und Motor-Nr. aus, die innerhalb eines Baujahres/Modelljahres liegt. Dabei ist zu beachten, daß die Fahrzeuge nicht mit aufsteigender Nummernfolge – weder von Fahrgestell noch Motor – produziert wurden. Die laufenden Fg.-Nr. sind also nicht immer mit den Produktionsdaten identisch. Die Zuweisung der Fg.-Nr. erfolgte im allgemeinen nach laufendem Rechnungs-Datum. Überschneidungen verschiedener Daten sind also möglich. Ab Baujahr 68 Fg.-Nr. mit 10 Stellen.

Erst ab Ende 72 nachträglich mit Modelljahr 71 Ablösung der handschriftlichen und nicht immer übereinstimmenden Eintragungen in ein „Wagen-Stammbuch“ durch EDV. In seiner Übergangszeit manche Unklarheiten, zumal mit neuem Nummern-System und Produktionsdaten nach Wochen (wurden bei Unklarheiten weggelassen). In den Werks-Tabellen erscheinen manche Ro 80 „ohne Motor”, sie werden u.a. ab 1973 als „Aggregate-Träger“ für den KKM 871 gebraucht.

Die Fg.-Nr. wurde im Motorraum auf dem rechten Federbein-Dom (vorher auf Quertraverse), die Motor-Nr. auf dem Motor-Zwischenteil oben eingeschlagen. Typschild: Rechts im Motorraum oberhalb der Hauben-Verriegelung. Soweit zugänglich, betreffen verschiedene Motor-Nummern „nicht entgiftet“ ab Modelljahr 72 (ab August 71) exportierte Fahrzeuge in Länder ohne entsprechende Abgas-Bestimmungen. Nummern für Teile-Motoren sind oben rechts auf dem vorderen Seitenteil zu finden.

Auf der Zündkerzen-Seite der Mäntel ist oben das Lizenz-Zeichen "NSU-Wankel" eingegossen, darunter, auf Stegen bei der Kerzen-Bohrung, Produktions-Nummer, Herstellungsjahr und -monat des Herstellers (KS = Kolben-Schmidt)

Je nach länderspezifischen Vorschriften entstehen Abweichungen in der Serienausführung. So ist z.B. für die Schweiz ab Modelljahr 1976 die hintere Stoßstange geteilt.

NSU Ro 80 – Änderungen

Baujahr 1967

Prototypen: 16 Fahrzeuge (7. April 66 bis April 67)
Vorserie: 18 Fahrzeuge (ab 4. August 67)

Fg.-Nr.	Motor-Nr.	Farbe	Verwendung
80 001 020	612 01 025	opp.gelb	Vertrieb
21	26	rot	Techn. Kontrolle
22	24	sepia	Techn. Entwick.
23	27	sepia	Presse
24	28	sepia	Presse
25	23	sepoe	Presse
26	21	opp. gelb	Presse
27	29	sepia	Presse
28	31	sag.blau	Aufsichtsrat
29	32	gletsch.weiß	Aufsichtsrat
30	34	sepia	Einkauf
31	33	sag.blau	Einkauf
32	35	sepia	Einkauf
33	36	gletsch.weiß	Einkauf
34	37	sag.blau	Einkauf
35	38	sag.blau	Einkauf
36		rauhreif	ohne Motor
37	22	sepia	

Serie:

Fg.-Nr.	80 001 051 – 80 001 640	(6.10.67 – 2.2.68)
Motor-Nr.	612 01 044 – 612 01 616	(6.10.67–16.1.68)
Motor-Nr.	612 01 00 004 – 612 01 00 139	(15.11.67– 2.2.68)
		(diverse Fahrzeuge im Stammbuch: „Ohne Motor")

Anfänglich Ausstattungs-Unterschiede. Motorraum schwarz lackiert, Stoffhimmel schwarz, ungetönte Sekurit-Frontscheibe D 44, 9 Heizfäden in der Heckscheibe, Rückleuchtenglas quergestreift, Einstiegsholme seitlich ohne Eloxal-Blenden, auf Außenholm schwarze Hartgummi-Auflage, Stoßstangen ohne Nieten, verschließbare Lüfter-Öffnungen im Armaturenbrett, Gummibalg am Schalthbel mit doppelter Lippe, Lüfterzarge und Metall-Lüfter am Motor, Tachowellen-Abgang rechts vom Getriebe, keine Abschleppöse am Heck, gebogener Innenspiegel, Holzimitation im Armaturenbereich, Wankel-Symbol in der Lenkradnabe in verschiedener Ausführung. Später Andrückblech für linken Scheibenwischer. Farben (Lack-Nr.): gletscherweiß (531), saguntoblau (328), sepia-metallic (226, wie Vorserie, in dieser auch andere Farbmuster). Mehrausstattung: Stoßstangenhörner, Griff für Heckklappe, Radiogeräte, versenkbare Antenne.

Baujahr 1968

Fg.-Nr. (neu)	380 01 00 001 – 380 01 05 819	(2. 1.68 – 3. 1.69)
Motor-Nr.	612 01 409 – 612 01 634	(8. 1.68 – 20. 2.69)
Motor-Nr.	612 01 00 001 – 612 01 06 577	(12. 1.68 – 3. 1.69)

Markierung auf Schwungscheibe von 23° auf 19° Frühzündung; Zündkerzen (ab Motor-Nr.612 01 06 028): Wärmewert 310 statt 260, Elektroden-Abstand 0,5 – 0,6 mm (4/68), obere Zündkerze (in Drehrichtung vor Trochoiden-Einschnürung, „OT", Position "nacheilend" oder „hintenliegend"), ersetzt, auch rückwirkend, durch verbesserte Gleitfunkenkerzen, brünierter, schwarzer Metallkörper, Platin-Masse-Elektrode, Beru G3/18, Zündkerze unten Bosch MAG 310 T2SP, verzinkter weißer Metallkörper; Kühler-Visco-Ventilator mit reduzierter Drehzahl 2200-2700/min (ab Mot.-Nr. 612 01 427). Ventilator mit Zarge (Ringabdeckung) auf Wunsch (Hängerbetrieb); Vergrößerter Löschkondensator gegen zu schnellen Abbrand der doppelten Unterbrecherkontakte im Zweikreis-Zündverteiler; Seitlicher Stutzen statt Entlüftungsverschraubung im Motorvorderteil; Kolben-Standdichtung verbessert durch in Kratzring eingelegten temperaturfesteren elastischen O-Ring (Viton- statt Perbunan-Ring), bei einer in Seitenteil eingearbeiteten Nische tritt in bestimmter Kolbenstellung Gas durch und drückt Kolben-Öldichtringe an; Ölablaufschraube im Motor-Mittelteil entfällt; Tacho-Antrieb vor dem Differential. Weichere Getriebe-Aufhängung für weniger Geräusch im Innenraum; Stützstange für Motorhaube stärker (7 statt 6 mm Durchmesser); Lenkhydraulik-Zylinder mit stärkeren Gummipuffern. Vorn neue Radnabe und Kronenmutter (lockerte sich und Geräusch); Bereifung wahlweise statt Michelin XAS auch Conti Radial; Rückleuchten mit Reflektoren; Frontscheibe getönt (6/68); Schutzleiste für Kofferraumtraverse aus Chromblech statt Alu; Innenrückspiegel größer; Wagenhimmel glatt aus Kunststoff; Mehrausstattung: Stahlschiebedach handbet./elektr. (500/625 DM), geschmiedete Alu-Felgen, anfangs Rissbildung wegen zu geringer Wandstärke (625 DM), Lederpolsterung (1.400 DM), Katacolor-Rundumverglasung, elektr. versenkbare Antenne, Sicherheitsgurte u.a.; Farben: gletscherweiß (581), jagdgrün (425, ab 3/68), padmagrün (427, L 61 Y), targaorange (227, L 20 Y, 9/68), sagunto-blau (328), alfarot II (213, 3/68), schwarz (590, 5/68), silber-metallic (593, L 96 D, 3/68) sepia-metallic (226), kurzzeitig: durbagrün.

Baujahr 1969

Fg.-Nr.	380 01 05 647 – 380 01 09 936	(2. 1.69 – 30. 6.69)
Fg.-Nr.	380 01 09 708 – 380 01 13 704	(1. 7.69 – 22.12.69)
Motor-Nr.	612 01 04 077 – 612 01 09 937	(2. 1.69 – 30. 6.69)
Motor-Nr.	612 01 07 000 – 612 01 13 706	(1. 7.69 – 22.12.69)
	(Stammbuch-Nachtrag: 71 Fahrzeuge, davon 69 in 5. Wo. 71 und je 1 Fahrzeug 30./71 und 53./71)	

Ab Mot.-Nr. 612 01 06 028 Kerzenpositionen: Obere Kerze 56 mm vor, untere Kerze 24 mm nach Trochoiden-Einschnürung

Weniger Vorzündung (8^0 vor „OT", 19^0 vor „OT" bei 4500/min), dadurch verringerte Kerzen-Temperatur und Vermeidung von Glühzündungen und Gehäuserissen.

Markierung der Schwungscheibe von 24^0 auf 19^0 Frühzündung

Zündkerze oben Beru G 3/18 EA 07, unten Bosch MAG 310 T2 SP (verzinkter Metallkörper), Elektroden-Abstand von 0,6 mm auf 0,5 mm geändert

Dichtstreifen (Stärke 1 mm) seitlich am Kolben nur einfach.

Kühler-Lüfterflügel aus Kunststoff statt Aluminium

Ölpumpe im vorderen Seitenteil statt im Aggregate-Deckel

Abtriebsseitenteil mit gegossener Öse für Motorausbau

Ölwechsel kann entfallen, da Öl sauber bleibt und wegen Dichtleisten-Schmierung laufend Öl nachzufüllen ist

Neuer Ölpeil-Stab, Öleinfüllmenge um 0,8 l auf 7,6 l erhöht, um Öltemperatur zu reduzieren und bei Kurvenfahrt und niedrigem Ölstand Ölversorgung zu sichern, jetzt Minimum-Ölmenge (untere Markierung): 5,4 Liter (ab Motor-Nr. 612 01 08 995), evtl. Ölpeilstab ändern

2 Halogen-Fernscheinwerfer hinter Kühlergrill (5/69, Sonderausf.)

Kegeltrieb für Antriebswelle verbessert, größere Sicherheit gegen Fresserscheinungen (ab Mot.-Nr. 612 01 08 693)

Heckscheibe mit 12 statt 9 Heizdrähten

Lenkradpolsterkappe mit Ringvertiefung

Sitzlehnen mit Kopfstütze

B-Säulenverkleidung nur noch schwarz

Ascher in Vordersitz-Rückenlehne entfallen, jetzt in hinteren Türen

Wagenheber-Aufnahme verstärkt

Ab September 1969 zur IAA Frankfurt (ab Fg.-Nr. 380 01 11 322) z.T. auch Anfang 1970

„Einkerzen-Motor" (ab Mot.-Nr. 612 01 11 349): Nur eine Zündkerze pro Scheibe, untere Kerze (im heißesten Mantelbereich) entfällt, Kerze Bosch MAG 340 T2 SP oder Beru G 3/18, Elektr.-Abst. 0,7 mm

Hochspannungs-Kondensator-Zündung (BHKZ, transistorisiert) statt der Doppelspulen-Zündanlage, mit elektronischem Schalt-Element Thyristor, über Unterbrecher-Kontakte geht nur noch Steuerstrom (0,6 A statt 5 A), brennen weniger schnell ab, leichter justierbar, Zündzeitpunkt einstellen nur noch an einem Kontakt, nur eine Zündspule, Wegfall des Zweikreis-Zündverteilers

Zündung wieder früher (6^0 vor „OT", 27^0 vor "OT" bei 5000/min) Kerzen-Wärmewert 340, Position 23 mm vor Trochoiden-Einschnürung, weniger Kurzschlussgefahr bei verschmutzten Kerzen-Elektroden, weniger Zündaussetzer im Stadtbetrieb, längere Kerzen-Lebensdauer, Elektroden-Abstand wieder 0,7 mm, Kerze mit grünem Farbring

Vergaser mit größeren Düsen: Hauptdüse 165, Leerlaufdüse 55

Max. Drehmoment angegeben mit 16,7 statt 16,2 mkg bei 4500/min
Schwungscheibe mit 27^0-Marke für Frühzündung
Zündverteiler Bosch PFURX 2 (mit Drehzahlmesser-Antrieb)
Drehstrom-Lichtmaschine statt 490 W/35 A jetzt 770 W/55 A
Kolben mit verstärktem Hohlrad, Lagerflansch und Spannhülse neu (ab Mot.-Nr. 612 01 11 769)
Radiale Dichtleiste geändert: „Spider-Teilung“ (Teilung seitlich) statt der ab Serienbeginn verwendeten ”Glieder-Teilung“ (Teilung oben), härterer „Kolbenring”-Werkstoff IKA 3, statt vorher IKA S 9
Kühlmittel-Thermostat verlegt vom Motor-Ausgang (”Hundeknochen”) zum Motor-Eingang nach Kühlmittel-Austritt in Schlauch vor der Wasserpumpe, dadurch Abbau kurzzeitiger Temperaturspitzen, größerer Kurzschluss-Kreislauf bei geschlossenem Thermostat
Wärmetauscher für Innenraumheizung parallel zum Motor geschaltet, um Druckdifferenz zu erhöhen und Heizung zu verbesern
Heizungsregelventil leichtgängiger
Vakuumpumpe mit stärkerer Membran, wegen zu hohem Ölverbrauch bei defekter Membran
Funkenlöschkondensator für Schalthebelkontakt (weniger Abbrand)
Antriebswellen geändert mit geändertem Schrägkugellager (ab Fg.-Nr. 380 01 07 754)
Bremsscheiben: Bei Verölung abschleifen (0,1 mm)
Scheibenwischer 2-stufig mit Intervall-Schaltung und Wisch-Wasch-Automatik
Scheibenwaschpumpe höher – auf Querträger – gelegt (Wasser lief aus)
Halogen-Zusatzscheinwerfer hinter Kühlergrill entfällt
Halogen-Licht für Scheinwerfer, Abblendlicht und Nebelscheinwerfer, Scheinwerfer-Streuscheibe plan, nach vorn herausgerückt (ab Fg.-Nr. 380 01 11 322)
Kühlergrill ohne Horizotal-Knick, aus Kunststoff statt Alu-eloxiert
Frischluft-Zufuhr verbessert: Zusätzliche Luftschächte oberhalb und links und rechts unterhalb des Armaturenbretts, Ausströmschlitze im hinteren Fußraum, Zusatzluftdüsen im vorderen Fußraum, dazu Betätigungsknöpfe im Instrumentenbord
Wasserabweiser auf Luftschacht des Wasserkastens (gegen beschlagene Frontscheibe)
Heizung mit 3-Stufen-Gebläse
Kontroll-Leuchten und Knöpfe mit Symbolen
Sicherungskasten im Handschuhfach
Festpunkte für Sicherheitsgurte
Innenspiegel blendfrei und abklappbar, Außenspiegel mit Schutzrand
Sonnenblenden schwenkbar, linke ohne Spiegel
Fahrersitz höhenverstellbar
Vordersitze neu geformt, umlaufende Wulst
Ablage rechts unter Armaturenbrett
Handschuhfach und Tankdeckel verschließbar
Hinten ausschwenkbare Mittelarmlehne
Kinder-Sicherung an hinteren Türen
Kofferaumdeckel mit Griff
Türverkleidung (bei Leder-Ausstattung) in Skai geändert
Schnittkanten an Motor- und Gepäckraumdeckel mit Zinkstaubfarbe gegen Rost

Leergewicht angegeben mit 1280 kg statt 1210 kg (1967)
Farben: gletscherweiß (531), champagnerbeige (102), jagdgrün (425, L 60 Y), padmagrün (427, L 61 Y), saguntoblau (328), cosmoblau (300, L 52), targaorange (227, L 20), alfarot II (213), schwarz (590, L 41), silbermetall (593, L 96 D), sepia-metall (226)

Baujahr 1970

Fg.-Nr.	380 01 13 664 – 380 01 18 362	(7. 1.70 – 24. 7.70)
Motor-Nr.	612 01 11 567 – 612 01 18 420	(7. 1.70 – 24. 7.70)

Motorgehäuse-Seitenteile (Grauguß) statt Anspritzen mit teurem Molybdän (0,2 mm) „Teniferieren" (Bad-Nitrieren), dann „Ionitrieren"
Seitenteil Abtriebsseite durch Fertigungsverbesserung mit verlegter Anschlußbohrung (ab Mot.-Nr. 612 01 13 616)
Radiale Dichtleiste erneut geändert (Anfang 1970): Wieder „Glieder-Teilung" (Teilung oben), Mittelstück hartes Sintermetall „Ferrotic": in eine als Verschleißträger dienende Stahlmatrix eingelagertes Titankarbid, Eckstücke aus IK S 9, im Kaltbetrieb weniger Verschleiß, Dichtleisten-Typ am Motor auf Seitenteil-Endseite eingeschlagen: F 1 und F 2 (Ferrotic P 143), F 3 und F 4 (Ferrotic P 310), Selbstregel-Effekt
Vergaser (Solex 18/32 HHD) mit größeren Düsen
Neue Öldosierpumpe (ohne Nullstellung)
Ölfilter-Deckel ohne Öldruckventil (ab Mot.-Nr. 612 01 16 755)
15 statt 16 Zugankerschrauben für Motormontage
Kühlwasserpumpe mit Heizkreis-Abführung
Temperatur-Geber neu: Zusatzfunktion der Öldruck-Warnleuchte als Kühlmittel-Warnleuchte entfällt (ab Mot.-Nr. 612 01 17 423)
Visco-Lüfter 26 mm von vorn bis zum Befest.ring statt 32 mm (ab Mot.- Nr. 612 01 14 177), sonst Streifen bei Vollbremsung am Kühler
Kühler-Lüfter für Sonderzwecke mit elektro-magnetischer-Kupplung (läuft ab 3000/min frei)
Getriebe geändert: Schaltstange, -muffe und -finger (ab Mot.-Nr. 612 01 13 719)
Neues Heizgerät (ab Fg.-Nr. 380 01 17 881)
Bremsscheiben vorn: Abdeckblech mit neuer Befestigung (beim Rückwärtsfahren konnte Abdeckung am Boden streifen (ab Fg.-Nr. 612 01 14 821)
Vorderfedern oben und unten PVC-Schlauch aufgeschoben (gegen Klirren)
Gürtelreifen schlauchlos (ab Fg.-Nr. 380 01 14 982), außer Alu-Felge
Unterboden mit „Aufnahmetassen" für Hebebühne (ab Fg.-Nr. 380 01 15 203)
Kantenschutz statt Türabdichtung vorn oben (ab Fg.-Nr.380 01 13 793)
Frontscheibe (Südglas) in Großversuch dünner, 6,3 statt 6,9 mm (von Fg.-Nr. 380 01 17 778 – 0811 000 123, 170 Fahrzeuge)
Andere Lenkrohrverkleidung (gegen Geräusch, ab Fg.-Nr. 380 01 13 800)
Wagen-Fg.-Nummer statt auf Traverse auf Federdom rechts
Farben: wie Baujahr 1969

Farben (Lack-Nr. falls neu): lotosweiß (L 282), nevadabeige (L 81 Z), clementine (L 20 D), smaragdgrün (L 60 Z), jagdgrün, riverblau (L 50 Y), rauchblau (L 51 Z), iberischrot, schwarz. Sonderlackierung I: coronagelb (L 10 Z), opalgrün (L 62 Z),tibetorange (L 21 Z). Gruppe II, metallic: colorado (L 97 D), türkisgrün (L 97 Z), aeroblau (L 96 Z), gemini (L 96 E).
Mehrausstattung: Automatik-Sicherheitsgurte (1969 DM) Austauschmotor 2.216 DM, Neumotor 4.344 DM, 1 Dichtteile-Satz komplett für 2 Kolben 374 DM, 1 radiale Glieder-Dichtleiste 17,36 DM (ohne MwSt.)

Modelljahr 1973

Fg.-Nr.	0831 000 001 – 0831 004 509
Motor-Nr.	XM 005 453 – XM 007 624
	XM 202 316 – XM 204 852

Seitenteile ionitriert (wie schon Zwischenteil) statt Anspritzen mit teurem Molybdän (Endseite ab Mot.-Nr. XM 005 602 und XM 202 442, Abtriebsseite kurz darauf)
Vergaser DDITS mit elektrisch-warmwasserbeheizter Startautomatik (ab Mot.-Nr. XM 203 351), Starterklappen öffnen schneller oder bleiben geöffnet, um Verbrauch zu reduzieren
Leerlaufabschaltventil neu, damit kein Auspuffknallen nach Abstellen
Gummischlauch zwischen Thermostat und Wasserpumpe ersetzt durch Zweischichtschlauch mit 5 mm Wanddicke (ab Fg.-Nr. 0831 000 595), um Einschnappen und Motorschäden zu verhindern
Kurzer Anlasser
Kürzere Achswellen mit neuer Balg-Ausführung (Juni 73) Bremsscheiben vorn mit 10 mm hohen Abstandsnoppen zur besseren Kühlung der getriebeseitigen Gelenke (ab Fg.-Nr. 0831 003 878)
Sitztraverse tiefer, Vordersitze vom Audi 100,Höhenverstellung entfällt (ab Ende Sept. 72), Kopfstützen rundlicher
Zündschlüssel: Einer der beiden nicht für Kofferraum und Handschuhfach
Farben: atlasweiß (L 91 Z), saharabeige (L 80 Z), achatbraun (L 86 Z), spanischgrün (L 63 Z), delftblau (L 55 Z), rauchblau, coralle (L 32 Z), iberischrot, schwarz. Gruppe I: coronagelb, tibetorange, bermudagrün (L 64 Z). Gruppe II, metallic: alaska (L 96 B), colorado (L 97 D), achatbraun (L 98 Z), türkisgrün (L 97 Z), marathon (L 96 M). Echtleder-Polsterung nicht mehr lieferbar

Modelljahr 1974

Fg.-Nr.	0841 000 051 – 0841 002 297	
Motor-Nr.	XM 007 529 – XM 007 836	
	XM 204 436 – XM 207 011	(28. Woche/73 – 9.7.74)

Lufteinblaskanal im Auslaß der Trochoide vergrößert
Abgas-Entgiftungsanlage verbessert, neue Öltemperatur-Schalter und Relais für 33^0 und 48^0 C (ab Fg.-Nr.0841 000 051)
Am Blech für Zündgerät jetzt 4 Relais
Kerzen-„Schusskanal“ um 3,5 mm außermittig zur Kerzen-Achse (gegen Kolben-Laufrichtung) verlegt, durch Wirbelbildung weniger Ablagerung an Elektroden (ab Mot.-Nr. 204 857), neuer Zündkanal-Reiniger

Zündverteiler mit Kennziffer 004 statt 002 (geänderte Verstellkurve), Anschluß für Oszilloskop
Startautomatik, stärkere Rückzugfeder gegen Hängenbleiben der Starterklapen
Kühlwasser-Ausgleichsgefäß aus durchsichtigem Kunststoff
Drehzahlmeser und Tacho mit größeren Ziffern
Lichtmaschine mit integriertem elektronischem Spannungsregler
Anschluss-Stecker für Computer-Diagnose
Auspuff-Vorschalldämpfer mit Schraubenfeder-Aufhängung statt Gummiring
Entklapperung Armaturenbrett
Quarz-Uhr statt elektromechanischer Uhr
Bremsltg.-Zw.-Stück an Bremssätteln vorn aus Metall (März 74)
Scheibenwasch-Anlage vom Audi 80 (eckiger Behälter mit Pumpe)
Getrennte Absicherung der Hauptscheinwerfer, bei Ausfall einer Sicherung brennt ein Scheinwerfer weiter
Hauptscheinwerfer werden durch ein Relais beim Starten und Abstellen des Motors zur Schonung der Batterie auf Standlicht geschaltet
Zierleisten unten mit konkavem Profil
Sicherheitsgurte und Kopfstützen vorn serienmäßig
Farben: atlasbeige, saharabeige, maroon (L 87 Z), achatbraun, tropengrün (L 60 A), delftblau, rauchblau, coralle, iberischrot, schwarz. Gruppe I: coronagelb, tibetorange, bermudagrün. Gruppe II, metallic: alaska, colorado, achatbraun, marathon, türkishell (L 99 Z)
Mehrausstattung: Sicherheitsgurte, Kopfstützen hinten

Modelljahr 1975

Fg.-Nr.	0851 000 164 – 0851 000 482	(30. 9.74 – 14. 4.75)
	0851 000 051 – 0851 000 637	(5. 7.74 – 10. 6.75)
Motor-Nr.	XM 007 687 – XM 007 725	(30. 9.74 – 14. 4.75)
	XM 204 999 – XM 207 569	(5. 7.74 – 10. 6.75)

Zündeinstellung für entgiftete Motoren (wie schon für Modelljahr 73): Bei 5000/min 27^0 v. OT, im Leerlauf $6^0 \pm 2^0$ v. OT, beides mit abgezogenem Schlauch von der Unterdruckdose am Verteiler (da 6^0-Markierung nicht auf Schwungscheibe, Abschätzung erforderlich)
Thermo-Schalter: Überprüfung alle 7500 km
Wandler-Radialdichtring verbessert (ab Mot.-Nr. XM 207 031)
Relais für Hauptlicht-Abschaltung verbessert (ab Fg.-Nr. 0851 000 193)
Farben: ceylonbeige (L 13 H), atlasweiß, taxi-elfenbein (L 07 Q), aquablau (L 54 Y), coralle, iberischrot, schwarz. Gruppe I: bananagelb (L 11 Y), phönixrot (L 32 K), tibetorange, cadizorange (L 21 C), signalgrün (L 62 Y). Metallic: malachit (L 96 Y), marathon (L 96 M), tizian (L 97 Y), atlantik (L 98 Y)

Modelljahr 1976

Fg.-Nr.	0861 000 069 – 0861 001 780	(11.6.75 – 21.5.76)
	0861 000 051 – 0861 002 159	(18.4.75 – 19.8.76)
Motor-Nr.	XM 007 722 – XM 007 745	(11.6.75 – 21.5.76)
	XM 207 426 – XM 209 669	(18.4.75 – 19.8.76)

Ab Werksferien Herbst 1975:

Überarbeitete Nachverbrennungsanlage: Einsatz aus Chrom-Nickel-Stahl („Portliner") im Auslasskanal zur Wärme-Isolierung: Abgas tritt heißer in Reaktor ein, Spätzündung mit Doppel-Unterdruckdose entbehrlich, Zündverteiler nur noch mit Frühverstellung, im Seitenteil Abtriebsseite Bimetallplatte ("Knackfrosch") als einfaches Thermo-Ventil schaltet Unterdruck für Früh-Dose ab 45^0 C Betriebstemperatur zu, bei kaltem Motor der vom Vergaser kommende Unterdruck gesperrt, Rückschlagventil in der Luftleitung zum Auslaß (ab Fg.-Nr. 0861 000 070), Verbrauch reduziert

Öldichtung (Standdichtung) seitlich am Kolben: L-förmiger Kratzring mit eingelegtem im Querschnitt C-förmigem Ring (Kupfer-Beryllium), dieser durch Wellfeder angepresst, vorher U-Kratzring mit eingelegtem elastischem Runddichtring (Elastomer), der verhärtete, „Blauen" beim Kaltstart reduziert

Radiale Dichtleiste: Auch Eckstücke aus Ferrotic,Dichtleisten-Andrückfeder mit gehärteten Ecken, Dichtbolzenfedern stärker und eine statt zwei Federn

Drehzahlmesser mit grünen Markierungen für verbrauchsgünstige Drehzahlbereiche

Austauschmotoren mit „lebensverlängernden" Maßnahmen: Dichtleisten komplett aus Ferrotic, Standdichtung mit C-Ring

Luftdüsen in Mitte Armaturenbrett und Fußraum vorn mit Rändelrad statt Schieber

Türschlösser mit elastischerem Dichtring (ab Fg.-Nr. 0861 000 184) Türfeststeller für geräuschloses Gleiten (ab Fg.-Nr, 0861 000 919)

Größere Heckleuchten mit Nebelschlussleuchte (mit Kontrollicht)

Gummiauflage auf Stoßstangen vorn und hinten

Hintere Stoßstange ohne untere Aussparung, mit Kennzeichen-Beleuchtung (ab Fg.-Nr. 0861 000 070)

Kennzeichen-Schild mit seitlichen Zierblenden über der Stoßstange

Kofferraumschloss nach oben in Deckel

Heckquerteil geändert und versteift

Kofferraumdeckel: Scharniere, Haltebügel, Deckelstütze geändert

Schriftzug „Ro 80" neu, auf schwarzem Grund

Außenrückspiegel auf Beifahrerseite (ab April 76)

Geänderte Anhänger-Kupplung erforderlich

Farben: atlasweiß, aquablau, coralle, iberischrot, schwarz. Gruppe I: signalgrün, bananagelb, tibetorange, cadizorange. Gruppe II, metallic: malachit, tizian, marathon, atlantik

Mehrausstattung neu: Seitenzierstreifen (Klebefolie, 95 DM)

Modelljahr 1977

Fg.-Nr.	0871 000 051 – 0871 001 079	(13.8.76 – 19.4.77)
Motor-Nr.	XM 209 168 – XM 210 671	(13.8.76 – 19.4.77)

Ölrohr zwischen Öldosier- und Kraftstoffpumpe mit Rückschlagventil gegen Ölverdünnung
Getriebe für geplante Leistungsanhebung verstärkt, mit Doppelkegelrollen- statt 4-Punkt-Kugellager (ab Fg.-Nr. 0871 000 334, bezw. ab Getr.-Nr. 38 348
Farben u. Lack-Nr: „Ro 80, Technische Daten", anfangs des Kapitels
Austauschmotor 3.900 DM, Neumotor 6.950 DM (BMW 525-6-Zylinder: 2.030 DM bezw. 3.060 DM)

Aus der Produktions-Statistik der letzten Ro 80

Am 4.3.77 werden 63 Einheiten gebaut: Von Fg.-Nr. 0071 000 985 bis 0071 001 060 (dazwischen Fg.-Nr. für andere Prod.-Tage). Es folgen diese letzten 29 Einheiten:

Prod.Dat.	Fg.-Nr.	Motor-Nr.
7.3.77	0871 001 042	XM 210 646
	0871 001 048	XM 210 663
	0871 001 054	XM 210 664
	0871 001 057	XM 210 655
	0871 001 059	XM 210 668
	0871 001 064	XM 210 670
	0871 001 067	XM 210 504
	0871 001 069	XM 210 669
	0871 001 070	XM 210 650
	0871 001 072	XM 210 494
	0871 001 074	XM 210 505
8.3.77	0871 000 880	XM 210 549
	0871 001 019	XM 210 605
	0871 001 077	XM 210 621
9.3.77	0871 001 068	XM 210 651
	0871 001 061	XM 210 667
	0871 000 925	XM 210 550
	0871 001 071	XM 210 501
11.3.77	0871 001 079 (höchste vergebene Fg.-Nr.)	XM 210 487
14.3.77	0871 001 078	XM 210 658
16.3.77	0871 000 949	XM 210 581
	0871 001 033	XM 210 612
	0871 001 063	XM 210 641
18.3.77	0871 001 044	XM 210 597
25.3.77	0871 001 076	XM 210 659
5.4.77	0871 000 985	XM 210 614
	0871 001 028	XM 210 654

6.4.77	0871 001 075	XM 210 671
19.4.77	0871 001 056	XM 000 000 (letzter serienmäßig gefertigter Ro 80, Motor evtl. ein KKM 871)

Es existieren also noch höhere Fg.-Nummern als beim letzten Ro 80 (hängt u.a. mit dem Rechnungs-Datum zusammen). Für nach April 77 aus restlichen Teilen montierte Ro 80 liegen keine Aufzeichnungen vor.

Geplante, nicht verwirklichte Änderungen für 1975 – 1977:

Motor	KKM 887 (KKM 612/020) Zweischeibenmotor
Leistung	130 PS (95,6 kW) bei 5500/min
Drehmoment max.	173 Nm bei 4500/min
Verdichtung	9,0:1
Arbeits-Volumen	2 x 542 cm^3 (vorher 497,5 cm^3)
Geometrie	wie 115 PS-Motor
Mantelbreite	73 mm (67 mm beim KKM 612)
Zündung	evtl. Entfall der HKZ
Kühler	Sofica mit Elektrolüfter
Motor-Abmessungen:	Länge 484 mm, Breite 660 mm, Höhe 555 mm
Motor-Gewicht	144 kg (komplett m. Lüfter u. Abgas-Reaktor)
Größere Stahlscheiben-räder	5 1/2 x 14, Einpresstiefe 41 mm
Stahlgürtelreifen	195/70 HR 14 (breiter)
Querstabilisator	auch hinten

Mit Leder bezogen: Lenkradkranz, Speiche und Nabe. Instrumententafel in verschiedenem Braun, Instrumente statt Chrom mit schwarzem Keder eingefasst, Mittelkonsole, Gaspedal mit Gummi-Auflage, Sitze seitlich mit Stoff, Kopfstützen in Stoff in VW-Ausführung, Türverkleidung mit mehr Stoff, Doppel-Rundscheinwerfer, Blinkleuchten unten, Kühlergrill mattschwarz, Dach mit Kunstleder bespannt

Höchstgeschwindigkeit	ca. 187 km/h
Beschleunigung	0 – 80 km/h 8,3 s
	0 – 100 km/h 12,2 s

Produktions- und Absatzzahlen

(ohne Verschrottung und Schenkung)

Serien-Anlauf 6.10.67

1967	354	306	1973	4.074	4.004
1968	6.066	5.333	1974	1.286	1.181
1969	7.811	8.219	1975	1.311	1.518
1970	7.200	6.698	1976	1.795	1.937
1971	2.916	3.411	1977	386	203 (Absatz bis 28.2.77)
1972	4.203	4.432	Gesamt	37.402	37.242

Auch geringfügig andere Zahlen werden genannt: Sie können je nach Geschäfts- oder Umsatzberichten, nach Abrechnungsjahr – für die Wankel GmbH und für die Audi NSU-Genuss-Schein-Besitzer für eingebaute Motoren – , oder Bau- oder Modelljahr differieren. Arbeitstägliche durchschnittliche Stückzahl: Jahresproduktion geteilt durch damals etwa 220 Arbeitstage.

Produktion von NSU/Audi NSU/Comotor-Kreiskolbenmotoren 1965-1977
(außer Versuchsmotoren):

Ski-Craft/Ro 135	1.678	
sonstige (ortsfest oder eingebaut)	201	
NSU Spider	2.375	
Citroën M 35	267	
Comotor		
Citroën GS Birotor	1.335	
NSU Ro 80	ca. 40.000	Die Motoren-Überzahl ergibt sich durch Versuchs- und Austauschmotoren.
Gesamt	ca. 45.856	

Demgegenüber wurden im Zeitraum 1967-1977 unter der Marke Mazda 930 613 und bis Ende 1992 ca. 1,7 Millionen Kreiskolbenmotoren hergestellt.

Zugelassene NSU Ro 80 (Bundesrepubik Deutschland)

1967 – 1977	23.533	
1983	5.805	
1988	2.357	
1989	2.033	
1990	1.800	davon 98 NSU Ro 80 und 1702 Audi NSU Ro 80, incl. bis Abmeldung für 1 Jahr (lt. KBA Flensburg)
1991	ca. 1.600	
1992	1.437	(78 NSU-, 1359 Audi NSU Ro 80)

Listenpreise (DM, incl. MWSt.)

1967	14.150,– (sfr. 18.600,–, öS. 125.000,–)
1. Jan. 1968	14.190,–
11. Sept. 1969	14.862,–
20. Dez. 1969	15.500,–
30. Nov. 1970	16.500,–
24. Jan. 1972	17.590,–
10. Feb. 1973	17.990,–
20. Aug. 1973	18.190,–
24. Aug. 1974	19.800,–
4. Aug. 1975	21.520,–
29. März 1976	22.695,–
28. März 1977	23.620,–

Zweischeibenmotor KKM 871

(VW-Entwicklungsauftrag EA 871)

NSU/Audi NSU-Neukonstruktion. Für umfangreiche Fahrversuche eingebaut im NSU Ro 80 und Audi 100 (1973 – 1978)

Motor	Zweischeiben-Kreiskolbenmotor
Gaswechsel	Seiteneinlass jeweils beidseitig,
Arbeitsvolumen	2 x 746,6 cm^3
Leistung	170 PS (125 kW) bei 6500/min
Drehmoment max.	212 Nm bei 4000/min
Verdichtung	10,0: (± 0,5)
Mittl. Arbeitsdruck	9,4 bar
Geometrie:	
Exzentrizität	17 mm
Trochoiden-erzeugender Radius	118,5 mm
Aequidistante	4 mm
Mantelbreite	69 mm
Gemischaufbereitung	Solex-2 Stufenvergaser 41A oder Bosch K-Jetronic/L-Jetronic
Kühlung Mantel	Wasser
Kühlung Kolben	Öl
Abmessungen Motor	Länge 453 mm, Breite 743 mm, Höhe 580 mm
Gewicht	142 kg (trocken, komplett mit Abgas-Reaktor)
Spitze NSU Ro 80	ca. 210 km/h

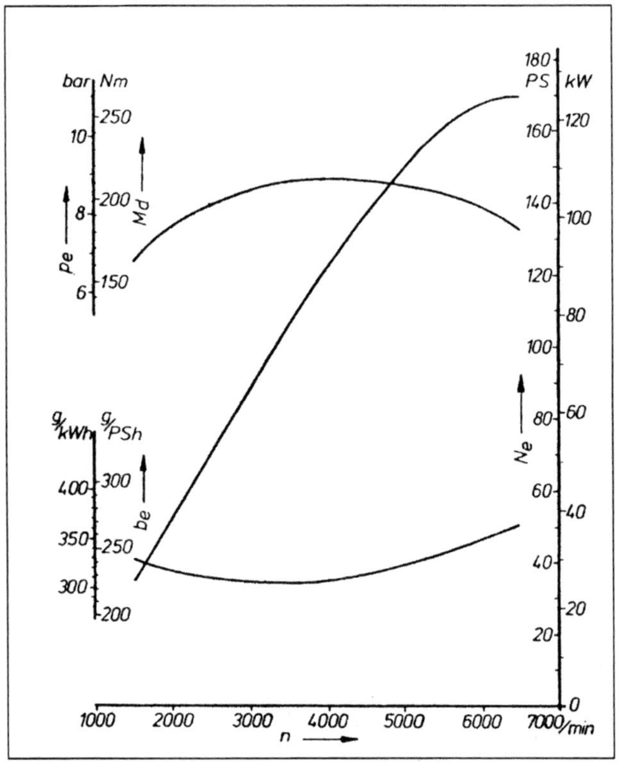

Kennlinien des Zweischeibenmotors KKM 871. Ganz nach oben führend die Leistungslinie zum Bestwert hier mit 170 PS. Drehmomentkurve mit gleichmäßigem Verlauf und dem maximalen Wert von 212 Nm bei 4000/min. Unten Kurve des spezifischen Kraftstoffverbrauchs.

Weitere Merkmale (je nach Prototyp 0, I, II und III verschieden): Doppelzündung, 2 Zündverteiler, gesteuerte Kolben-Ölkühlung, Ölkühler im Luftstrom, Vakuumpumpe entfällt, Stirnrad-Ölpumpe über Rollenkette mit Kettenspanner angetrieben durch verlängerte Hauptwelle, diese treibt auch Membran-Benzinpumpe, Kolben-Öldosierpumpe und 2 Zündverteiler an, Keilriemenspuren für Wasserpumpe, Lichtmaschine, Luftpumpe, thermischer oder katalytischer Reaktor, Lenkhilfepumpe oder Klimakompressor, Dichtsystem wie bei Ro 80- Motor, Kratzring-Öldichtung mit C-Ringen.

Alle NSU-Versuchs- und Serienmotoren 1957 bis 1970

Aufgeführt nach dem Datum der Konstruktions-Zeichnung (überschneidet sich auch mit den Daten der Versuchs). Zahlreiche Versuchsausführungen ("VA") mit verschiedenen Leistungsbildern vorhanden. L = Luftkühlung, sonst Wasser (W) für Mantel und Öl für Kolben. Daten auch in Kapitel 3. Bald nach der Fusion NSU/Auto Union gelten die Entwicklungs-Auftragsnummern „EA" von VW, so für die 4.Motor-Generation, aus denen „KKM"-Bezeichnungen werden: KKM 866, KKM 871 oder KKM 887.

Nr.	Motor-Bezeichnung	Typ	Kammer-Volumen cm^3	Datum	Verwendung
1	DKM 54		125	17. 1.57	Drehkolbenmotor, erster funktionsfähiger Rotationskolbenmotor
2	KKM P/58		129	25. 2.58	1. Kreiskolbenmotor P = Paschke (Konstrukteur)
3	KKM 9 H/58		125	15.10.58	Prüfstandsmotor P = Hoeppner (Konstrukteur)
4	KKM 250		177–340	15. 1.59	Erster Auto-Antrieb, im NSU Prinz II
5	KKM 125 E		125	8. 2.60	E = Experimentiermotor Weiterentwicklung von 3
6	KKM 200 E		200	10. 3.60	Mantel 125 E verbreitert
7	KKM 400		386	14. 3.60	Erstmals als Auto-Motor konstruiert, im Prinz III und Sportprinz
8	KKM 60	VA I	60	18.10.60	erster luftgekühlter Motor, Seiteneinlass
9	KKM 300		306	15.11.60	Mantel KKM 250 verbreitert
10	KKM 60	VA II	60	16. 1.61	Luftkühlung axial, Baumsäge
11	KKM 150		150	10. 3.61	Motor-Studie für Roller NSU Prima
12	KKM 250		250	22. 3.61	Einbau-Studie für Ski-Craft-Gerät
13	KKM 150 L		150	30. 6.61	Tragbares Aggregat
14	KKM 60	VA III/504	60	4. 8.61	Rasenmäher
15	KKM 2 x 300		295	5.10.61	1. Zweischeibenmotor, für Bundeswehr-Jeep geplant
16	KKM 500	59	500	13.12.61	Sportprinz
17	KKM 150	61	150	5. 1.62	Roller Prima, erster serienmäßiger KKM (im Ski-Craft Schleppgerät)
18	KKM 500	X 1	491	16. 5.62	Sportprinz, Prinz 4
19	KKM 150 L III	505	150	18. 9.62	Feuerlöschpumpe
20	KKM 330 LL	507	333	24. 9.63	Stationärmotor-Studie, Strom-Aggregat u.a.
21	KKM 2 x 500	506/509	497,5	21. 6.64	Geländewagen Munga, Motorboot, Studie Ro 80
22	KKM 220 LL	510	216	4. 8.64	Tragbare Spritze, Kleinserie
23	KKM 500	511	497,5	20. 8.64	Spider-Motor für Citroën
24	KKM 500	502	497,5	24.10.64	zweiter serienmäßiger KKM, NSU Spider
25	KKM 220 WL	515	216	5.12.64	Experimentiermotor
26	KKM 2 x 330	614	333	17. 3.65	Stationärmotor-Studie wie Nr. 20
27	KKM 500	513/613	497,5	30. 8.65	2. Generation, Versuchsserie 1969 im Citroën M 35
28	KKM 2 x 500	512/612	497,5	25.10.66	NSU Ro 80, Serie
29	KKM 500	602	497,5	22. 2.67	Rennmotor für Fahrer Spieß
30	KKM 2 x 400	617	457	17. 4.67	Verbreiterte Variante von Nr. 26
31	KKM 2 x 500	612-003	497,5	9.10.68	Ro 135, marinisierter Motor, Serie
32	KKM 2 x 330	614/III	333	15.10.68	Außenborder, Bundeswehr
33	KKM 500	620	497,5	15. 6.70	3. Motor-Generation Comotor (Citroën)
34	KKM 500	621	497,5	24. 8.70	3. Motor-Generation Comotor (Citroën)
35	KKM 3 x 500	619	497,5	15.10.70	1. NSU-Dreischeibenmotor
36	KKM 2 x 500	622	497,5	22.10.70	Citroën Birotor (KKM 624 für Quereinbau)